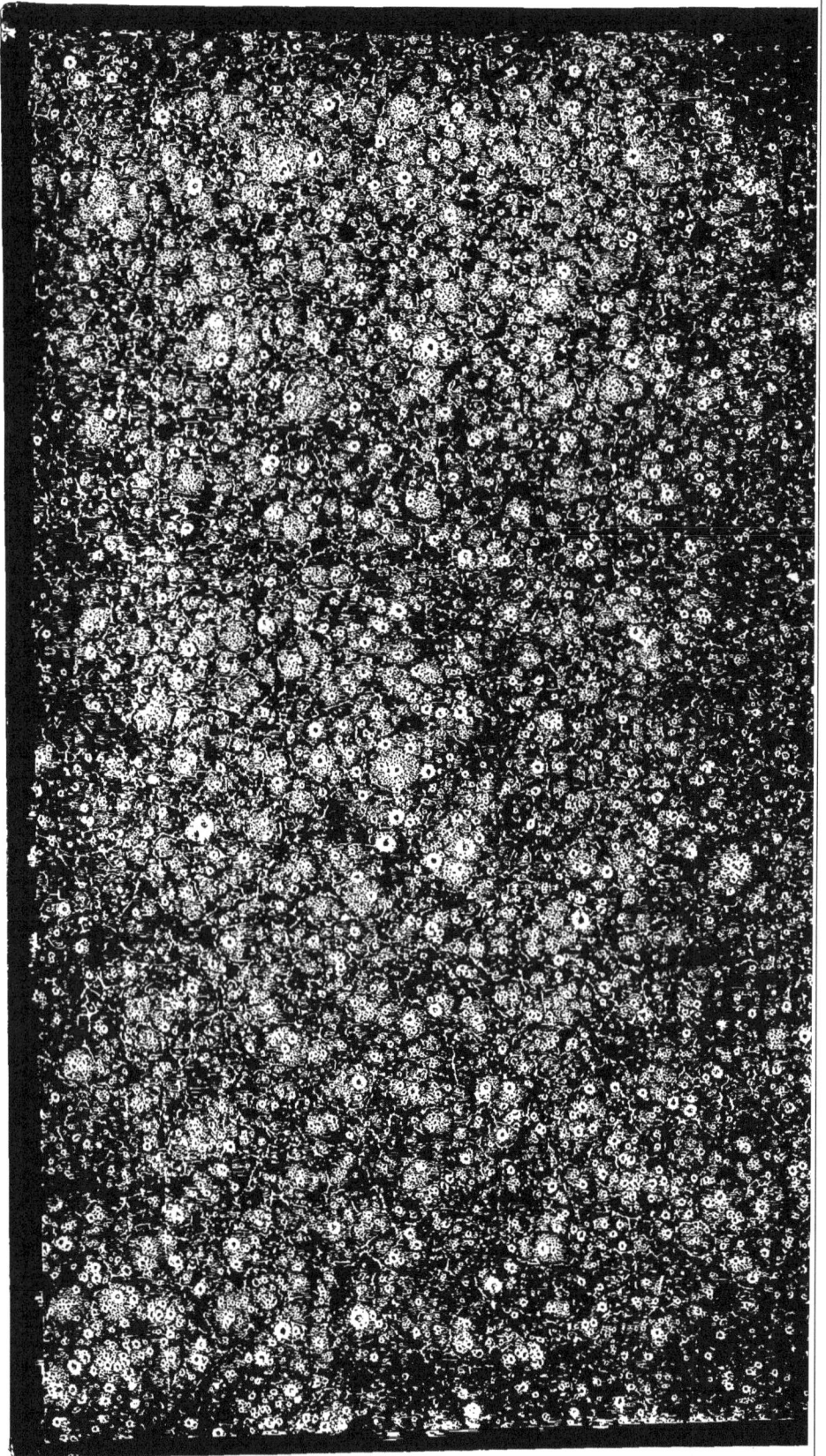

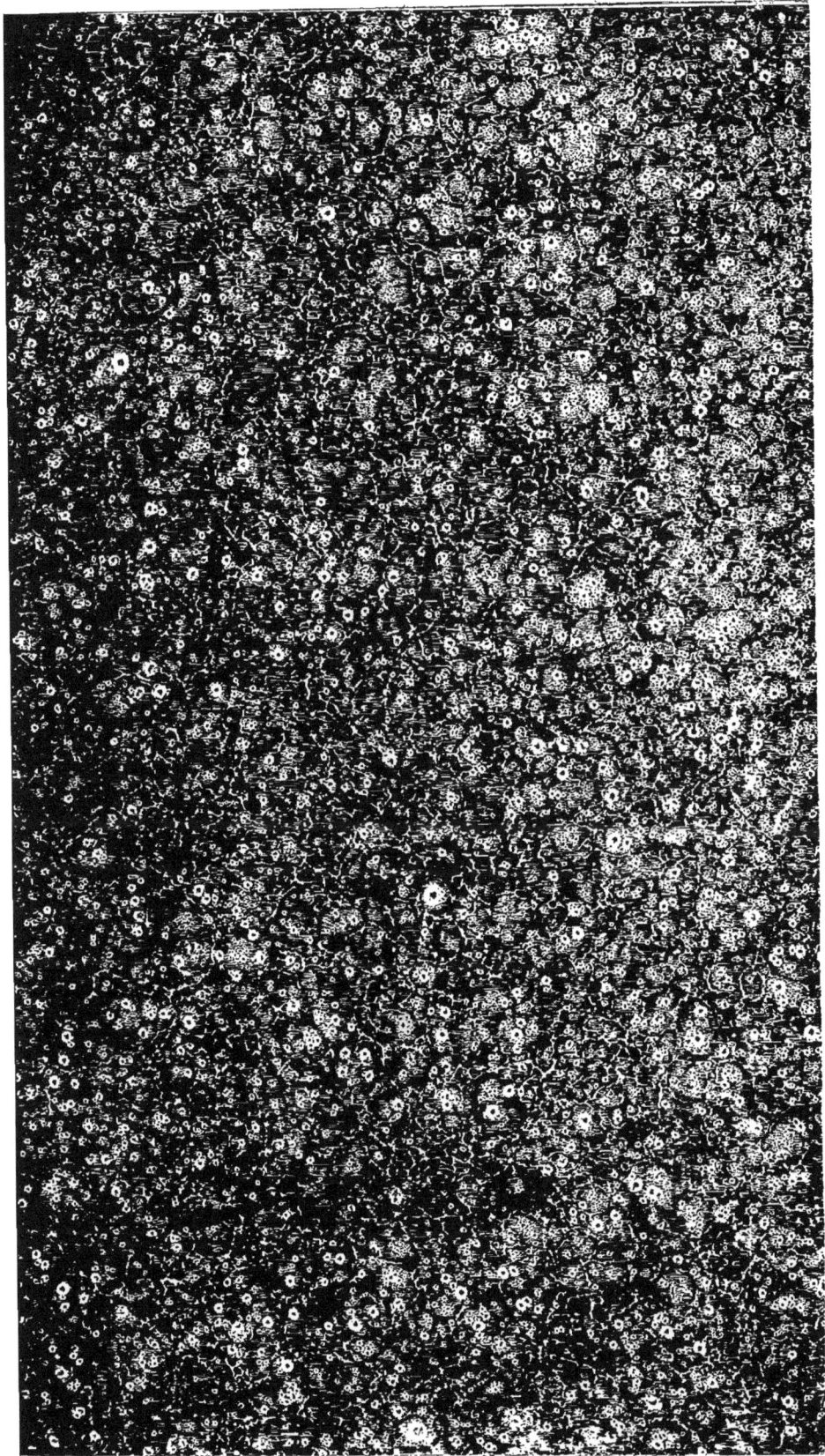

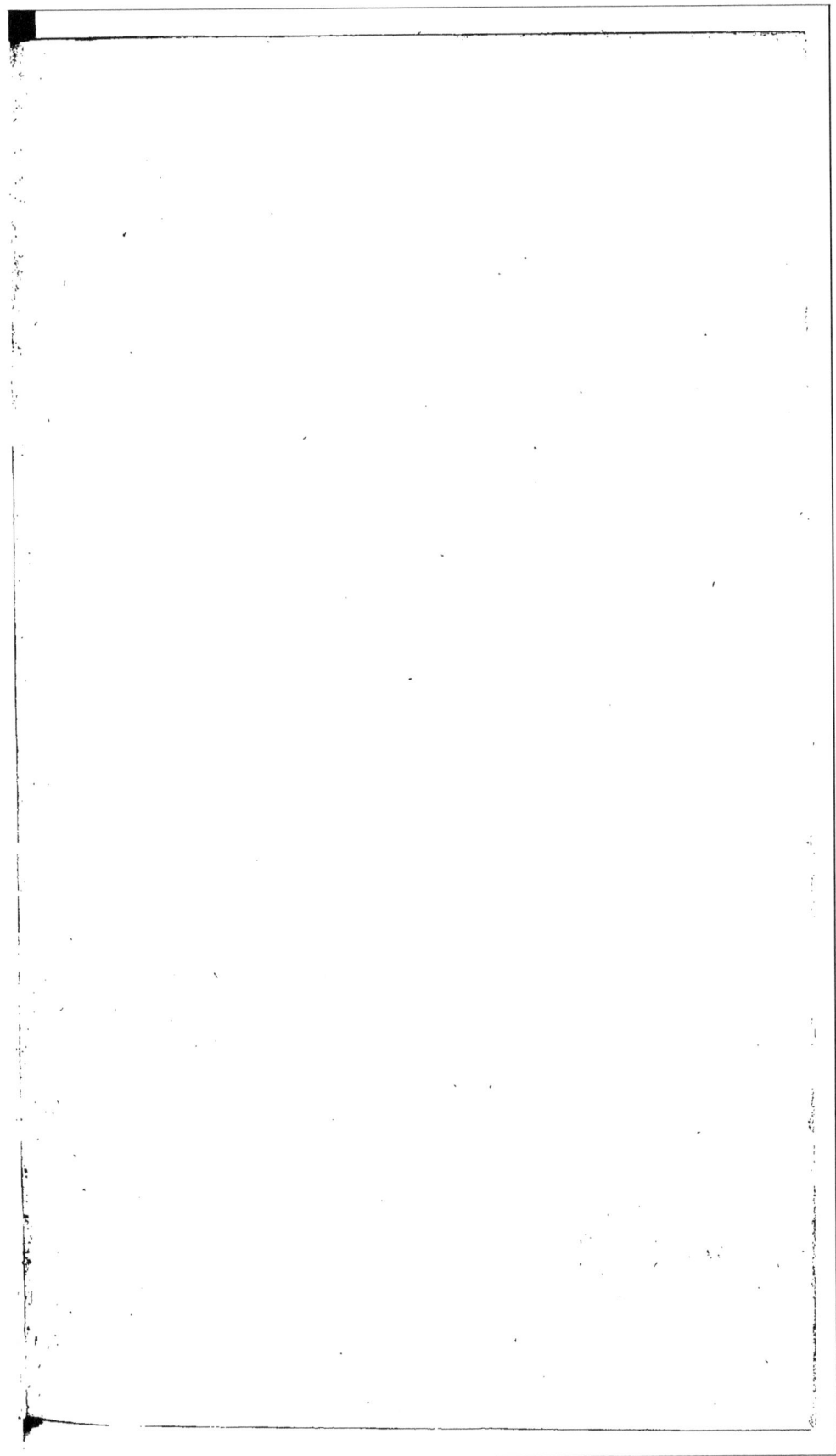

TT 63 38.
Tb

T_{2660}
A.f.t.

TRAITÉ

DE

MAGNÉTISME.

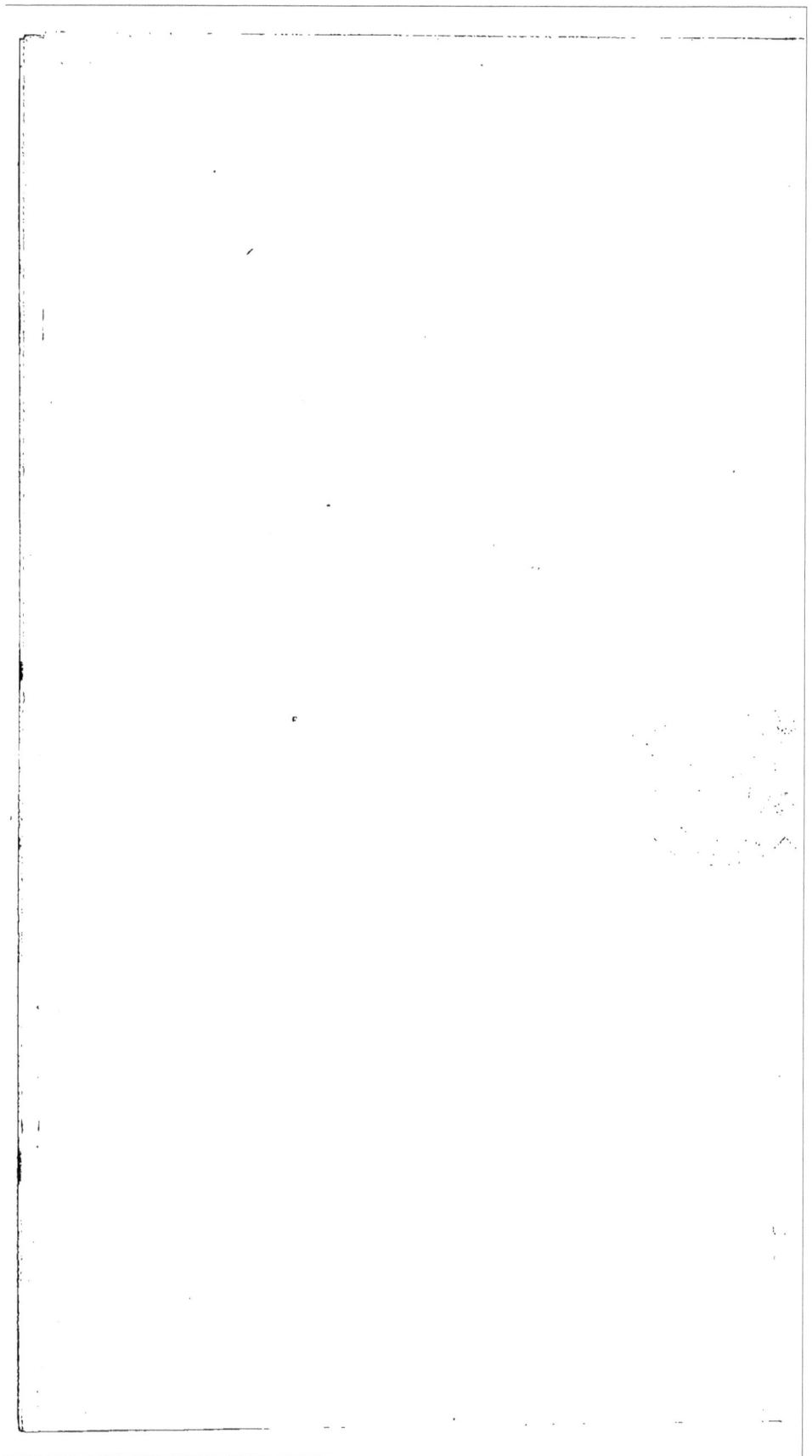

TRAITÉ

DE

MAGNÉTISME

SUIVI

DES PAROLES D'UN SOMNAMBULE

ET D'UN

RECUEIL DE TRAITEMENTS MAGNÉTIQUES ;

Par Joseph **OLIVIER**,

Chev. de la **Légion-d'Honneur**, ancien **Officier**
de **Cavalerie**.

Felix qui potuit rerum cognoscere causas.

(Virgile)

TOULOUSE

L. JOUGLA , LIBRAIRE-ÉDITEUR ,

Rue Saint-Rome, 46.

1849.

PROPRIÉTÉ DE L'AUTEUR.

Toulouse. — Imprimerie de Ph. Montaubin, petite rue Saint-Rome, 1.

A M. LE BARON DU POTET DE SENNEVOY.

Mon cher Monsieur et Ami,

Pendant que vous parcouriez votre noble carrière d'apôtre du Magnétisme avec autant de talent que de dévoûment, guidé par le souvenir de nos entretiens, je mettais vos principes en pratique. Si parfois, comme vous me l'aviez prédit, l'ingratitude, la mauvaise foi et la sottise, ont attristé mon cœur, soutenu par votre exemple, je n'ai pas succombé au découragement, et, pour prix de ma persévérance, j'ai obtenu de nombreuses guérisons, avec leur merveilleux cortége de phénomènes magnétiques.

Toutes les grandes vérités sont condamnées à frapper fort et longtemps à la porte pour se faire ouvrir. Le Magnétisme ne pouvait échapper à cette loi providentielle ; aussi est-il repoussé par la société avec une obstination aveugle. Nos doctes, nos philosophes et nos esprits forts, le traitent avec un tel dédain, qu'il faut vraiment du courage pour avouer qu'on y croit, et surtout qu'on se livre à sa pratique. Néanmoins, quand un homme connaît une vérité utile au bonheur de tous, et que la conviction a pénétré son âme, il doit la proclamer et se dévouer à son triomphe, sans mesurer les obstacles; s'il ne le fait pas, cet homme est un lâche !

De toutes les vérités, le Magnétisme est la plus importante au bonheur de l'humanité. C'est donc un devoir impérieux, pour tous ceux qui comprennent le bien qu'il peut produire, de le proclamer partout, et de travailler sans relâche à renverser les barrières qu'on lui oppose.

Ouvrier obscur, malgré le juste sentiment de mon infériorité, je veux, dans la limite de mes forces, m'associer à cette haute mission, en publiant les traitements magnétiques qui m'ont présenté les phénomènes les plus remarquables.

Dans ce siècle controverseur, sceptique, positif et presque matérialiste, les uns me taxeront de folie, les autres m'accuseront d'imposture.

Je souhaite aux premiers d'être atteints de la même folie que moi.

Je remercie les seconds de l'honneur qu'ils feront à mon imagination.

S'il en est qui calomnient mes intentions, je trouverai ma consolation dans le souvenir du bien que j'ai fait, et dans le témoignage de ma conscience.

Si le Magnétisme, malgré ses cures et ses phénomènes merveilleux, n'a pas fait plus de progrès depuis que Mesmer l'a introduit en France, il faut l'attribuer à la résistance intéressée des Médecins, et surtout à la légèreté et à l'ignorance de certains Magnétiseurs qui, en le sacrifiant au somnambulisme, ou en le confondant avec lui, ont mis des digues aux croyances, par la manière dont ils l'ont pratiqué et interprété.

En publiant le récit fidèle de mes traitements magnétiques, je me suis proposé de répondre, par des faits, aux dénégations obstinées des premiers, et de faire rentrer les seconds dans la bonne voie, par des exemples.

Pour atteindre plus sûrement ce double but, j'ai dû, dans un traité succinct de Magnétisme, reproduire les attaques violentes des Médecins, pour les combattre, et mettre à l'index ces *Endormeurs*, indignes du nom de Magnétiseurs, qui font un trafic honteux du somnambulisme, et profanent ce don céleste, qui rapproche l'homme de la divinité.

On me reprochera peut-être de parler des Médecins avec trop de franchise et d'insistance. Ce n'est pas ma faute, si, par leur antagonisme systématique et leur profession, ils sont étroitement liés à la question du Magnétisme, et je ne sache pas qu'on soit blâmable d'opposer à son ennemi ses propres armes; si elles sont empoisonnées, c'est l'agresseur qui est le vrai coupable, et vous savez mieux que personne d'où part l'agression, vous, dont la vie est une lutte incessante pour le triomphe du Magnétisme.

Bien que je déclare hautement que je respecte les personnes, qu'il n'entre pas dans ma pensée de les attaquer, que je ne m'adresse qu'à l'égoïsme, la mauvaise foi et l'esprit de corps, et que je fais la guerre uniquement aux préjugés et à l'ignorance, je ne me dissimule pas, qu'en blessant des intérêts et des amours-propres, je vais soulever contre moi de grandes colères. Qu'importe, si je dis la vérité!... Toute considération personnelle doit tomber devant ce précepte, dont il faut toujours appliquer la règle, sans restriction aucune :

« *Le bien du plus grand nombre doit être constamment le* » *mobile de toutes nos actions.* »

C'est à vous, mon ami, que je dois le bien que j'ai fait par le Magnétisme, et les douces émotions de l'âme qu'il m'a procurées ; aussi, mon cœur a éprouvé le besoin de placer votre nom en tête de cet Ouvrage, dont je vous prie d'accepter la dédicace, comme un bien faible gage de mon estime et de mon inaltérable affection.

J. OLIVIER.

TRAITÉ

DE

MAGNÉTISME.

La vérité est la massue
Qui chacun écrase et tue.

CHAPITRE PREMIER.

Médecins.

Jadis toute vérité qui renversait les erreurs sur lesquelles reposaient la richesse et la puissance des classes privilégiées, appelait le baptême de la persécution ou du martyre sur la tête de celui qui osait la proclamer. De nos jours, on se contente de lui jeter le sarcasme à la face, ou de le frapper avec l'arme de Bazile.

La vérité se rit des digues qu'on lui oppose et marche d'un pas lent, mais ferme, à travers les générations.

Le Christ est mort sur la croix : le Christianisme, fécondé par son sang, s'est répandu sur la surface du Globe.

Galilée, renfermé dans un cachot, a été forcé de se rétracter. Personne aujourd'hui ne s'avise de contester la fixité du soleil et le mouvement de la terre.

Le temps n'est pas éloigné où la postérité vengera Mesmer

1

des injures de ses contemporains, en lui décernant le titre de *bienfaiteur de l'humanité.*

Une vérité qui se présente nue est terrible; on la voit, on la sent, on veut la repousser, mais elle triomphe. C'est la lutte de l'égoïsme contre la vérité : lutte impossible.

Plus une vérité est grande, plus elle a de la peine à se faire jour. Quand un chef d'armée va faire le siége d'une ville, plus la ville est considérable, plus elle résiste, et plus la victoire est complète.

La vérité fait le siége de l'opinion : la différence? C'est que la vérité est une puissance et que l'opinion est une ombre.

Le Magnétisme a toujours existé. On a attendu bien long-temps avant d'en parler.

Quand une idée germe, elle grandit, s'étend, devient un voile immense qui finit par ne plus être supporté et s'affaisse. Mais avant qu'un voile devienne pesant, il faut du temps.

Le Magnétisme se répandra, il arrivera.

Un temps viendra où l'on s'organisera dans toutes les grandes villes, foyer des sciences, parce que c'est dans les grandes villes qu'on est plus à même de s'instruire. C'est dans ces villes, rendez-vous des principaux génies, qu'on peut juger savamment leurs doctrines. Alors nos bons parents, les vieillards, diront que la fin du monde arrive. C'est vrai : ce qu'ils nomment la fin du monde, c'est le jour où il n'existera plus dans les mêmes conditions, le jour où de statue et de tableau ébauché, il sera devenu une statue et un tableau fini, tel que Dieu a voulu le faire; et c'est un grand artiste que Dieu!!!....

Le Magnétisme pour les médecins est une absurdité qu'ils ne comprennent pas. Personnages éminents, auxquels on a donné un titre incomplet pour faire croire à une science absente, ils ont fait de belles études dirigées, sur quoi? Sur la conformation de l'homme, les maladies, les remèdes. Insensés, qui ont oublié de chercher le principal remède, et qui ont voulu bâtir un édifice sans jeter la première pierre! Le Magnétisme devrait leur démontrer qu'en se servant du remède, on ne fait que donner une activité un peu plus grande à la crise naturelle. Cette crise est bonne, elle manque rarement son effet, et le Magnétisme est le moyen le plus puissant pour la provoquer.

Quand un médecin a un titre qui lui confie le droit d'être philanthrope, moyennant rétribution, il connaît un bloc sans connaître les choses qui le soutiennent. En chimie, il y a beaucoup de corps connus, analysés; d'autres sur lesquels pèse une présomption d'analyse; mais les chimistes ne peuvent suppléer à un élément insaisissable pour eux, qui existe dans tous les corps simples et qui est le travail de la nature. A plus forte raison les médecins, qui ne peuvent juger l'homme, pour ainsi dire, que sur l'écorce, comment peuvent-ils connaître les choses insaisissables qui se rattachent à son organisation, choses qui ne sont jamais les mêmes, jamais identiques?

Qu'importe!... ils ont le titre, ils ont le droit.

Les médecins ont longtemps nié l'existence du Magnétisme. Ce n'est qu'après une longue résistance, et pliant sous le poids des faits, qu'ils l'ont accepté comme phénomène psychologique et physiologique seulement, sans doute parce que, considéré sous ce point de vue, il ne touchait pas à leur arche sainte : « *la clientelle.* » Mais ils persistent à lui refuser son plus beau fleuron, *la vertu curative ;* ils repoussent surtout *la clairvoyance des somnambules* pour reconnaître les maladies, leur siége, leurs causes et les remèdes qu'il faut y appliquer.

Cependant quand on voit l'admirable instinct curatif des animaux, quoi d'étonnant que l'homme jouisse d'une faculté si précieuse ? Croire que la Providence l'en a déshérité, n'est-ce pas douter de sa justice ?

Une chose digne de remarque, c'est que les plus incrédules éprouvent, en présence des somnambules, un embarras toujours mal déguisé ; j'ai vu souvent les plus intrépides refuser de se mettre en *rapport* avec eux, et le sourire sardonique expirer sur leurs lèvres, tant il est vrai que la voix de la conscience est irrésistible. Néanmoins, il est probable que ces Messieurs mourront tous sur la brèche plutôt que de se rendre à l'évidence sur ces deux questions capitales.

Ainsi, quand des personnes dignes de foi leur affirment avoir été guéries par le Magnétisme ou par les ordonnances d'un somnambule, ils répondent :

« Quelle folie ! pouvez-vous croire à de semblables absur-

» dités et aux misérables charlatans qui les débitent ? Vous
» étiez malade imaginaire , ou si votre maladie était réelle
» et que vous soyez rétabli , ce n'est pas au Magnétiseur
» qu'il faut l'attribuer , c'est que vous deviez guérir. Le
» Magnétiseur est un jongleur qui vous a pris pour dupe , et
» le Magnétisme une chimère. »

Vous pourriez avoir raison , Messieurs , s'il s'agissait de
quelques cas isolés , de cures éparses et rares ; mais le
Magnétisme offre des guérisons en foule. Convenez dès-lors
que les Magnétiseurs sont des gens bien heureux ou bien
habiles pour arriver presque toujours à point nommé lorsque
le malade doit guérir, surtout quand il est incontestable qu'on
ne les appelle qu'après avoir épuisé toutes les ressources de
votre art.

Il serait à désirer pour le bien de l'humanité que vous
joigniez ce privilége à votre science.

Votre arme la plus perfide contre le Magnétisme , c'est de
le présenter aux familles comme un moyen de séduction.

Vous êtes donc bien forts de votre conscience pour oser
jeter la première pierre ? Savez-vous à qui vous ressemblez ,
Messieurs , en parlant ainsi ? A ces archers maladroits qui ,
en lançant leurs flèches , se blessent , manquent le but et
frappent le bras qui le supporte. Vous pourrez déconsidérer
les magnétiseurs longtemps encore par la calomnie et le ridicule, mais le Magnétisme échappera à vos coups et ,
soyez-en certains , tôt ou tard le ridicule et la calomnie re-
tomberont sur vous.

Cependant il serait temps d'en finir avec toutes ces accusations banales, et d'oser dire la vérité, pour si dure qu'elle soit.

Fontenelle prétendait que, s'il avait les mains pleines de vérités, il les fermerait. Je ne partage pas son avis, mais je conviens qu'il est des vérités qu'on ne laisse tomber qu'à regret, et c'est imprudent à ceux qu'elles frappent de provoquer à les révéler.

Vous parlez d'abus! On écrit tous les jours contre ceux que l'on commet au nom de la Religion; il faudrait des volumes pour enregistrer ceux que l'on commet au nom de la médecine. Faut-il en conclure que l'on doit repousser la religion et la médecine?...

Le Magnétisme, dites-vous, est immoral à cause de l'influence qu'il donne au Magnétiseur sur le magnétisé!

Mais venez à nous, qui ne cessons de vous appeler! venez pour observer sérieusement et vous convaincre. Ne décochez pas, comme le Parthe, vos traits en fuyant. Approchez donc, Messieurs, voyez cette prostituée du plus bas étage; ses propos à l'état de veille font monter la rougeur au visage. Dans ce moment, elle dort du sommeil magnétique; écoutez, elle va parler.

Quel étonnant langage!... c'est un modèle de sentiments religieux.... de douceur, de modestie et de pudeur!.... Oui, la transformation s'est opérée. Cette âme souillée d'ordures s'est purifiée; cette femme profondément corrompue est entrée dans l'état de nature.... elle est *somnambule*.

Pensez-vous qu'une chose immorale puisse produire une semblable métamorphose ?

Vous nous accusez de charlatanisme ! Vraiment elle serait édifiante et comique, si elle n'était trop souvent lugubre la nomenclature de vos tours de *passe-passe*. Dieu me préserve de l'entreprendre ; mais puisque vous avez déclaré une guerre à mort au Magnétisme, puisque tous les moyens sont bons pour l'étouffer dans son berceau, je suis autorisé à répéter tout haut ce que tout le monde pense et dit de vous tout bas.

Vous tuez la bourse toujours ; le malade souvent.

Que Dieu et les hommes vous pardonnent les victimes que vous faites involontairement ! Mais vous êtes coupables de repousser avec obstination la lumière que *Mesmer* vous a apportée.

Ce n'est pas la science qui vous manque, c'est la *foi*, parce que les faits viennent à chaque instant donner un démenti dans la pratique à vos théories. Si vous réserviez votre science pour l'observation, et que dans la pratique vous acceptiez les moyens simples et naturels qu'offre le Magnétisme pour aider le travail de la nature, vous rendriez d'immenses services à l'humanité ; comme les Magnétiseurs, vous n'échoueriez que devant des impossibilités, et vous n'auriez pas à gémir sur vos erreurs ou votre impuissance.

Quant à la bourse, voici un fait, reproduit par plusieurs journaux, dans la première quinzaine du mois d'août 1848, qui est incontestable, car il a force de la chose jugée :

« Trois médecins, qui ont soigné, dans sa dernière ma-

» ladie, le trop regrettable Frédéric Soulié, mort à Bièvre,
» dans le courant du mois de septembre dernier, sont venus
» réclamer, dans le courant de ce mois-ci, contre la modeste
» succession de l'écrivain, dont ils se vantent d'avoir été les
» amis, le payement de gros honoraires. Ce sont les docteurs
» *Récamier, Boileau et Massé.*

« Le premier demandait, par l'organe de M⁰ Buchère,
» 3,000 fr., pour consultations et voyage à Bièvre. Il est
» dans les habitudes du *savant docteur*, dit l'avocat, d'exiger
» 40 fr. par lieue, lorsqu'il quitte Paris. Quelles étapes!...

« Le second prétendait qu'il lui était dû 3,800 fr., pour
» soixante-seize visites, à 50 fr. chaque. De mieux en
» mieux....

« Enfin, le troisième, élève de M. Récamier, portait ses
» prétentions à 2,800 fr., en comptant à 40 fr. chacune
» des journées qu'il avait passées près du lit de son *ami*
» Frédéric....

« Ainsi le total de la demande se montait au chiffre de
» 9,600 fr.

« Peste les chers amis!

« Le tribunal a alloué 1,000 fr. à M. Massé, et 800 fr.
» à MM. Boileau et Récamier.

« Voilà un exemple de solidarité qui existe entre les
» hommes de talent de la science et ceux de la littérature. »

Je livre ce fait aux réflexions des malades et de leurs
familles.

Hâtons-nous de le dire, il y a parmi ces Messieurs d'honorables exceptions, mais hélas ! qu'on jette un regard sur cette foule de médecins qui sortent de nos écoles pour inonder la société, et l'on conviendra que ces exceptions sont rares.

Les maîtres dans l'art médical ont posé en principe :

« Compâtir et sympathiser, c'est guérir. »

Comment les médecins actuels suivent-ils ce précepte, qui est la seule médecine bonne et vraie ?

Leurs visites, par leur durée et l'intérêt qu'ils y apportent, ressemblent à cet échange de coups de chapeaux, de poignées de main et de compliments d'usage que l'on fait quand on se croise dans la rue. Lorsque, par leur négligence, leurs tâtonnements ou leur ignorance, ils ont laissé prendre de l'empire au mal et asseoir la mort au chevet du lit du malade, ils se réunissent en consultation. Dès qu'ils abordent la question, *Hyppocrate* dit : oui, et *Galien* dit : non. Aussitôt commence une discussion interminable, où l'amour-propre scientifique joue le principal rôle, et après avoir perdu des heures précieuses et irréparables, ils tombent enfin d'accord, de guerre lasse, et, sans avoir pu acquérir de conviction ni les uns ni les autres, ils bâclent une ordonnance dont tout le mérite consiste dans sa forme grotesquement savante.

Pendant ce temps, la mort qui se rit du bonnet et de la toge qui abritent leur impuissance, étreint sa proie dans ses serres impitoyables, et l'enlève parfois sous leurs yeux, malgré l'emploi de leurs remèdes dits « *héroïques* », qui ne peuvent guérir qu'à la condition de tarir les sources de la vie, comme si la nature ne nous avait pas donné pour toutes les maladies des remèdes salutaires qui n'usent pas l'organisme, et si l'on pouvait dire d'elle comme des médecins : « *le remède est pire que le mal.* »

Le vice radical de l'art médical, tel qu'on l'exerce de nos jours, c'est que les médecins vont métalliser leur cœur dans les hôpitaux, et qu'ils ont adopté pour maxime qu'il faut étouffer la compassion au profit de la science. Il en résulte qu'ils tiennent moins à guérir les malades qu'à s'instruire, et qu'ils ont délaissé la meilleure des médecines, celle du cœur, pour embrasser celle de l'esprit.

En cela ils se sont écartés de la véritable origine de leur profession ; aussi, au dire de ceux qui en ont été les témoins ou les victimes, ces établissements humanitaires deviennent trop souvent le théâtre de scènes déplorables, sur lesquelles il faut s'empresser de jeter un voile.

Quant à l'académie de médecine :

Dans sa séance du 15 juin 1841, après avoir traité les Magnétiseurs de *fourbes*, *imposteurs et charlatans*, elle déclare, à une forte majorité, que le Magnétisme est un *mensonge*, le met hors la loi en l'assimilant à la quadrature du cercle, et décide qu'à l'avenir elle rejetera toute proposition d'examen.

Ainsi, très-haute et très-puissante dame, mollement assise

dans son fauteuil académique , malheur à qui veut l'arracher à sa léthargie pour la faire sortir de l'ornière où elle croupit depuis des siècles ! elle lui crie : « *arrière* », et lui jette son *veto*.

Heureusement pour l'humanité , le passé prouve que les arrêts de Messieurs de l'académie sont moins sûrs que ceux de Calchas. Leurs injures , leur colère , je dirai presque leur fureur, toutes les fois que la question du Magnétisme a été portée devant leur tribunal , prouveraient son existence et son efficacité , si le doute était encore permis à ceux qui l'ont examiné de près et de bonne foi.

Honneur , mille fois honneur aux médecins présents à cette séance inqualifiable , qui ont eu le courage de s'abstenir ou de protester.

Veut-on une preuve irrécusable de l'esprit qui anime ces Messieurs ?

Voici la réponse du professeur Bouillaud au docteur Frapart, qui lui avait écrit pour l'engager à venir assister à des expériences magnétiques , afin qu'il pût se convaincre par lui-même si le Magnétisme était une chimère ou une vérité :

« *Si je voyais , je ne croirais pas.* »

Une pareille réponse porte son commentaire.

Il faut donc renoncer à convaincre ce corps trop savant pour admettre des phénomènes qu'il ne peut expliquer. L'expérience a prouvé que , dans la question du Magnétisme , il ne se sert de son érudition que pour torturer, dénaturer les faits, étouffer la vérité sous un amas de raisonnements hérissés de grands mots *grecs* et *latins* qui, tout sonores qu'ils sont, ne peuvent empêcher que ce qui *est* ne *soit*. Investi de la confiance publique, il n'aurait qu'un mot à dire pour doter la société des bienfaits immenses du Magnétisme. Puisqu'il s'obstine à ne pas le prononcer, qu'il persiste à vouloir comprimer la lumière sous le boisseau, que les Magnétiseurs ne s'épuisent pas à discuter avec lui pour le ramener ; qu'ils s'attachent à gagner l'opinion publique en faisant beaucoup de cures, et cette reine du monde, dont les erreurs sont passagères, le forcera bien à s'incliner devant la vérité sortant radieuse des nuages dont il veut l'envelopper. Qu'ils aillent surtout au-devant du pauvre, sous le chaume, dans l'atelier et la mansarde ; qu'ils le guérissent et lui enseignent à guérir ses frères, car si le pauvre a besoin de la miette que le riche laisse tomber de sa table, il a encore plus besoin des forces nécessaires pour la ramasser. Qu'ils attendent que le riche vienne les trouver ; il sera le dernier a jouir des bienfaits du Magnétisme, et c'est justice, puisqu'il fait l'esprit fort, qu'il raille le cœur charitable qui compâtit à ses douleurs, écarte la main secourable qui s'étend vers lui et fait cause commune avec ses ennemis les plus acharnés. Le riche peut attendre sous ses lambris dorés ; quand il s'apercevra du bien que le Magnétisme fait au pauvre, il se ravisera, mais ce sera tard, parce qu'il n'a pas la *foi*. Or sans la foi, que peut-on obtenir ? La *foi !* c'est la vie, c'est l'aliment du pauvre ; c'est sa consolation et son soutien. La foi ! c'est un trésor que la Providence tient constamment ouvert, dans lequel le pauvre puise tous les jours, et que le riche dédaigne pour les jouissances matérielles qu'il peut se procurer avec son or. Le pauvre *croit* et se livre au Magnétisme avec confiance; le riche ne *croit* pas et le repousse. Plaignons le riche, et recevons-le comme un frère quand le bandeau sera tombé de ses yeux, car le Magnétisme est l'image vivante de la *fraternité* et de ses deux compagnes fidèles « la *compassion* et la *charité*. »

Messieurs de Puisségur, Deleuze, de Gestas, Du Potet et tant d'autres Magnétiseurs, honorables par leur talent et à l'abri de tout soupçon d'intérêt personnel par leur position sociale, ont fait des tentatives multipliées pour convertir les médecins au Magnétisme et les engager à s'en emparer. Ils ont fermé leurs oreilles, leur cœur et leurs yeux, parce qu'ils n'ont pas voulu changer leur pratique commode et un lucre gagné au pas de course pour une profession toute de dévouement et un salaire péniblement acquis, en restant souvent plusieurs heures auprès d'un malade, afin de lui rendre la santé, même au péril de la sienne.

M. Aubin Gautié, dans son ouvrage intitulé : *Introduction au Magnétisme*, va plus loin que les Messieurs que j'ai cités; il veut livrer le Magnétisme pieds et poings liés aux médecins. Je ne prétends point faire la critique de cet ouvrage, qui a un mérite réel, mais il renferme, à mon avis, deux erreurs graves, que je crois devoir signaler, dans l'intérêt du Magnétisme.

Après avoir posé ces deux axiômes magnétiques :

1° « *Le somnambule, parlant pour lui, est infaillible ;* »

2° « *Tout individu possède en lui, à un degré plus ou moins fort, la puissance magnétique ; les femmes et les enfants peuvent faire beaucoup de bien.* »

Dans un chapitre intitulé : *du concours du médecin, du Magnétiseur et du malade,* M. Gautié dit :

« Si le médecin ne veut pas administrer les remèdes que
» le somnambule *se prescrit,* le Magnétiseur doit se retirer,
» et si le somnambule, s'apercevant du motif de sa retraite,
» veut le retenir, il doit être ferme et persister. Le Magné-
» tiseur doit agir ainsi, *dans ce sens consolateur* qu'il rend
» son malade à la médecine. »

Si le somnambule, *parlant pour lui,* est *infaillible,* il est évident que le médecin qui refuse de se conformer à ses ordonnances se trompe. Que peut-il y avoir de consolant à lui livrer le malade ?

Dans ce cas, au contraire, le devoir du Magnétiseur est de rester et de laisser retirer le médecin. Un Magnétiseur ne doit jamais se retirer que si le malade ou sa famille l'exigent, et encore après avoir épuisé tous les moyens de persuasion.

Dans un autre chapitre, l'auteur témoigne le désir et l'espoir de voir frapper un jour par la loi, *comme de vils charlatans,* ceux qui magnétiseront *sans autorisation.*

S'il est reconnu que *tout individu possède la puissance magnétique,* restreindre le droit de magnétiser serait établir un monopole injuste et fatal, puisqu'on priverait la société de la puissance magnétique qui réside, à un très-haut degré, chez des personnes instruites, mais sans spécialité, ou chez des hommes simples, mais au cœur compatissant. Si le vœu de M. Gautié se réalisait, il en résulterait encore que le père et la mère ne pourraient pas magnétiser leurs enfants, et se faire magnétiser par eux, ce qui serait une monstruosité, car le Magnétisme reposant sur *l'amour*, il est incontestable qu'un étranger, pour si charitable qu'il soit, ne peut avoir la tendresse qui unit les membres de la même famille.

Qu'on lise les qualités qu'exige M. Deleuze et M. Gautié lui-même, pour faire un bon Magnétiseur, et l'on verra si on peut les acquérir à l'ombre d'un diplôme. Les arts et les sciences demandent des études spéciales, mais l'exercice d'une propriété bienfaisante et innée est du domaine du cœur ; l'appréciation des faits appartient à toutes les intelligences, et le Magnétisme est une propriété innée, inhérente à l'organisation humaine, une série de faits, et non un art ou une science.

Ce n'est pas chez les savants que l'on rencontrera la vertu *curative* au degré le plus éminent, mais chez les simples dont parle l'Evangile, qui sont guidés par *la foi*, *l'espérance* et *la charité*, c'est-à-dire qui *croient*, *veulent* et *aiment*. Pour faire un parfait Magnétiseur, il suffit de joindre à quelques notions de l'organisme humain ces trois vertus qui brillent par leur propre éclat et peuvent se passer *d'examen* et de *brevet*.

Que tout le monde puisse donc magnétiser, et chaque famille aura son Magnétiseur dans son sein ou parmi ses amis. Ce ne sera que dans certains cas graves que l'on aura recours à un étranger en réputation.

La liberté de magnétiser est une conséquence rigoureuse de la nature du Magnétisme et de l'état actuel de la société. Nous sommes loin des temps où la science était la propriété exclusive des Castes privilégiées, qui cachaient soigneusement les découvertes qu'elle amène et s'en servaient, comme d'un levier, pour dominer les masses. De nos jours, la lumière brille pour tous ; chacun peut développer ses facultés et son intelligence ; il a le droit d'en faire un *bon* usage, et le Magnétisme étant une propriété bienfaisante que tout individu porte dans son organisation en naissant, la loi qui interdirait de magnétiser sans autorisation serait non-seulement liberticide, mais absurde.

L'insuffisance de l'art médical est dans tous les cœurs, les médecins les plus éclairés le confessent tout bas, cependant l'habitude l'emporte. L'homme est ainsi fait : il a de la peine à secouer le joug que la tradition lui a imposé, lors même qu'il sent que ce joug lui est fatal. Aussi le Magnétisme sera-t-il longtemps encore un rude apostolat. Que les Magnétiseurs se préparent donc à une lutte incessante, d'autant plus terrible que les adversaires du Magnétisme comptent dans leurs rangs leurs aveugles victimes.

CHAPITRE II.

Endormeurs.

Le Magnétisme a des ennemis encore plus dangereux que les médecins, parce qu'ils leur donnent des armes terribles contre lui. Je veux parler des personnes qui le font consister uniquement dans le somnambulisme.

Ces chercheurs de somnambules, que j'appellerai des *Endormeurs*, sont généralement des gens cupides, frivoles ou stupides. N'ayant pas encore vu la cause, ni le but, ils ne comprennent point qu'il n'est pas dans la création un insecte qui n'ait son utilité, et quelque chose en lui ou autour de lui qui veille à sa conservation.

Le but du Magnétisme n'est pas de donner des soirées divertissantes ou lucratives, de faire voyager sans utilité les somnambules, au moyen de la transmission de pensée, de les faire jouer aux cartes, de les foudroyer, de martyriser leur corps à tout propos, pour prouver leur insensibilité, de les soumettre enfin à une foule d'expériences plus absurdes et plus dangereuses les unes que les autres. Son unique but est de guérir les maladies, et, par les révélations que nous apporte, dans cette œuvre de charité, le somnambulisme, de nous apprendre à mieux nous connaître, à nous conduire en hommes de bien, et à pratiquer la fraternité dans toute sa plénitude.

Malheureusement nous avons actuellement beaucoup d'*Endormeurs*, et peu de vrais Magnétiseurs. Sans doute, les somnambules sont d'une grande utilité, mais ils ne sont pas indispensables pour soulager ou guérir les malades. Tous ceux qui ne magnétisent point les malades et n'ont des somnambules que pour faire des expériences et donner des consultations, ou les vendre, doivent être classés au rang des *Endormeurs*. Ces *Endormeurs* sont cent fois plus coupables que les médecins, car ils abusent d'une sainte vérité, tandis que les médecins ne font que reculer devant elle, et la repoussent parce que cette vérité menace leur existence et met à néant le fruit d'études longues, pénibles et dispendieuses. A ce titre, ils méritent l'indulgence, et je n'ai prétendu m'adresser qu'à ceux qui mettent de la mauvaise foi dans leur opposition au Magnétisme.

Quant aux *Endormeurs!*

Il faut être sans ménagements ; on doit les démasquer sans pitié. Heureusement le mal qu'ils font à présent au Magnétisme tournera plus tard à son profit, parce qu'ils appellent sur lui l'attention publique par l'abus qu'ils en font, et que son triomphe tient à ce qu'on veuille bien s'en occuper sérieusement.

La question des *Endormeurs* reviendra naturellement aux chapitres : *somnambulisme* et *procédés pratiques du Magnétisme.*

CHAPITRE III.

Magnétisme.

La Providence a donné l'instinct aux animaux, et le Magnétisme à l'homme, pour combattre et guérir les maladies qui les assiégent.

Les premiers, esclaves de leur instinct, suivent son impulsion et ne se trompent jamais sur ce qui est utile à leur santé.

L'homme, fier de sa *connaissance et de son libre arbitre*, veut tout expliquer, et repousse la médecine de la nature, parce qu'elle est au-dessus de son intelligence, pour embrasser celle des médecins.

Fatale erreur! Faulx immense qui, à l'abri d'un antique préjugé, promène son tranchant sur l'espèce humaine et la décime sans qu'elle en murmure!...

L'étude du Magnétisme conduit à la conviction qu'il est le pivot sur lequel roule la création entière. On le retrouve en effet partout:

Dans les astres, les éléments, les minéraux, les végétaux, les animaux, enfin chez l'homme.

Dans le monde, il y a deux grands *tout* : le *tout esprit*, et le *tout matière essentielle*.

L'homme, à part sa matière brute, possède en lui une

parcelle de ces deux *tout*. Il est donc *esprit* et *matière essentielle*.

Ces deux parcelles sont réunies dans un anneau que l'on appelle *âme*.

Ainsi, l'âme est demi spirituelle et demi matérielle. (*)

Le Magnétisme est une émanation de l'âme ; il procède, comme l'âme, de *l'esprit et de la matière essentielle*. De là découlent ses phénomènes psycologiques et physiologiques, l'action simultanée ou séparée de la *volonté* et du *fluide* magnétique, et la nécessité pour un Magnétiseur, s'il veut être dans le vrai, de produire des effets complets et ne pas égarer ses somnambules, de ne pas être uniquement spiritualiste ou exclusivement matérialiste, mais l'un et l'autre dans sa pratique.

L'homme étant *esprit* et *matière*, pour exprimer la double nature du Magnétisme, on devrait l'appeler « *humain* », et non « *animal* ». Cette dernière désignation n'indique que sa nature matérielle, car bien que tout se lie et s'enchaîne dans la création, il existe une distance immense entre l'homme et la bête. Les phénomènes du somnambulisme magnétique le prouvent jusqu'à l'évidence.

Quand l'homme est plongé en somnambulisme magnétique, son corps est d'une insensibilité complète, et les facultés de son esprit grandissent merveilleusement.

(*) Voir, aux *Paroles d'un Somnambule*, la question du *Monde*.

Chez l'animal, au contraire, placé dans les mêmes conditions, son corps est également dans la torpeur, mais son instinct au lieu de grandir, comme l'esprit chez l'homme, s'éteint entièrement.

Cette différence provient de ce que chez l'homme la surveillance de l'esprit est directe, tandis que chez l'animal cette surveillance est indirecte ; il n'en reçoit qu'un léger reflet par l'intermédiaire de la faible portion de matière *essentielle* qui est en lui. (*)

En présence d'un semblable phénomène, que devient l'échelle ingénieuse qui part de la grenouille pour arriver à l'homme et démontrer qu'il n'y a entre lui et la bête, sous le rapport de la *connaissance*, d'autre différence que la capacité du cerveau.

De nos jours, les progrès de l'anatomie ont propagé les tendances au matérialisme, surtout parmi les médecins. Le Magnétisme offre, en masse, des faits qui prouvent l'existence d'un principe spirituel en nous. C'est à lui qu'est réservé l'honneur de faire tomber le bandeau qui couvre encore les yeux des savants. Espérons qu'ils le trouveront enfin digne de toute leur attention, et qu'ils mettront bientôt autant de zèle à le faire triompher qu'ils ont mis d'opposition ou d'indifférence à le faire accepter.

La société y gagnera moralement et physiquement, et une aurore brillante et nouvelle se lèvera sur l'humanité affran-

---

(*) Voir, aux *Paroles d'un Somnambule*, dans la question du *Monde*, les quatre règnes de la nature.

chic des incertitudes de la philosophie. L'homme, se connaissant mieux, ne sera plus chancelant dans sa foi religieuse, ses doutes sur sa destinée future disparaîtront, la pratique de la vertu lui sera douce et facile, il sera meilleur pour ses semblables, et le véritable règne de *la fraternité* arrivera sans violence. Il ne s'armera plus contre ses frères ; il aura plus de force pour supporter avec résignation les épreuves auxquelles il est soumis sur la terre, car, à mesure qu'il avancera dans la connaissance de Dieu, il l'aimera davantage, et la mort n'aura plus rien d'affrayant pour lui : en un mot, le Magnétisme lui apprendra à *bien vivre* et à *bien mourir*.

Le Magnétisme, avons-nous dit, est une émanation de l'âme. Cette émanation est un effluve salutaire, un baume réparateur qui vient soulager, cicatriser et guérir les plaies de l'esprit et du corps.

Considéré sous le rapport de 'sa nature spirituelle, c'est la sympathie du cœur, la loi de la conscience, ce tabernacle de l'âme.

Le Magnétisme est un appel de la *volonté* à la matière essentielle.

Par la puissance que Dieu a donné à l'homme, dans une fibre que l'on nomme « *fibre d'amour* » repose tout le Magnétisme.

Mettez-vous en face d'un malade, magnétisez-le sans intérêt pour lui, en le forçant au sommeil, quels que soient vos gestes, vous lui ferez du mal. Agissez au contraire par la *volonté* et par l'*amour*, même sans gestes, vous lui ferez du bien. La *volonté* et la *charité* font tout ; ce sont les deux parties intégrantes et inhérentes au Magnétisme. En procédant ainsi, le *mal* ne peut arriver, et s'il vient, ce sera pour appeler le *bien*. Il faut songer que lorsque la plus petite des épines pousse dans une rose, il s'opère un travail immense.

Le Magnétisme, considéré par rapport à sa nature matérielle, est un *enseignement*.

Il nous décèle, par ses effets, le travail de la nature.

C'est un agent *curatif* que chaque individu porte dans son organisation.

C'est la propriété de mettre en mouvement, chez un autre individu, la force vitale affaiblie, déréglée ou suspendue, et de provoquer la crise indispensable pour rétablir l'harmonie dans le corps.

C'est le sifflet avec lequel on appelle la nature comme on appelle une caille.

C'est la main qui tourne la manivelle et fait raisonner l'orgue.

C'est la clef avec laquelle on monte l'horloge.

Quand les ressorts d'une pendule sont dérangés, que le balancier marche irrégulièrement ou s'arrête, l'horloger arrive, rétablit l'harmonie dans les ressorts, régularise le mouvement du pendule ou lui donne l'impulsion, et la pendule marque l'heure exactement.

Le corps humain, c'est la pendule ;

Le Magnétisme, le pendule, c'est-à-dire la force vitale ;

Le Magnétiseur, l'horloger.

Le Magnétisme étant l'agent identique de la nature, si je puis m'exprimer ainsi, il n'est pas étonnant qu'il s'applique à toutes les maladies et puisse les guérir toutes, pourvu toutefois qu'il n'y ait pas d'organe essentiel à la vie de profondément atteint, comme par exemple dans la phthisie au dernier degré. Ce serait alors avoir la prétention de rendre à un organe la partie détruite, et de faire du Magnétisme un *créateur* au lieu d'un réparateur. Autant vaudrait lui demander de rétablir sur un membre amputé sa partie absente.

Le Magnétisme peut guérir la phthisie lorsqu'elle est au premier et même au second degré; mais lorsque les tubercules sont formés et en suppuration, il ne fait que donner une force factice au malade et user plus promptement sa vie; c'est une lampe dont on fait brûler l'huile avec rapidité, et qui jette un grand éclat au moment de s'éteindre.

Les détracteurs du Magnétisme croient l'écraser sous le poids du ridicule en l'appelant : « *la panacée universelle.* »

Il serait absurde, en effet, de prétendre qu'un remède, composé d'ingrédients qui ont des propriétés spéciales et bornées, puisse agir universellement. Mais le Magnétisme n'est pas un remède dans l'acception générale de ce mot.

Il n'y a qu'une maladie : *la destruction de l'harmonie.*

Elle arrive de quatre manières différentes :

1° Les nerfs ;

2° Le sang ;

3° La bile ;

4° La lymphe.

Il en existe une cinquième propre aux femmes :

L'hystérie.

La maladie est la désertion de notre matière *essentielle*.

Le Magnétisme étant un appel de la *volonté* à la matière essentielle, pour la faire rentrer à sa place, et cette matière désertant sous les mille formes que prend la maladie, rien d'étonnant que le Magnétisme s'applique d'une manière également efficace à toutes ces formes, et par conséquent à toutes les maladies.

Il ne faut pas confondre, et conclure qu'il guérit tous les malades, car il y en a sur lesquels il est impuissant, mais qu'il peut guérir toutes les maladies, sauf les exceptions que j'ai indiquées.

Il faut cependant reconnaître qu'il est des maladies qui exigent le concours des remèdes. La nature prévoyante a mis à notre disposition des spécifiques pour tous les maux, et nous a donné le somnambulisme pour les découvrir et les indiquer d'une manière certaine. Mais, dans ces cas, les remèdes ne sont que des auxiliaires, et le Magnétisme reste toujours la base du traitement et l'auteur principal de la guérison. Aussi je conseille de se défier des somnambules qui ne le joignent jamais à leurs ordonnances, tout en reconnaissant que parfois il peut ne pas être indispensable, parce qu'alors ils sont guidés par l'amour-propre de guérir les malades sans son concours, et sujets à prescrire un traitement insuffisant, quoique salutaire, le Magnétisme ajoutant infiniment à la vertu des remèdes.

De la double nature du Magnétisme résultent deux propriétés : l'une psycologique , l'autre thérapeutique , qui lui méritent le nom de médecin de l'âme et du corps.

La première , au moyen du somnambulisme , rend à l'esprit du malade toutes ses facultés en le dégageant des liens de la matière *brute*, et rectifie ses écarts de l'état de veille. Elle vient en outre puissamment en aide à la seconde pour les maladies du corps , en donnant aux somnambules la faculté de découvrir et de désigner leurs spécifiques.

Cette propriété donne des résultats immenses , certains , si on en fait usage avec *prudence et toujours dans un but moral et utile*, mais incertains , trompeurs et quelquefois nuisibles , si on veut la faire tourner au profit *de ses intérêts*, *de ses passions ou celles d'autrui.*

Ainsi l'a voulu la Providence , afin que l'homme ne puisse pas abuser de ce don céleste , qui , dans des mains pures , devient une révélation incessante.

La seconde propriété du Magnétisme est éminemment curative et remplit son but principal.

Les résultats de cette seconde propriété sont certains et *jamais nuisibles* si le Magnétiseur est animé d'une charité ardente. Aussi faut-il bien se garder de magnétiser pour plaisanter, parce que l'on pourrait rencontrer quelqu'un de très-impressionable, ce qui arrive même chez des personnes qui paraissent jouir d'une bonne santé, et lui faire beaucoup de mal.

Tout le Magnétisme est dans ces trois mots :

« *La foi*, *l'espérance et la charité*, c'est-à-dire, *croire*, *vouloir*, *aimer.* »

On ne saurait apprécier combien on ferait avorter de maladies graves ou mortelles si l'on se faisait magnétiser dès qu'on se sent saisi par une indisposition ; combien on sauverait de mères et d'enfants si on appliquait avec prudence le Magnétisme aux grossesses pénibles !

Si les parents magnétisaient les enfants d'un tempérament délicat et maladif, chez lesquels la nature faible ou paresseuse ne peut agir d'une manière convenable au développement des organes ou du corps, les jeunes personnes à l'approche de leur époque critique, ils garantiraient une foule d'individus qui succombent avant le terme, ou qui sont condamnés à traîner une existence languissante et douloureuse. Il n'y aurait plus d'autres difformités que celles qui naîtraient des accidents, dans les cas seulement où tout secours humain serait impuissant ; bientôt la race humaine, actuellement appauvrie et dégénérée, reprendrait sa force et sa beauté primitive.

CHAPITRE IV.

Fluide magnétique.

Le Fluide magnétique est et sera toujours impondérable : il provient de la *volonté* et de la *charité*.

C'est principalement une émanation du *tout* de la matière *essentielle* (*), qui vient se joindre à la partie de ce *tout*, contenue dans chaque individu, pour la compléter. C'est en même temps une émanation du *tout* de *l'esprit*, en ce sens que la surveillance de *l'esprit* sur le *tout* de la matière *essentielle* étant directe, il surveille plus efficacement et plus facilement la partie de ce *tout* contenue dans les individus pensants, lorsque la *volonté* fait émaner une partie du *tout* de la matière *essentielle*. La *volonté* appelle une surveillance directe de *l'esprit* sur cette émanation.

L'esprit la suit.

Le Fluide magnétique est invisible pour nous ; tous les somnambules affirment qu'il est visible pour eux. Il est plus ou moins lumineux en raison de la profondeur de leur sommeil et de leur degré de clairvoyance.

En somnolence, les malades l'aperçoivent parfois comme une vapeur vague.

(*) Saint Augustin avait pressenti la matière *essentielle* : il pensait que l'âme du juste, après sa séparation avec le corps, va dans un séjour de paix, en attendant qu'elle se réunisse à la *chair incorruptible*.
(De Trinit., Lib. xv, Cap. xxv.)

Les somnambules du premier degré le voient comme des rayons blafards et vaporeux ;

Ceux du second, comme une flamme de gaz ou en étincelles légères de feu qui viennent voltiger sur les régions frontales, les yeux et l'épigastre.

Enfin les somnambules du troisième degré l'aperçoivent en gerbes ou en lames de feu.

Une de mes somnambules le voyait en étoiles brillantes ; je crois que c'est une exception assez rare.

Tous les somnambules disent voir sortir le Fluide des mains et du corps de leur Magnétiseur, sans doute parce que celui-ci, en l'appelant par la *volonté*, se l'approprie et le dispense ensuite.

Ce Fluide n'est arrêté ni par la distance, ni par les corps opaques. Il s'insinue dans le corps du malade, s'attache aux parties en désordre pour y rétablir l'harmonie ; il s'empare du germe des maladies à l'état d'incubation pour les faire avorter. En le dirigeant sur une partie du corps qui n'est pas malade, il va frapper à l'instant et directement celles qui le sont et celles qui renferment un principe de maladie récent ou ancien.

Cette propriété lui a fait donner à juste titre le nom de : « *Fluide intelligent.* »

Ce phénomène peut s'expliquer par la surveillance de *l'esprit*, sollicitée par la *volonté* du Magnétiseur, sur l'émanation que cette *volonté* fait détacher du *tout* de la matière *essentielle*, émanation qui constitue le *Fluide magnétique*.

CHAPITRE V.

Effets du Magnétisme.

Les effets du Magnétisme sont imprévus, variables à l'infini, jamais identiques et toujours salutaires, parce qu'ils résultent du travail de la nature.

Ils se manifestent généralement à l'extérieur par des indices plus ou moins saillants. Parfois ces indices sont inappréciables, mais les effets n'en sont pas moins réels

Un magnétiseur sage doit laisser à la nature le soin de produire ces effets, car elle seule peut juger de leur opportunité ; il doit la laisser entièrement libre de les prolonger, de les transporter d'une partie du corps dans une autre, ou de les suspendre. C'est un travail mystérieux, qu'un bon magnétiseur doit respecter, qu'il est seulement appelé à déterminer par son *action* et à soutenir par la *charité*.

En Magnétisme, la simplicité est la meilleure science.

Quand la maladie est récente ou accidentelle, les effets du Magnétisme sont prompts, et, parfois, d'une rapidité qui tient du miracle.

Si la maladie est ancienne, qu'elle soit passée à l'état chronique ou constitutionnel, les effets peuvent être fort lents, mais ils sont toujours efficaces, en ce sens qu'ils modifient en mieux l'état du malade, s'il y a impossibilité de le guérir, ce qui arrive malheureusement trop souvent, parce que l'on n'a recours en général au Magnétisme qu'après avoir perdu tout espoir dans la médecine *légale*, et qu'elle vous a déclaré *incurable*.

De nombreuses cures, opérées sur ces prétendus *incurables*, prouvent heureusement qu'il ne faut jamais désespérer de la puissance du Magnétisme et qu'il est toujours bon d'en faire l'essai, d'autant qu'il n'y a aucun inconvénient, puisqu'on ne prend point de remèdes et que l'on court cette chance favorable que, s'il existe encore chez le malade un germe de force vitale, le Magnétisme s'en empare pour le ramener des portes du tombeau, ou rendre à ses membres l'activité qu'ils ont perdue depuis longtemps.

Les effets du Magnétisme se manifestent constamment par quatre espèces de crises :

1o Crises sans sommeil ;

2o Crises en somnolence ;

3o Crises en somnambulisme ;

4o Crises *supplémentaires*.

Les crises sans sommeil sont un appel simple à la matière *essentielle*, sous la surveillance indirecte de *l'esprit*. Il y a chez le malade intuition instinctive.

Les crises en somnolence sont un appel plus pressant à la matière *essentielle*, sous la surveillance presque directe de *l'esprit*. L'intuition n'est plus instinctive, elle est développée et arrive parfois jusqu'à une faible *clairvoyance*

Les crises en somnambulisme sont un appel impérieux à.

la matière essentielle, sous la surveillance directe de *l'esprit*. Il y a par conséquent intuition complète, et, de plus, *clair-voyance* entière.

Les crises *supplémentaires* sont un appel plus direct à la matière *essentielle* que dans les crises en somnolence, et moins impérieux que dans les crises en somnambulisme. Elles tiennent des trois premiers genres de crises et sont réservées spécialement aux somnambules, en ce qui touche aux facultés psycologiques. Quant à ce qui concerne les phénomènes physiologiques et thérapeutiques, elles peuvent se déclarer chez toutes les personnes magnétisées.

Ces crises se produisent après la magnétisation et ne sont que la continuation *visible* du travail de la nature, qui, sans cesse attentive, fortifiée et mise en jeu par le Magnétisme, les détermine quand elles sont nécessaires, sans le concours de la volonté du Magnétiseur et en son absence, de même qu'elle provoque celles qui sont *invisibles* et passent inaperçues.

Pendant ces crises, chez les somnambules, les yeux restent ouverts ; ils sont voilés ou brillants. La respiration est profonde et quelquefois agitée, l'ouïe et la sensibilité subsistent et les facultés du somnambulisme se conservent, cependant à un dégré moins élevé.

Le Magnétiseur peut donner ces crises à ses somnambules, mais il faut qu'il y ait utilité ou nécessité bien démontrée, autrement au lieu de tourner au profit de leur santé, elles deviendraient extrêmement nuisibles si elles étaient trop souvent répétées.

Comme il importe de bien fixer l'emploi que peut en faire un Magnétiseur, je vais citer deux exemples de ces crises *supplémentaires* provoquées dans un but diamétralement opposé, l'un utile et désintéressé, l'autre ayant uniquement pour mobile le désir de gagner de l'argent.

Les paroles d'un somnambule étaient religieusement recueillies par les membres de notre société magnétique. Comme il n'y avait pas de sténographe parmi nous, il était impossible de suivre le somnambule, quand il s'animait et se livrait au développement de sa pensée, et d'éviter des erreurs ou des omissions. Quelques heures après la séance, je le plongeais en crise supplémentaire, et, dans cet état, il rectifiait le compte-rendu avec autant de facilité que s'il eût été en état de somnambulisme complet. Quelqu'un qui serait entré pendant que nous faisions ce travail, aurait cru qu'il était dans son état de veille et qu'il traitait des matières qui lui étaient familières. Si par hasard le mot propre ne lui arrivait pas, à peine mon esprit l'avait formulé, qu'il le prononçait en disant :

« Il me semble que vous venez de me souffler ce mot. »

Lorsqu'il passa son dernier examen pour être reçu avocat, je lui remis un mouchoir magnétisé, à l'aide duquel il tomba en crise et le soutint parfaitement, sans que personne pût soupçonner qu'il n'était pas dans son état ordinaire.

Un habile escamoteur, nommé Hermann, donnait à sa femme les crises supplémentaires avec une facilité extrême, de près comme de loin, par le seul acte de sa volonté, sans la toucher, et la ramenait de même à son état naturel, la faisant passer d'un état à l'autre successivement et avec la promptitude de l'éclair. Dans les instants où Mme Hermann était en crise, elle percevait la pensée de son mari avec une rapidité qu'il est rare de rencontrer dans un somnambule, et la rendait avec une précision merveilleuse.

Pour faire croire à un tour d'adresse, rehausser son habileté et attirer le public, M. Hermann mettait sur ses affiches :

« *Double vue anti-magnétique* ».

Ce qui donnait du poids à cette annonce, c'est qu'il apprenait, moyennant salaire, son *tour* aux amateurs, sans doute par des moyens de convention tout-à-fait étrangers au Magnétisme. Seulement le tour qu'il enseignait n'avait qu'une ressemblance spécieuse et circonscrite avec les phénomènes qu'il obtenait de sa femme, au moyen de sa prétendue *double vue antimagnétique*. C'était assez pour que les personnes qui ne connaissaient pas le Magnétisme et ses effets, et même celles qui n'en avaient que des notions superficielles, se laissassent prendre au piége.

Comme les personnes qui ont appris de M. Hermann à faire son *tour*, si mon livre tombait dans leurs mains, pourraient croire que je suis dans l'erreur, ou peut-être que j'en impose, je suis obligé de rapporter ce qui s'est passé entre M. et Mme Hermann, et moi, le jour de leur arrivée à Toulouse, et quelques jours avant leur départ de cette ville.

Un voyageur qui était arrivé de Bordeaux avec eux les invita à dîner à l'hôtel où je mangeais.

Après le dessert, M. Hermann fut prié de faire quelques expériences de *double vue antimagnétique*. Toutes réussirent parfaitement, et me surprirent par leur rapidité et leur précision. Le millésime, l'effigie des pièces de monnaie, les plus minutieux détails sur les objets que les spectateurs tenaient dans leur main fermée avec précaution, sur cette simple demande de M. Hermann, *après y avoir jeté un regard dessus*, à sa femme placée à l'extrémité de la salle et le dos tourné :

« Que tient Monsieur dans sa main ? »

Tout était décrit sans hésitation et avec une telle exactitude, que je fus convaincu qu'on ne pouvait arriver à ce résultat par des moyens physiques ou des signes de convention, pour si subtils qu'ils fussent, et que le Magnétisme seul avait ce pouvoir, au moyen du phénomène de la transmission de pensée.

J'observai dès-lors attentivement Madame Hermann, que le hasard avait placée à table à côté de moi; sa figure me parut très-fatiguée, et je reconnus que, dès que son mari l'interrogeait, les muscles de son visage se tendaient, ses yeux se voilaient légèrement, sa respiration devenait profonde, agitée, de manière cependant à ce qu'il n'y eût qu'un œil habitué à observer les phénomènes du Magnétisme qui pût s'en apercevoir.

Enfin M. Hermann prit une épingle à la maîtresse de l'hôtel, la déposa dans ma main et demanda à sa femme ce que je tenais. Voulant dissiper toute espèce de doute et m'assurer de la réalité de mes conjectures, je défendis, *par ma volonté*, à Madame Hermann de le voir. Madame Hermann se trouble, hésite, et se trompe pendant trois fois. Son mari lui dit avec humeur :

« *Quelqu'un t'influence donc ?* »

« *Je n'y vois pas !* répond la femme avec impatience.

M. Hermann prend alors un couteau, frappe avec violence sur la table et dit avec colère :

« *Fais attention* ! Que tient Monsieur dans la main ? — Avec effort, — Une épingle..... ; c'est assez, je suis fatiguée. »

Cette scène, les expressions dont M. et Mme Hermann s'étaient servis, ne me laissèrent pas l'ombre d'un doute ; cependant je feignis de croire à leurs assertions contraires, et ne voulant point leur nuire, je gardai mon opinion par devers moi.

Pour attirer le public à ses séances, M. Hermann abusait de l'influence qu'il exerçait sur sa femme, et se plaisait souvent, dans la journée, à répéter son *tour de double vue antimagnétique*, pendant qu'il était au café et sa femme chez elle. J'avais occasion de le voir de temps en temps ; quelques jours avant son départ, je lui dis :

« Faites attention, Monsieur, que votre femme est souf-
» frante. Je ne vous demande pas votre secret, j'ai mes
» convictions arrêtées, mais c'est un devoir pour moi de
» vous avertir que si vous continuez, et que vous abusiez
» ainsi des facultés de votre femme, vous la tuerez. »

Madame Hermann se retourna brusquement vers son mari et lui dit avec vivacité :

« Tu entends ce que vient de dire Monsieur. »

M. Hermann me fit alors l'aveu que sa femme avait été longtemps magnétisée et somnambule, et qu'ayant conservé la faculté de la perception de pensée, en gardant toutes les apparences de l'état de veille, il tirait partie de cette faculté, sans penser qu'il y eût le moindre inconvénient, ne connaissant nullement le Magnétisme.

M. et Mme Hermann me remercièrent et promirent de suivre mes conseils.

Les personnes qui ont vu Madame Hermann plusieurs fois ont dû remarquer que lorsque son mari prolongeait trop les expériences de *double vue anti-magnétique*, vers la fin de la séance elle n'avait plus la même précision dans ses réponses, elle hésitait et paraissait extrêmement fatiguée ; ce qui n'aurait pas eu lieu, si ces expériences avaient été faites par des moyens de physique ou par des signes de convention.

Loin de moi l'idée de jeter le blâme sur les personnes qui font un état du Magnétisme, d'autant que M. Deleuze, dont l'opinion doit être respectée, a décidé qu'un Magnétiseur peut se faire payer, par la raison toute naturelle, que le temps qu'il consacre à ses malades il l'emploierait à ses affaires. Mais la société a le droit d'exiger des Magnétiseurs, comme des Médecins, qu'ils exercent dignement leur profession. Nous arriverons à une époque, encore bien éloignée de nous sans doute, mais inévitable, où il ne sera plus possible de faire un état du Magnétisme, parce qu'il y aura des Magnétiseurs partout, dans toutes les familles, depuis les chaumières jusqu'aux palais et surtout parmi les riches, car ayant plus de loisirs, ils auront plus de temps à consacrer aux malheureux, et n'auront pas besoin de salaire.

Les riches !... va-t-on s'écrier : mais c'est un paradoxe, une utopie, une folie !....

Ceux-là ne savent pas combien la pratique du Magnétisme offre de douces émotions et élève l'âme, ils ignorent qu'il est dans la nature de l'homme de s'attacher à ses œuvres. En effet : on porte de l'intérêt, que dis-je, on aime celui dont on a fait ou relevé la fortune, celui qu'on a sauvé d'un grand danger ou guéri d'une maladie grave, celui enfin à qui l'on a rendu des services éminents. Le Magnétisme, implanté dans la famille, épurera les mœurs, et au lieu de faire litière des dons que la nature nous a répartis, de nous corrompre et nous étioler dans les lieux publics ou par des plaisirs dévorants, quand ils ne sont pas honteux, nous en ferons un usage noble pour nous, et utile pour nos semblables. Croire alors que le riche pratiquera la *charité* par le *Magnétisme*, afin qu'elle soit complètement efficace, ne paraîtra plus une utopie, une folie, fille d'un cerveau atteint d'une idée fixe à laquelle il veut tout ramener, mais une chose simple et naturelle.

Les crises sont internes ou externes, visibles ou invisibles, faibles ou fortes. Pendant leur cours, toutes les maladies latentes ou déclarées, anciennes ou récentes, se réveillent, se développent, prennent de l'intensité et parcourent leurs diverses périodes, pour disparaître sans retour. Aussi le malade est-il souvent étonné, et quelquefois effrayé, de ressentir d'anciennes douleurs qu'il croyait éteintes pour toujours. C'est un grave inconvénient en ce que, tant que le Magnétisme n'inspirera pas plus de confiance et ne sera pas généralement accepté, ce sera une cause de découragement pour les malades et un motif pour manquer de persévérance et abandonner leur traitement, précisément quand ils sont en voie de guérison. Heureusement la nature, en mère prudente, a prévu cet obstacle et y a porté remède, car souvent le malade, averti par un sentiment intérieur, résiste aux conseils imprudents de sa famille et de ses amis, même à ses propres craintes, et persiste à se faire magnétiser. Il est donc sage de ne jamais se charger d'un traitement de longue durée, si l'on pressent que le malade manquera de constance, ou si l'on prévoit que l'on sera dans la nécessité de s'absenter pour longtemps et de le suspendre, parce qu'en donnant l'impulsion aux crises, on aggraverait la position du malade si on ne les conduisait pas à leur terme.

Toutes les crises provoquent un travail merveilleusement combiné pour rétablir l'ordre et l'harmonie dans l'organisation. Il en est pendant lesquelles le malade se magnétise lui-même avec une intelligence suprême, et qui prouvent que, sous l'action magnétique d'un autre, on peut se guérir soi-même. Ces crises admirables, qu'on pourrait appeler « *Gymnastique magnétique* », n'ont lieu que dans l'état de somnolence ou de somnambulisme, et se présentent plus particulièrement chez les personnes jeunes et non encore formées, chez lesquelles la nature est trop paresseuse ou trop faible pour achever le développement du corps. Il n'est pas rare qu'elles soient mêlées de courts instants d'extase, lorsqu'il y a somnambulisme, et quelquefois de chants dont le rhythme s'accorde parfaitement avec les mouvements, généralement gracieux du crisiaque, et seconde le travail de la naure.

J'ai vu souvent des crisiaques reproduire, dans leur sommeil, les scènes de leur vie qui avaient donné naissance à leur maladie. Il est impossible de ne pas tomber en admiration devant ces crises, où la nature ramène le mal à son origine, lorsqu'il est ancien, pour le vaincre aussi facilement que s'il était récent. Ce phénomène est un des plus beaux enseignements du Magnétisme; il nous fait comprendre tout le merveilleux de l'organisme humain mieux que toutes les études anatomiques, qui ne nous montrent à nu que la nature morte. Ici c'est la nature vivante surprise sur le fait, agissant à découvert, nous dévoilant une partie de ses secrets, et nous laissant entrevoir ceux qu'il ne nous est pas donné de pénétrer.

Dans les maladies nerveuses ou sanguines, il se présente souvent des crises très-violentes.

Chez les personnes qui ont pris du mercure à haute dose,

il s'en présente qui vont quelquefois jusqu'à la folie et à la rage, parce que le mercure, s'évaporant par l'effet du Magnétisme, se porte au cerveau. Il est déplorable que la médecine persiste à traiter certaines maladies par ce remède fatal, dont les ravages sont terribles et laissent des traces ineffaçables, et que l'opinion générale s'obstine à croire qu'il en est l'unique spécifique, tandis que ces cruelles maladies se guérissent parfaitement par le Magnétisme, uni à un traitement doux et inoffensif. J'ai par devers moi des preuves nombreuses de ce que j'avance. Je le répète : peut-on supposer que la nature nous ait donné une *seule* maladie sans nous accorder les remèdes, non pas *héroïques*, tels que le *mercure, la quinine* et le *muriate d'or*, qui vous tuent, ou ne vous guérissent qu'à la condition de tarir les sources de la vie et de vous léguer une existence empoisonnée par d'atroces infirmités ou d'affreuses douleurs, mais les remèdes salutaires, qui ne laissent point de traces et rendent la vigueur et la santé. Qui pourrait calculer le nombre de malheureux dont le mercure a rongé les os, enlevé les cheveux et les dents, les estomacs que la quinine a complètement détériorés, et les jeunes personnes que le muriate d'or a privées de leur sein et des douceurs de la maternité ! Que dire aussi de ces saignées fréquentes, ou régulières à chaque saison, qui, en vous enlevant une partie du sang, c'est-à-dire de la vie, appauvrissent le peu qu'elles vous laissent et vous font descendre insensiblement dans la tombe avant le terme ?

Mais si la nature, en nous condamnant à des affections

morales et physiques, au lieu de nous donner un remède souverain, ne nous avait accordé que des palliatifs funestes, ce serait une monstruosité, et le simple bon sens repousse cette idée.

Ce remède souverain, c'est le *Magnétisme*, escorté du sublime flambeau qu'il allume, «le *somnambulisme*», et éclairé par lui.

Les crises les plus redoutables n'ont rien de dangereux et amènent toujours un bon résultat, si le Magnétiseur reste calme, impassible et n'interrompt pas leur cours. Il doit les surveiller avec sollicitude et les modérer, si elles sont trop violentes. Il ne faut pas les arrêter, *dans aucun cas et de quelque manière qu'elles se présentent, à moins qu'on ne les ait déterminées par imprudence ou inexpérience*. Dans ce cas *seulement*, le Magnétiseur doit les suspendre promptement; il suffit pour cela d'un mot prononcé avec une *volonté ferme*, fussent-elles poussées jusqu'à la rage. S'il hésite, se trouble ou s'effraie, au lieu de seconder et soutenir le travail de la nature, il le contrarie, fait beaucoup de mal au malade, et, dans certaines circonstances, il peut provoquer des accidents sérieux.

C'est une idée généralement reçue que le Magnétisme produit plus d'effet sur les tempéraments nerveux que sur les autres, et que ces tempéraments sont plus propres à conduire au somnambulisme.

Je ne partage pas cette opinion, sans cependant la combattre, parce qu'en Magnétisme rien ne se ressemble, rien n'est identique, qu'il existe des faits qui paraissent la justifier, et qu'à part la *volonté* et l'*amour*, bases du Magnétisme, on ne peut poser de règle absolue. Mais je crois pouvoir avancer que ces faits sont des exceptions et non pas la règle.

L'expérience m'a démontré que le Magnétisme agissait aussi directement et aussi puissamment sur les tempéraments bilieux, sanguins ou lymphatiques, que sur les tempéraments nerveux. Cela ressort de sa nature même et de ses propriétés, puisqu'il s'applique également et aussi efficacement à toutes les maladies. Les tempéraments nerveux offrent seulement des crises plus ostensibles, plus fortes et plus bizarres que les autres tempéraments.

Les tempéraments sanguins éprouvent parfois des crises très-violentes, moins effrayantes à la vue, mais plus dangereuses que celles des tempéraments nerveux.

Les tempéraments bilieux et lymphatiques présentent une insensibilité apparente; leurs crises sont toujours faibles, à moins d'une complication de maux ou d'un cas particuculier. Cette insensibilité extérieure expose le magnétisé et le Magnétiseur à se décourager; l'un et l'autre ont besoin d'une confiance et d'une foi à toute épreuve dans la puissance du Magnétisme. Il en est de même quand la sensibilité du malade est trop grande; la violence de ses crises peut inspirer des craintes et faire renoncer au traitement.

Quant au somnambulisme, il arrive lorsque la nature le réclame, quel que soit le tempérament du malade.

Je l'ai généralement obtenu avec plus de facilité sur les tempéraments bilieux, sanguins ou lymphatiques, que sur les tempéraments nerveux ; et c'est facile à expliquer.

Les personnes nerveuses éprouvent, presque toujours, dans les premières magnétisations, des commotions violentes qui les empêchent d'arriver au somnambulisme ; il s'opère chez elles une espèce de secousse qui l'éloigne au moment où il va venir. Il faut donc plusieurs séances pour calmer cette première irritation ; aussi n'est-il pas rare qu'il faille huit et quinze jours pour l'obtenir ; tandis que sur les tempéraments bilieux, sanguins ou lymphatiques, il arrive doucement et sans effort, et on l'obtient à la seconde, troisième ou quatrième séance, et quelquefois à la première. Cela peut bien arriver avec les tempéraments nerveux, mais ce n'est pas ordinaire.

Je sais qu'à cet égard je suis en contradiction avec presque tous les Magnétiseurs, mais je ne fais ici que soumettre le résultat de mes observations, sans avoir la prétention de les faire prévaloir.

Une opinion généralement accueillie, c'est que le Magnétisme irrite le système nerveux. Cette opinion est fondée sur les crises violentes qu'éprouvent les personnes nerveuses qui se font magnétiser.

Elle est complètement erronée.

Quelle que soit la maladie, l'effet du Magnétisme, effet inévitable, nécessaire, c'est de donner une recrudescence au mal, pour appeler la crise indispensable à la guérison.

Si l'on traite une maladie nerveuse, constitutionnelle,

chronique ou accidentelle, peu importe, on détermine un surcroît transitoire d'irritation nerveuse, qui n'est que la crise réclamée par la nature, et non une aggravation de la maladie.

Un des effets le plus infaillible du Magnétisme, et le plus favorable, puisqu'il ne se produit que lorsque la guérison est certaine ou tout au moins qu'un soulagement est assuré, c'est l'impatience du magnétisé de voir arriver son Magnétiseur, et la faculté, même sans être en état de somnolence ni en somnambulisme, et avec l'apparence de l'insensibilité de pressentir son approche.

Cette espèce d'intuition est un avertissement secret de la nature.

Si au contraire, malgré que le malade soit sensible à l'action du Magnétiseur, il éprouve de la répugnance à se faire magnétiser, c'est une preuve à peu près certaine que la nature est rebelle et qu'il ne doit pas guérir. Lorsque le Magnétisme produit cet effet et que cette répugnance persiste, il doit engager le malade à essayer de se faire magnétiser par un autre, et abandonner le traitement.

Si cet essai est infructueux et que la répugnance pour le Magnétisme persiste, il est probable que la maladie est incurable.

Il ne faut pas confondre la répugnance avec le découragement. Le découragement provient de l'ignorance où l'on est des propriétés ou des effets du Magnétisme. La nature, qui tend toujours à se débarrasser du mal, fait éprouver aux malades des symptômes et des douleurs que le Magnétisme ne fait que reproduire, avec des modifications ou insensibles ou violentes.

Si ces modifications sont insensibles, le malade croit que le Magnétisme ne produit rien sur lui.

Si elles sont violentes, il pense qu'il lui fait du mal.

Dans le premier cas, il cesse de se faire magnétiser par découragement ;

Dans le second cas, il est retenu par la crainte.

C'est au Magnétiseur à gagner sa confiance, à relever son courage et à réchauffer sa foi.

Ce n'est pas la tâche la moins difficile pour les Magnétiseurs, surtout quand ils ont à combattre non-seulement le malade, mais ceux qui l'entourent et le conseillent.

Parmi les effets du Magnétisme, il faut placer au premier rang la *somnolence* et le *somnambulisme*.

Je ne parlerai pas ici de ces deux effets, parce que leur importance exige qu'ils soient traités dans un chapitre particulier.

Le Magnétisme produit encore une infinité d'effets de détail, qui ne sont que la conséquence de ceux que je viens d'indiquer, et qu'il serait trop long et presque impossible de préciser. Leur place n'est pas dans un traité de Magnétisme ; elle se trouve naturellement dans les comptes-rendus des traitements magnétiques.

Pour si minimes que soient ces effets, il ne faut pas les dédaigner ; il faut les observer attentivement, car il n'y en a aucun d'indifférent, et souvent ils renferment d'utiles enseignements.

CHAPITRE VI.

Dangers et abus du Magnétisme.

Il n'est pas de *bien* sans *mal*; il n'est pas de *mal* sans remède, de poison sans contre-poison.

Le magnétisme a ses dangers et ses abus ; mais il a aussi ses préservatifs.

Leur application est simple et facile.

Les dangers du Magnétisme sont en petit nombre et sans gravité réelle, parce qu'il ne porte en lui aucun *germe nuisible*. Ils proviennent tous de l'ignorance ou de l'imprudence des Magnétiseurs.

Il est cependant essentiel de les signaler et d'indiquer les moyens de les éviter.

Il ne faut jamais magnétiser une personne en bonne santé ; les effets que l'on produirait seraient inaperçus ou nuls, et si l'on parvenait à en obtenir de sensibles à force de persévérance, ce serait en provoquant un malaise ou un désordre. Magnétiser quelqu'un en bonne santé, c'est verser de l'huile dans une lampe remplie jusqu'aux bords, et la répandre en pure perte. Dans ce cas, on ne peut avoir d'autre but que celui de s'amuser, car le Magnétisme étant une chose très-sérieure, puisqu'il est destiné à guérir les maladies, cette plaisanterie ne peut être que puérile ou ridicule. Ce jeu, d'ailleurs, présente un danger assez grave pour qu'on ne se le permette pas.

Il arrive souvent, qu'avec toutes les apparences d'une santé florissante, on est malade ou l'on couve une maladie. Le Magnétisme, appliqué même en plaisantant, produit des effets ; il agit mal, mais il agit, et c'est précisément pour cela que l'imprudent qui joue avec lui s'expose à provoquer des crises qui peuvent amener des résultats très-fâcheux, s'il rencontre une constitution délicate et impressionable.

Les personnes pour qui encore, et elles sont nombreuses, *magnétiser* est synonyme d'*endormir*, croient qu'on peut obtenir le somnambulisme aussi bien sur quelqu'un en bonne santé que sur un malade. C'est une erreur grossière, qui présente le danger que je viens d'indiquer et qui expose à beaucoup de mésaventures ces *Endormeurs*, souvent mystifiés dans leurs essais inutiles et ridicules.

Il n'y a point de somnambulisme sans maladie.

Ces mêmes *Endormeurs*, qui ne voient pas le danger où il est, le voient où il n'existe pas. Ils pensent qu'il est dangereux d'appliquer le Magnétisme sur la digestion. Le Magnétisme aide parfaitement à la faire, lorsqu'elle est embarrassée, et ne peut jamais l'arrêter, si le Magnétiseur est intelligent. Le danger est tout pour le magnétiseur dont la digestion n'est pas achevée, ou qui est à jeun depuis trop longtemps. Dans le premier cas, l'émission du fluide peut arrêter sa digestion ; dans le second cas, elle augmente la faiblesse qu'entraîne nécessairement le besoin d'aliments.

Il n'y a que les Magnétiseurs doués d'un tempérament privilégié, et qui réparent leurs forces à mesure qu'ils les dépensent, qui puissent se permettre de magnétiser dans ces deux conditions. Cependant s'il y avait urgence, pour si faible que soit le tempérament du Magnétiseur, et dans quelque condition qu'il se trouve, il ne doit pas hésiter à donner ses soins à un malade dont la position interdit tout retard, car il est rare qu'un acte de *charité* puisse devenir fatal à celui qui l'exerce, et s'il en résulte pour lui une indisposition, elle ne peut être de longue durée ni dangereuse, à moins que l'occasion d'agir ainsi ne se représente trop souvent. Il est évident alors, qu'excédant trop fréquemment ses forces, il finirait par succomber.

Les tempéraments bilieux et lymphatiques, n'ayant que des crises faibles et souvent inappréciables, ne présentent aucun danger, s'il n'y a pas complication de maux.

Les tempéraments nerveux n'offrent aucun danger réel. Leurs crises sont violentes, il est vrai, mais elles n'ont rien d'effrayant qu'à la vue. Tout le danger est pour le Magnétiseur inexpérimenté. J'ai dit de quelle manière il fallait procéder dans les crises violentes : il suffit d'avoir une volonté ferme et de laisser agir librement la nature, qui saisit l'instant favorable pour y mettre un terme. Il faut pour cela que le Magnétiseur soit bien convaincu que ces crises sont nécessaires.

J'ai rencontré des malades qui se sont élancés sur moi avec fureur et que j'ai calmés d'un mot, d'un geste ou

4

d'un regard. Que faut-il pour avoir cette puissance? La foi dans le Magnétisme et la confiance en soi.

Les tempéraments sanguins présentent du danger, exigent une grande expérience et beaucoup de prudence. Les crises qu'ils subissent font galopper le sang dans tout le corps, et lorsqu'il afflue au cerveau, à l'estomac, à la poitrine ou au cœur, il y a péril si le Magnétiseur est novice et ne sait pas le guider ou le maîtriser.

Pour parer à ce danger, il suffit d'appeler vivement le sang dans les régions inférieures par des *passes à grands courants*, puis de l'y maintenir par une volonté forte et constante, en plaçant en même temps les mains sur les genoux et sur les pieds du malade.

Le sang ne peut faire des ravages sérieux que dans les parties supérieures du corps; il est donc prudent, à l'exception de quelques cas particuliers, de l'entraîner toujours vers les jambes.

Il existe des tempéraments si frêles et si impressionnables, qu'on pourrait les briser en employant trop d'énergie dans la Magnétisation. Fort heureusement ces constitutions sont excessivement rares, et les symptômes qu'elles présentent sont si alarmants, que le Magnétiseur inexpérimenté s'arrête, et les désordres qu'il a occasionnés n'ont ni durée ni suites fâcheuses.

Tout Magnétiseur qui n'a pas acquis une grande confiance dans sa puissance par une longue pratique, doit suspendre son action en présence d'une crise qui le surprend et l'effraye. Il doit se borner à compâtir du fond du cœur aux souffrances du malade, et, s'il met de la ferveur dans ses vœux, il est sûr de le soulager, de rendre la crise favorable et de l'amener à son terme, car cette magnétisation est la meilleure de toutes, quand le Magnétiseur hésite et doute de ses forces.

Les abus du Magnétisme se réduisent au mauvais usage qu'on peut faire du somnambulisme, soit contre la santé et les mœurs des somnambules, soit pour surprendre des secrets compromettants pour eux ou des tiers, soit enfin pour satisfaire les mauvaises passions du Magnétiseur ou celles d'autrui.

L'expérience a prouvé que les somnambules *résistent toujours* au Magnétiseur *immoral* qui veut abuser de leurs facultés ; et, s'il parvient à les faire obéir par la contrainte ou la corruption, des faits nombreux prouvent que les somnambules *perdent bientôt leur clairvoyance et deviennent incapables de servir d'instrument coupable ; leurs rapports avec le Magnétiseur sont promptement brisés ou tournent à leur préjudice et à leur confusion mutuelle.*

On a vu, dans ce cas, des somnambules, par un effort de la nature révoltée, se réveiller d'eux-mêmes sans la volonté du Magnétiseur, volonté qui toujours est indispensable. Il ne faut pas de la nécessité de cette volonté en conclure que si, par impossible, un Magnétiseur ne voulait pas réveiller un somnambule, le somnambule dormirait constamment. La nature viendrait à son secours et le réveillerait quand il en serait temps.

J'ai souvent entendu faire cette objection ridicule contre le Magnétisme, voilà pourquoi je me suis cru obligé de parler d'un abus qui est imaginaire.

Voici un fait qui m'a été rapporté par le docteur A...., et qui prouve combien il importe de mettre de la délicatesse dans ses procédés avec les somnambules.

Le docteur A.... vivait dans l'intimité avec une jeune personne qu'il avait rendue somnambule. Malgré cela, et bien qu'il écrivit parfois dans le journal de Magnétisme de M. Ricar, alors à Toulouse, sa profession l'empêchait de croire à l'importance et surtout à la vertu *curative* du Magnétisme. Il considérait le somnambulisme uniquement comme un phénomène psycologique et physiologique curieux et propre à faire des expériences, au gré de son caprice ; en un mot, pour lui le Magnétisme était une chose insignifiante, en dehors du somnambulisme.

Un soir il endort sa somnambule, et s'aperçoit qu'elle porte une bague qu'il ne connaissait pas.

Poussé par un sentiment de jalousie, il l'interroge :

D. D'où te vient cette bague ?

R. Votre question est indiscrète.

D. Je veux le savoir.

R. Ce que vous faites là, Monsieur, n'est pas délicat...., et si c'était un secret !

D. N'importe, je veux le savoir.

R. Je vois le sentiment qui vous guide ; c'est mal à vous, et vous ne le saurez pas.

D. Je le veux, et je le saurai.

R. Vous ne le saurez pas, vous ne le saurez pas!...

Cette lutte, en se prolongeant, fait tomber la somnambule dans une crise violente. Le jeune docteur, qui avait entendu dire que les somnambules étaient esclaves de la volonté de leur Magnétiseur, n'en tient aucun compte et persiste avec colère. La somnambule continue à répondre, d'une voix étouffée par les larmes et les sanglots : «Non! non! non!... vous ne le saurez pas. »

La crise allait toujours en grandissant; enfin elle devint si terrible, que le docteur en fut épouvanté et n'osa plus insister.

Il lui fallut plus d'une heure pour ramener un peu de calme; il avait tellement perdu la tête qu'il ne pouvait parvenir à réveiller sa somnambule. A force de peine et de temps il y réussit, mais la pauvre fille avait le corps brisé; elle fut extrêmement souffrante toute la nuit et une partie de la journée du lendemain.

Le lendemain au soir, le docteur l'endormit de nouveau. La leçon de la veille avait été si forte, qu'il se garda bien de l'interroger sur cette malencontreuse bague, malgré les soupçons qui lui tordaient le cœur.

Il y avait une demi heure que sa somnambule dormait avec un calme profond, quand tout-à-coup il voit errer sur ses lèvres un sourire délicieux. Le docteur, qui n'avait pas des idées couleur de rose, et qui jusque-là avait gardé un morne silence, lui dit :

D. Quelle est la bonne idée qui te traverse l'esprit?

R. Ah, que je suis heureuse! le mal que vous m'avez fait

hier est réparé. C'est bien ! vous vous êtes vaincu , vous ne me parlez plus de cette bague.

D. Laissons cela : n'en parlons plus.

R. Pardon , pardon ! je veux en parler.

D. Non , je te le défends.

R. Allons , mon ami , point d'humeur. Hier , vous avez manqué de délicatesse ; aujourd'hui , vous vous comportez en homme d'honneur , et vous saurez la vérité. Vous connaissez mon cousin ? C'est lui qui m'a donné cette bague. Si hier vous aviez insisté davantage , vous m'auriez tuée. — *Avec énergie ,* — Oui je serais morte plutôt que de vous le dire.

Six mois après , le docteur frémissait encore , en me racontant cette anecdote , des suites fatales qu'auraient pu entraîner son ignorance et son imprudence involontaire. Cette aventure lui donna à penser , et dès-lors il envisagea le Magnétisme sous un point de vue plus sérieux , et il l'étudia.

Peu de temps après , il rentra chez lui , pour y exercer sa profession. J'ai eu plusieurs fois le plaisir de le voir , et il m'a dit qu'il n'approchait jamais un malade sans le magnétiser du regard , ou par des attouchements faits de manière à ce que personne ne soupçonne ses intentions , autrement , ajoutait-il , je verrais déserter ma clientèle , et cependant je dois à ces procédés si simples des cures qui m'ont fait le plus grand honneur , et dont j'aurais désespéré par la Médecine *légale.*

Il est facile de rendre impossible tout abus du Magnétisme , en suivant les règles les plus vulgaires de la prudence.

Malgré la confiance qu'inspire un Magnétiseur , il ne faut

jamais le laisser seul avec un somnambule , surtout si le sujet est une jeune femme.

Cette précaution doit être observée pour les femmes , lors même qu'elles ne seraient pas somnambules.

Du reste il est rare , à quelques exceptions près , qui tiennent à des positions particulières , qu'il n'y ait pas toujours quelques témoins , soit amis , soit parents , aux sommeils d'un somnambule , ne fusse que par curiosité.

Un Magnétiseur qui se respecte , malgré la pureté de ses intentions , ne doit jamais entreprendre le traitement d'un malade , tant que le Magnétisme ne sera pas généralement admis , sans le consentement de la famille du malade , et sans exiger que quelqu'un assiste aux séances. La prudence commande d'agir ainsi , pour ne pas donner prise à la calomnie ; d'ailleurs , qui peut répondre qu'il ne faillira pas ? Médecins et Magnétiseurs se trouvent souvent dans des positions si délicates !....

Il doit aussi, pour mettre sa responsabilité à couvert , imposer la condition expresse de cesser tout traitement par la Médecine légale , sinon , il n'a pas seulement à combattre la maladie , mais encore les effets nuisibles des remèdes , trop souvent mal appliqués , effets plus difficiles à détruire que le mal lui-même. Le Magnétiseur qui ne prend point cette précaution est exposé à voir enlever au Magnétisme l'honneur de la guérison , quand elle arrive ; c'est un mal sans doute pour la propagation du Magnétisme , mais non pour le Magnétiseur, qui trouve sa consolation dans la pensée intime qu'il a rendu la santé au malade.

Ces motifs seraient suffisants pour exiger l'éloignement du Médecin, mais il en est un infiniment plus grave et tout-puissant : c'est que le Magnétiseur est inévitablement condamné à supporter la responsabilité des erreurs, quelquefois fatales, commises involontairement par le Médecin.

Le Magnétisme, en compagnie de la Médecine légale, offre une foule d'inconvénients, qu'il est inutile que j'énumère après ceux que je viens de signaler, et je conclus, d'une manière *absolue*, que, pour le moment présent, il n'y a pas de milieu pour les malades : il faut qu'ils se livrent sans réserve ou à la Médecine légale, ou au Magnétisme.

Je sais qu'il y a de bons et honnêtes Magnétiseurs qui s'adjoignent des Médecins. Loin de moi l'idée de les blâmer ; je ne fais ici qu'émettre une opinion qu'ils partagent au fond du cœur ; et, s'il faut que je dise toute ma pensée, je crois qu'ils ne forment cette alliance que pour se couvrir du masque de la *légalité*. Eh bien, ils se trompent ! Qu'ils en soient bien certains : si un malade, ce qui peut fort bien arriver, succombe pendant un traitement magnétique, la présence du Médecin ne les couvrira pas, au moins moralement ; ils seront toujours responsables aux yeux des parents et de la société, et le Médecin toujours absous, grâce à son diplôme.

Puisqu'il est positif qu'en employant le Magnétisme *seul*, *pur*, un bon Magnétiseur ne peut jamais faire du mal, et que s'il ne guérit pas le malade, du moins il le soulage, il doit opérer sans le concours d'autrui.

Quand les Médecins seront convaincus et *réellement* Magnétiseurs de cœur et d'âme, c'est-à-dire, quand ils auront

dépouillé le vieil homme, oh alors, ce sera bien différent !
Les Magnétiseurs vulgaires pourront bien encore rendre des
services, mais ils devront leur céder le pas et s'effacer
devant eux, car il est des circonstances où la *charité* a
besoin du secours précieux de la *science*.

Cette époque arrivera lentement, mais elle arrivera. En
attendant cette heureuse révolution, je répèterai :

« *Magnétiseurs, faites du Magnétisme ; Médecins, faites*
» *de la Médecine, et malades, optez pour l'un ou pour*
» *l'autre.* »

En général, on a une opinion exagérée de la dépendance
du Magnétisé envers le Magnétiseur. Cette opinion est
d'autant plus fausse que le Magnétisme est le plus puissant
élément de sympathie et de confraternité. Le plus mauvais
Magnétiseur ne peut se défendre d'aimer son malade ; l'intérêt qu'il lui porte est infiniment plus vif que celui du
Médecin. Cette différence provient de la manière dont les
deux Médecines se pratiquent.

Le Magnétiseur reste au moins une heure avec ses malades et ne peut en traiter que quatre ou cinq par jour ; les
procédés qu'il emploie partent tous du cœur et le forcent à
s'identifier avec eux.

Le Médecin est obligé de voir trente malades par jour,
et ne peut faire que des visites très-courtes. Son esprit seul
travaille, et, quand son cœur est ému, cette émotion est passagère et s'éteint bientôt dans le tourbillon de sa clientèle.

Ce n'est pas la faute du Médecin, c'est la faute de son art, qu'on a enlevé de sa véritable base « *la charité* » pour le faire reposer *uniquement* sur une base accessoire : « *la science.* »

Aussi l'affection du malade pour le Magnétiseur prend sa source dans le cœur ; celle qu'il paraît ressentir pour le Médecin a pour principe la peur de la mort ; ce n'est plus de l'affection.

L'entraînement du malade vers son Magnétiseur cesse avec la maladie qui lui donne naissance : cet entraînement a l'égoïsme, c'est-à-dire, le besoin pour base et la nature pour moteur. Tant que le malade sent que le Magnétiseur lui est nécessaire et lui fait du bien, un sentiment intuitif le pousse vers lui. Dès qu'il est guéri il s'en éloigne, et cette espèce d'attraction cesse pour faire place à un sentiment de reconnaissance, plus souvent d'indifférence, et quelquefois d'ingratitude. Il faut bien qu'il en soit ainsi, car si l'entraînement du malade survivait à sa guérison, ce serait aussi déplorable pour le Magnétiseur que pour le malade et une raison, à mon avis, de repousser le Magnétisme.

La puissance du Magnétiseur n'est réelle qu'autant qu'il en use dans un but utile ou moral.

Une chose bien remarquable, c'est que les mauvaises natures trouvent rarement des personnes qui veuillent se laisser magnétiser par elles, et si par hasard elles en rencontrent quelqu'une, elle s'en éloigne bientôt. Pour désigner ces mauvaises natures, on dit qu'elles ont le *fluide noir*. On peut aussi le dire hardiment de toutes les personnes qui magnétisent par frivolité ou immoralité.

Les Magnétiseurs eux-mêmes s'exagèrent leur puissance sur les somnambules. Cette puissance est immense, il est vrai, s'ils en font un noble et salutaire usage ; mais elle se brise comme verre s'ils veulent en abuser. De là les étranges erreurs des somnambules qui avaient donné les plus magnifiques preuves de clairvoyance, quand on les sollicitait dans un but d'utilité, et les nombreuses déceptions des Magnétiseurs qui oublient, ou ne comprennent point la sainteté de leur mission. Combien de Magnétiseurs ont mis leurs somnambules à la recherche d'un trésor ? Je ne sache pas qu'ils en aient encore trouvé aucun, et cependant il est constant, par des faits nombreux, que les somnambules ont la faculté de découvrir des objets enfouis depuis longtemps dans la terre, ou égarés soit en pleine campagne, soit dans les maisons.

On peut habituer un somnambule à des recherches d'argent, appeler son attention sur des intérêts matériels, occuper son esprit de mauvaises passions : il cèdera à la longue pour complaire à son Magnétiseur, mais jamais pour sa propre satisfaction ; car, quelle que soit sa pauvreté et la bassesse de sa vie privée, vous ne rencontrerez chez aucun l'amour de l'argent ni l'immoralité.

La clairvoyance de ces somnambules ainsi pervertis est toujours en défaut.

Plusieurs personnes ont manifesté la crainte que la puissance des Magnétiseurs ne portât atteinte au libre arbitre des somnambules.

Dès l'instant que cette puissance est passagère et n'est réelle qu'autant qu'on l'exerce dans leur propre intérêt ou celui d'autrui, toujours selon les lois de la raison et de la morale, c'est comme si l'on traitait de liberticide la loi qui interdit aux individus d'incendier *leur* maison ou *leurs* récoltes. Ainsi parfois un somnambule, soit par caprice ou autrement, ne voudra pas s'examiner ou consulter un malade, et cela arrive assez souvent, quel mal y a-t-il que le Magnétiseur ait la puissance de l'y contraindre? Je crois, au contraire, que c'est un très-grand bien.

D'autres personnes regardent le somnambulisme comme très-dangereux, parce que, disent-elles, au moyen d'un bon somnambule, la vie intime ne serait plus murée.

Cette objection serait fort sérieuse si les somnambules n'avaient point le sentiment moral extrêmement élevé, et si par une loi divine leur clairvoyance ne s'éclipsait pas dès qu'on veut en faire un mauvais usage. Les honnêtes gens n'ont donc rien à redouter des somnambules, les hommes pervers doivent seuls trembler qu'ils les démasquent. Qui oserait prétendre que c'est un mal? C'est précisément pour cela que le Magnétisme est destiné non-seulement à relever l'espèce humaine du tribut déplorable qu'elle paie à des maladies, contre lesquelles l'art et la science viennent se briser, mais encore à moraliser la société. Quand il sera répandu et généralement pratiqué, il y aura de *bons* somnambules en quantité, et les malfaiteurs seront retenus par la crainte d'être découverts par ce nouveau moyen que la providence a mis à notre disposition. Combien de crimes ignorés dont on trouverait ainsi les traces? Combien d'innocents reconnus et de coupables confondus, si on mettait les personnes prévenues d'un crime en rapport avec un bon somnambule bien guidé.

Je dois ajouter que, pour si clairvoyant que fût un somnambule, il ne faudrait pas se contenter de ses affirmations; sa mission serait uniquement de donner des renseignements pour mettre sur la voie du crime et découvrir les preuves matérielles.

Que toute crainte de l'influence, mal interprétée, du Magnétiseur et de la clairvoyance des somnambules cesse donc, et que les personnes pour qui l'efficacité du Magnétisme est bien démontrée et qui n'osent encore l'accepter par un louable sentiment de prudence, se rassurent. Les abus du magnétisme sont plus difficiles à commettre et plus faciles à prévenir qu'en toute autre chose. La nature est trop sage et trop prévoyante pour avoir renfermé un moyen facile et certain de désordre, dans l'élément de salut qu'elle a placé dans l'organisation de l'homme, d'une manière si intime, que tous ses actes en portent l'empreinte. D'ailleurs le temps portera remède aux écarts inséparables d'une doctrine encore à son berceau. Quand le Magnétisme se sera implanté dans les mœurs et dans la famille, chacun se fera magnétiser par les siens, et toute crainte disparaîtra avec le danger.

Qui pourrait assigner des limites à la puissance bienfaisante du Magnétisme ? Non-seulement il ne fait pas le mal, mais il le prévient souvent à notre insu, parce que nous ne pouvons pénétrer son travail mystérieux. En voici un exemple frappant, qu'un sentiment de réserve, facile à comprendre, me commande de dépouiller de ses détails :

Un ami vint me prier de magnétiser une dame, séparée depuis longtemps de son mari. Elle se plaignait de douleurs au ventre, provoquées par une grosseur, qu'elle disait être un amas de sang. Je la magnétisai pendant deux mois, sans chercher, selon mon habitude, à pénétrer la cause de sa maladie. Au bout de ce temps, cette dame se trouvant mieux et ses douleurs ayant disparu, je me retirai.

Environ deux mois plus tard, mon ami m'annonça que cette dame venait d'accoucher d'une fille en parfaite santé. Mais ce que vous ignorez, ajouta-t-il, c'est que vous avez sauvé l'enfant et épargné un crime à la mère. Redoutant les suites graves d'une grossesse, dans la position où elle se trouve, pendant que vous la magnétisiez elle a fait trois tentatives d'avortement. Vous avez paralysé les effets des remèdes violents qu'elle a pris, tant sur elle que sur son enfant. Elle en est tellement convaincue que, dans l'intimité, elle appelle sa fille : *l'Enfant du Magnétisme.*

CHAPITRE VII.

Somnolence magnétique.

La Somnolence magnétique est un état intermédiaire entre l'état de veille et le somnambulisme magnétique. Elle se rapproche de lui et à des points de ressemblance tels, que parfois les *Endormeurs* la confondent avec le somnambulisme.

Dans la somnolence les yeux sont fermés, comme dans le somnambulisme, mais le sommeil est très-léger; non-seulement le malade conserve l'ouïe et la sensibilité, mais ces deux sens sont infiniment plus développés qu'en état de veille. La partie spirituelle de l'âme remonte quelques-uns des échelons qui la séparent de son *tout* « *l'esprit* », et entrevoit parfois, sans jamais y pénétrer, le monde supérieur au nôtre (*).

Cette ascension de la partie spirituelle de l'âme vers *l'esprit* donne, aux personnes dont la somnolence est très-avancée, la faculté de la transmission de pensée, quelques éclairs fugitifs de clairvoyance pour leur santé et parfois, mais bien rarement, pour la santé des autres.

Il existe des degrés dans la somnolence comme dans le

(*) Voir les *Paroles d'un Somnambule*, à la question du *Monde*.

somnambulisme ; ils sont en petit nombre et faciles à reconnaître.

Les phénomènes physiologiques qu'elle présente sont
presque aussi remarquables que ceux du somnambulisme ;
les phénomènes psycologiques sont infiniment inférieurs , et
toujours incomplets. Quelquefois , par exception , le malade
passe de la somnolence au somnambulisme , mais pour quelques instants seulement , si la somnolence est ancienne.

La somnolence s'obtient assez communément ; sur cent
personnes magnétisées , ont peut la produire sur la moitié ,
au moins , tandis que sur le même nombre on ne peut se
promettre au-delà de cinq à six somnambules *clairvoyants.*

CHAPITRE VIII.

Somnambulisme magnétique.

La signification du mot « *somnambulisme* », appliqué aux somnambules naturels, est très-exacte, parce qu'en effet ils marchent pendant leur sommeil, mais elle présente un contre-sens pour les somnambules magnétiques.

De tous les mouvements que font les somnambules magnétiques, la marche est le plus difficile et le plus pénible ; leurs pas sont lourds, craintifs, incertains et chancelants comme ceux d'un homme dans l'ivresse. Le Magnétiseur est obligé de les surveiller, et souvent de les guider et de les soutenir ; aussi, rarement ils demandent à marcher, si ce n'est pour leur santé ou pour un cas exceptionnel.

Les *Endormeurs* qui donnent le sommeil à leurs somnambules pour faire des expériences curieuses, ou des recettes, les font pesque toujours marcher ; mais les somnambules restent constamment inhabiles à un exercice qui est pour eux si fatigant, qu'il paraît contre nature, car leur démarche n'est jamais assurée, en dépit d'une longue habitude.

Quand le somnambulisme magnétique sera compris et bien défini, on trouvera facilement une dénomination qui en donnera une idée précise.

Avant de traiter la question du somnambulisme magné-

5

tique, il importe de rappeler, que l'âme est l'anneau qui réunit, en l'homme, deux parcelles des deux grands *tout*, «*l'esprit* et la matière *essentielle*», qu'elle est par conséquent demi *spirituelle* et demi *matérielle*, et de citer une définition du somnambulisme, qui donne la clef des phénomènes qu'il produit.

« Quand on parle des facultés des somnambules : absur-
» dité ! Qu'on parle des facultés de *l'esprit*, à la bonne
» heure !

» Le somnambulisme est l'état naturel, dans lequel la na-
» ture complète, réelle, se dépouille de ses voiles, qu'on
» appelle *corps*, pour prendre toutes les facultés, toute la
» science que possède *l'esprit*.

» *L'esprit* ne voit pas, il sait : c'est cette science que nous
» appelons la science *infuse*. C'est la science réelle et non la
» science de convention.

» Quand on dit : *fraternité*, on a raison.

» Chaque individu, comme vous l'a fort bien dit votre
» ami Gauzence, est un exemplaire de son semblable ; c'est
» une molécule du même *tout*, *l'esprit*, et d'un autre même
» *tout*, *la matière*, molécules réunies l'une à l'autre et fon-
» dues.

» D'après cela, vous devez comprendre la transmission
» de la pensée, car *l'esprit* ne voit pas, il sait : il est donc,
» d'un particulier, appelé dans le *tout*, et du *tout* il voit les
» autres particuliers, et peut être appelé sur eux.

» La transposition des sens s'explique par l'appel sur une
» partie quelconque de lui-même.

» Les prévisions que fait un somnambule sont seulement
» des prévisions sur l'ordre des choses possibles, car il les
» pressent et les aspire en quelque sorte.

» Le phénomène de la sympathie peut aussi s'expliquer
» de la même manière.

» La partie spirituelle de l'âme étant transportée dans son
» *tout*, abandonne la partie matérielle de l'âme ; il y a une
» désunion. Or, que deviendra cette partie matérielle ? Il est
» absurde de supposer qu'elle restera isolée dans le monde,
» car alors il y aurait une chose incomplète ; ce serait une
» âme sans *esprit*. La partie matérielle va rejoindre son *tout*,
» la *matière*.

» Le phénomène de la transmission de la pensée existe,
» par ce qu'on appelle *l'esprit* sur une partie de lui-même.

» Le phénomène de la sympathie existe, parce qu'on
» appelle la *matière* sur une partie d'elle-même.

» La sensation est perçue, comprise, analysée, car *l'esprit*
» ne cesse pas sa surveillance.

» *L'esprit* est *un* ; il est *savant*.

» Cette unité de *l'esprit* se subdivise ; dans chacune de
» ses subdivisions, qui, à proprement parler, ne sont que
» des émanations, il rencontre une subdivision de la matière,
» s'unit à elle et forme une âme.

» Le somnambulisme est la faculté, donnée par Dieu,
» d'augmenter l'âme, c'est-à-dire de la faire remonter vers
» ses *tout* en les appelant sur elle, de désunir les parties de
» l'âme, en portant chaque partie vers son *tout*, tout en con-

» servant un reflet de cette union, reflet qui empêche la
» désunion complète, c'est-à-dire, la mort. »

(Paroles d'un somnambule : question du Monde.)

Le somnambulisme est un PROFESSORAT.

En dégageant l'âme de la matière *brute*, et en rapprochant sa partie spirituelle de son *tout*, il lui donne la faculté de nous expliquer le travail de la nature, et de nous indiquer les moyens de le seconder.

De son côté, la partie matérielle de l'âme va aussi rejoindre son *tout*. Cette réunion donne aux somnambules la faculté de ressentir les maladies des autres, comme s'ils les avaient eux-mêmes.

La partie spirituelle de l'âme étant dans son *tout*, est dans le *tout* des autres, et sait ce qui s'y passe. Voilà pourquoi les somnambules peuvent connaître la pensée passée, présente et future.

De même, la partie matérielle de l'âme étant dans son *tout*, est dans le *tout* des autres, et ressent ce qu'ils ressentent. Cela explique comment les somnambules peuvent indiquer les maladies passées, présentes et futures.

D'où il résulte que les somnambules, s'identifiant avec la nature morale et physique de leurs semblables, peuvent explorer ces deux natures, et nous indiquer le remède à leurs maux.

Dans le somnambulisme, le corps subit une mort momentanée, ou plus tôt il y a suspension de la vie ordinaire ; la vie se concentre dans la matière *essentielle*. Cependant toute communication de la matière *brute* avec *l'esprit* n'est pas complètement interrompue, autrement la mort s'en suivrait. Le corps conserve un reflet de cette communication, par l'intermédiaire de la partie de matière *essentielle* de l'âme, ce qui empêche la désunion. L'âme alors, presque dégagée des liens du corps, pénètre dans les *mondes* supérieurs au nôtre ; dans ce trajet, elle s'entretient avec les *êtres* qui habitent ces divers mondes, et s'éclaire avec eux. Les somnambules appellent ces *êtres* : « *Anges gardiens* ». C'est ce qui explique comment ils paraissent souvent converser tantôt à droite, tantôt à gauche, à voix basse ou à haute voix, avec des *êtres* invisibles et imaginaires pour nous, mais visibles et réels pour eux.

Cette ascension de l'âme, à travers les mondes supérieurs, donne l'explication de la différence que présente la clairvoyance des somnambules. Plus leur âme s'élève, plus la clairvoyance grandit ; or, comme l'âme de tous les somnambules n'arrive pas à la même hauteur, il existe nécessairement des degrés dans leur clairvoyance.

Le double phénomène qui se passe dans le somnambulisme, sur le corps et sur l'âme, explique ce que l'insensibilité et la clairvoyance des somnambules présentent d'anormal et même d'impossible, si nous les jugeons par comparaison avec notre état de veille, et démontre victorieusement la spiritualité de l'âme et son immortalité, par conséquent l'existence d'une vie future.

Le somnambulisme est un joyau merveilleux, délicat, fragile et très-difficile à manier. Il faut en user avec la plus grande réserve ; le moindre souffle impur le ternit, et le choc le plus léger le rompt : Semblable à ces feux follets qui s'élèvent du sein de la terre, brillent dans l'obscurité, égarent le voyageur imprudent qui les prend pour guide, il est la source des fautes et de toutes les erreurs des Magnétiseurs. Sa découverte, prématurée, ou trop tôt divulguée, est une des principales causes qui ont arrêté la marche du Magnétisme, d'où il découle : on a oublié ou abandonné la *cause*, pour courir après l'*effet*, ébloui que l'on a été par le merveilleux qu'il présente. Aussi, parlez à un malade de le magnétiser ; il vous demandera de suite si vous l'endormirez. On ne peut encore se persuader que le sommeil magnétique n'est pas indispensable à la guérison, et, pour beaucoup de gens, *endormir* est synonyme de *magnétiser*. C'est une erreur que les vrais Magnétiseurs doivent s'attacher à détruire.

Le somnambulisme est amené par la maladie, et disparait avec le retour de la santé.

Il donne un sommeil rafraîchissant et réparateur, qui, au lieu d'empiéter sur le sommeil de la nuit, le rend plus calme, plus long, et le ramène quand il fuit.

Pendant sa durée, le corps est dans un tel état d'insensibilité, qu'on peut pratiquer l'amputation d'un membre, produire une bruyante détonation aux oreilles, et placer sous le nez du somnambule un flacon d'ammoniac concentré, sans qu'il manifeste la plus légère émotion. Le somnambule ne conserve l'ouïe et la sensibilité que pour son Magnétiseur, ou pour ceux avec lesquels celui-ci le met en rapport. Il en est cependant qui conservent l'ouïe ou la sensibilité, quelquefois l'un et l'autre ; mais, à moins d'une exception, c'est une preuve que le somnambulisme n'existe pas, ou qu'il est incomplet. Quand le somnambulisme est complet, non-seulement les somnambules sont insensibles, mais, à leur réveil, ils oublient tout ce qu'ils ont vu, dit ou fait, pendant leur sommeil. Le Magnétiseur, par un acte de sa volonté, peut leur en laisser le souvenir en tout ou partie. Il ne doit user de cette puissance qu'avec une extrême réserve et lorsqu'il y a nécessité absolue, par exemple, s'il n'a pu retenir une ordonnance que le somnambule a prescrit. Il doit surtout, non-seulement lui laisser ignorer les traits de *lucidité* qu'il a donnés, mais encore éviter soigneusement de parler du Magnétisme en sa présence, lorsqu'il est en état de veille ; cette conversation préoccupe l'esprit du somnambule, réagit dans son sommeil et altère ses facultés. Les Prêtres Egyptiens, qui probablement connaissaient le Magnétisme mieux que nous, sentaient si bien la nécessité et l'importance de cette réserve, qu'ils élevaient leurs *sujets* dans les souterrains de leurs temples, et les sequestraient entièrement du monde extérieur. Il faut aussi ne pas laisser, autant que possible, un somnambule assister, en état de veille, au sommeil d'un autre somnambule ; on ne saurait là-dessus prendre trop de précautions.

Le Magnétiseur peut mettre le somnambule en catalepsie, provoquer et suspendre les phénomènes psychologiques et physiologiques que comporte le degré de somnambulisme auquel le somnambule est parvenu. Cette puissance lui vient de la faculté qu'il a , par sa volonté, de rapprocher ou d'éloigner l'âme du somnambule de ses deux *tout* : « l'*esprit* et la matière *essentielle* », toujours dans la limite du degré de somnambulisme que le somnambule occupe, car c'est une erreur de croire que le Magnétiseur peut , *à son gré* , faire dépasser cette limite , si la nature s'y refuse. Il peut seulement, selon qu'il le guide bien ou mal , favoriser ou paralyser les dispositions du somnambule.

Les *Endormeurs* abusent de cette puissance, finissent par l'annihiler et par détruire la santé de leurs somnambules , au lieu de la rétablir. Les vrais Magnétiseurs en sont avares ; en usant de leur pouvoir dans un but utile , ils l'augmentent au lieu de l'affaiblir, et la santé de leurs somnambules s'en trouve bien.

Il y a trois degrés de somnambulisme :

1er degré. — L'âme pénètre dans le monde des êtres raisonnables.

2me degré. — Elle parvient au monde des êtres de génie.

3me degré. — Elle s'élève jusqu'au monde des êtres d'inspiration. (*)

Ce troisième degré est ce qu'on appelle : « l'extase. » Les somnambules s'y maintiennent peu de temps ; ils entrevoient le dernier *monde*, le monde *pur*, mais ils ne peuvent y pé-

---

(*) Voir, aux *Paroles dun Somnambule,* la question du *Monde.*

nétrer. La mort seule donne ce privilége. J'en ai malheureusement un exemple , sur lequel je dois encore garder le silence.

Les divers degrés du somnambulisme sont remplis d'une
infinité d'échelons , qui expliquent les nuances sans nombre
qui existent entre les somnambules du même degré.

Il y a plusieurs signes certains pour reconnaître si le somnambulisme est réel , et ne pas le confondre avec la somnolence. Les plus infaillibles sont : l'insensibilité et la convulsion
de la pupille vers les frontaux.

Je condamne sans appel l'usage trop fréquent de l'épreuve
de l'insensibilité. Cette épreuve laisse parfois au somnambule,
à son réveil , des traces douloureuses , qui peuvent devenir
funestes , s'il a conservé , dans son sommeil , la sensibilité.
C'est pénible à dire : quand les incrédules , surtout s'ils appartiennent à l'ordre des Médecins , demandent à faire
l'épreuve de l'insensibilité, en général ils y mettent de la
cruauté. Il faut donc bien savoir à qui on la permet ; du
reste , elle est sans utilité , aujourd'hui que l'insensibilité des
somnambules est un fait acquis et n'est presque niée par
personne.

Ce phénomène précieux doit être *uniquement* réservé pour
les opérations chirurgicales.

Les *Endormeurs* s'imaginent qu'on peut donner le sommeil
à un somnambule à toute heure et plusieurs fois par jour.

Il importe , au contraire, de fixer le jour, l'heure , le nombre
des sommeils et leur durée. L'heure peut être choisie à la

convenance du Magnétiseur, à moins d'un cas particulier, ou d'un empêchement sérieux de la part du Magnétisé. Le jour, le nombre des sommeils et leur durée, doivent être fixés par les somnambules, parce que, *seuls*, ils ont la faculté d'apprécier avec certitude ce qui est opportun et nécessaire pour leur santé. Dès que le somnambulisme se déclare chez un malade, le Magnétiseur doit lui poser ces questions :

1º *Quelle est l'heure qui convient à vos sommeils ?*

2º *Quel est le jour ?*

3º *Vous faut-il plusieurs sommeils par jour ?*

4º *Combien de temps voulez-vous dormir ?*

Le somnambule a toujours assez de clairvoyance pour répondre à ces questions d'une manière infaillible ; la dernière doit être faite dans tous les sommeils, parce que leur durée est variable. S'il y a quelque changement à faire, ce qui n'est pas fréquent, le somnambule ne manque pas d'en avertir son Magnétiseur.

Une fois l'ordre du traitement établi, il faut bien que le Magnétiseur se garde de l'intervertir, à moins d'une circonstance fortuite et d'une raison légitime, sinon il nuirait à la clairvoyance du somnambule et à sa santé, si ces changements étaient trop réitérés. Un sommeil qui est bienfaisant dans un instant donné et pendant un laps de temps fixé, devient nuisible dans un autre moment, et si on le prolonge, ou on l'abrége. La raison en est simple : quand les somnambules fixent le jour, l'heure, le nombre et la durée de leurs sommeils, ils sont guidés par leur clairvoyance ; ils connaissent l'instant précis où la nature demande à faire son travail mystérieux, et la durée de ce travail. L'avancer ou le retarder, l'abréger ou le prolonger, c'est contrarier la nature et s'exposer à neutraliser, ou à rendre nuisibles les efforts qu'elle fait pour vaincre le mal.

Cette régularité dans un traitement magnétique doit être observée aussi scrupuleusement, pour les malades qui ne sont point somnambules, parce que le travail de la nature s'opère avec le même ordre chez eux, une fois l'impulsion donnée, et que les mêmes causes amèneraient les mêmes résultats.

A peine un somnambule est endormi, les *Endormeurs* en exigent des expériences.

C'est un vice capital, une manière de procéder qui offre déceptions et dangers.

Déceptions ! parce que si vous l'interrogez pendant qu'il s'opère une crise intérieure et sourde, son esprit ne peut être *lucide*, alors que son corps est en travail et souffre.

Dangers ! parce que vous pouvez interrompre une crise commencée, en provoquer une que la nature ne réclame pas, en le faisant travailler dans un moment où le repos est nécessaire ; enfin, parce qu'il peut s'en déclarer une utile et violente pendant que vous occupez son esprit, ce qui peut amener des accidents très-graves.

J'ai connu une somnambule, qui, surprise debout au milieu d'une expérience par une forte crise réclamée par la nature, tomba à la renverse et manqua se briser la tête.

Le Magnétisme étant principalement destiné à guérir les

maladies, il ne faut rien demander à un somnambule qu'après avoir fait tout ce qui est nécessaire pour atteindre ce but. Or, pour cela il faut :

Consacrer la première partie du sommeil au repos ;

La seconde, à l'examen de sa santé ;

La troisième, à l'examen de la santé des malades ;

La quatrième, à l'exercice et au développement de ses facultés psychologiques ;

La cinquième, à un instant de repos pour le préparer au réveil.

Quand on demande une consultation à un somnambule, s'il refuse de la donner, il faut s'assurer s'il est dans un état qui ne le lui permette pas : Dans ce cas, il ne faut pas insister. Si l'on peut se convaincre que son refus vient de la paresse ou du caprice, défauts auxquels les somnambules sont très-sujets, il faut l'y contraindre impérieusement, au risque même de lui donner une crise violente. La consultation qui en résulte est toujours bonne, malgré qu'elle soit imposée, et la crise, pour si forte qu'elle soit, ne peut avoir des suites fâcheuses ; au contraire, elle sert de leçon au somnambule, qui, dans le sommeil suivant, confesse ses torts, remercie son Magnétiseur, s'attache à lui davantage et ne contracte point de mauvaises habitudes.

Tout ce que le Magnétiseur exige, *à propos et dans l'intérêt des malades ou du somnambule*, ne peut que tourner au profit de ce dernier.

Si le somnambule voit les malades pour la première fois

et que leur maladie soit grave, il ne faut pas lui faire donner deux consultations dans le même sommeil, parce que les douleurs sympathiques qu'il éprouve le fatiguent, qoiqu'elles soient passagères.

Si les maladies sont légères, il peut consulter jusqu'à trois malades.

S'il a vu plusieurs fois les malades, il peut en consulter quatre ou cinq, mais jamais au-delà, parce qu'il ne se soutient pas à la même hauteur de clairvoyance pendant toute la durée du sommeil, que ses facultés s'émoussent, et qu'il finit par y voir confusément.

C'est à l'intelligence du Magnétiseur à saisir le moment où il doit arrêter ses somnambules; leur charité est si grande, qu'ils se laissent entraîner par le désir de guérir les malades, et qu'ils ne calculent pas toujours leurs forces.

Après chaque consultation, le Magnétiseur doit avoir le soin de dégager le somnambule des émanations morbides qu'il a prises en touchant les malades, et des douleurs sympathiques qu'il a contractées.

Quand un Magnétiseur veut exercer les facultés psychologiques d'un somnambule, en dehors des maladies, il doit s'assurer que le somnambule est dans des conditions favorables, car, soit disposition de corps ou d'esprit, soit paresse, ou caprice, il refuse parfois de s'y prêter. Dans ce cas, ce n'est point comme pour les maladies; il faut bien que le Magnétiseur se garde de l'y contraindre, à moins qu'il n'y ait utilité absolue, autrement il n'obtiendrait que de faux résultats, et, s'il procédait souvent ainsi, il altérerait la clairvoyance et la santé du somnambule.

En général, pour tous les traits de clairvoyance qui n'ont pas les maladies pour but, il faut saisir le moment où les somnambules s'y livrent volontiers et avec plaisir. On est sûr alors qu'ils ne commettront point d'erreurs, surtout si on les laisse à leur spontanéité.

Leur clairvoyance dépend en grande partie de l'opportunité des questions, de la manière de les poser et de la direction du Magnétiseur.

Les questions doivent être faites dans le moment où la maladie du somnambule ne réclame pas son attention, où son corps jouit d'un repos parfait et son esprit est dégagé de toute préoccupation, car, pendant que le somnambule dort, il est souvent absorbé par une image, ou une idée qui le captive à l'insu de son Magnétiseur, à qui il ne communique pas tout ce qu'il voit et tout ce qu'il pense. C'est au Magnétiseur à l'étudier, à connaître ses habitudes, à le deviner ; pour ainsi dire, au plus léger mouvement de son corps, à un geste et à l'expression des muscles de sa physionomie.

Il faut d'abord appeler son attention, lui poser ensuite les questions d'une manière concise, nette, précise et simple. Si elles sont diffuses, obscures, ambiguës ou complexes, son esprit vaste embrasse trop à la fois et tombe dans la confusion, ou l'erreur.

Il ne faut jamais lui adresser deux questions à la suite l'une de l'autre. On doit attendre que la première soit résolue et ne passer à la seconde qu'après un intervalle de repos.

Le Magnétiseur doit veiller que les choses se passent toujours ainsi, que ce soit lui ou d'autres qui interrogent le somnambule; c'est en cela qu'il se montre habile, car le succès des consultations et des expériences en dépend.

Rien de plus difficile à comprendre qu'un somnambule, rien de si difficile à faire que son éducation; aussi le somnambulisme est-il l'écueil le plus redoutable pour les Magnétiseurs. Il leur faut beaucoup de douceur, de patience et de prudence; ils doivent observer si le somnambule n'est pas à la poursuite d'une idée favorite, lorsqu'ils veulent appeler son attention sur un sujet, lui laisser autant que possible le choix de l'objet qu'il veut examiner, à moins qu'il n'y ait utilité et urgence d'appeler son esprit ailleurs, et ne désigner soi-même cet objet, que tout autant que cela lui est agréable ou indifférent. Tout ce qu'un somnambule fait d'inclination, ou d'inspiration, est bien, et marqué au coin de la vérité; tout ce qu'on lui impose, par frivolité ou caprice, est incomplet, mêlé d'erreurs et souvent de mensonges.

Le Magnétiseur qui veut guider un somnambule au gré de son caprice, le jeter dans une voie contraire à ses dispositions et le devancer dans la carrière, ressemble à ce cavalier maladroit, qui, pour faire entamer à son coursier la route qu'il veut parcourir, au lieu de se placer par côté un peu en arrière, de lui faire pressentir, en jouant légèrement avec les rênes, qu'il a un frein dans sa bouche et que son maître est là, et de le ramener tout doucement s'il hésite, ou s'écarte, se pose devant lui et le tire brusquement par la bride. Le coursier effrayé et sentant la douleur, résiste, recule, se dérobe, se cabre, se renverse enfin, entraînant parfois le cavalier dans sa chûte, et ils se relèvent meurtris tous les deux.

Voilà comme procèdent les *Endormeurs* : Pour satisfaire leur amour-propre, ils ont la fureur de faire parade de leur puissance ; ils aggravent ainsi la maladie de leur somnambule, altèrent sa clairvoyance, le rendent capricieux, menteur, et se font moquer d'eux, parce que leurs expériences échouent souvent. En abusant de sa puissance, on l'émousse, et l'on autorise la révolte de celui qui en est la victime. Alors tous les moyens sont bons ; l'astuce combat la force, et le somnambule livre son Magnétiseur au ridicule, en le trompant sciemment, lorsqu'il n'y a pas possibilité de vérifier ce qu'il dit, et en lui faisant des réponses absurdes.

Malheureusement tous les Magnétiseurs payent un tribut à cette faiblesse ; ils ne résistent pas toujours au désir de montrer leur puissance sur leur somnambule. C'est un écueil qu'ils doivent éviter soigneusement.

Le Magnétiseur et le somnambule doivent ressembler à ces ménages, où la femme a assez de tact et d'habileté pour avoir toujours l'air de faire la volonté du mari, et pour que cette volonté soit constamment la sienne, sans que le mari s'en doute.

Il ne faut jamais laisser passer sans observation la plus légère erreur à un somnambule ; sinon, il ne prend plus la peine de bien regarder ; bientôt il divague et vous répond au hasard, pour ne pas rester court, et par vanité.

S'il s'égare, il faut le ramener avec précaution, par la

douceur et la persuasion, employer la fermeté, mais jamais la violence; il sait parfaitement que la *puissance* et la *charité* ne connaissent pas l'emportement.

Le somnambule a la supériorité de l'esprit.

Le Magnétiseur doit avoir la supériorité de la raison.

En général, la clairvoyance des somnambules est spéciale pour les maladies; cependant, il en est quelques-uns qui n'aiment pas à s'en occuper et qui préfèrent diriger leurs facultés vers d'autres objets. C'est aux Magnétiseurs à étudier leurs dispositions, et surtout, à s'assurer si elles ne viennent pas des idées dont ils sont préoccupés eux-mêmes, car les somnambules s'identifient volontiers avec les pensées de leurs Magnétiseurs.

Le Magnétiseur doit veiller à ce que le somnambule ne contracte pas l'habitude de poursuivre une, ou deux idées favorites, qui finiraient par devenir fixes, ou de répéter trop souvent les expériences dans lesquelles il excelle. Il en résulterait que le somnambule, renfermant son esprit dans un cercle étroit, perdrait ses autres facultés, deviendrait routinier, par paresse, et parce que sa vanité y trouverait son compte. Dans ce cas, si le Magnétiseur se ravise un peu tard, le somnambule résiste quand il veut le ramener; si le Magnétiseur tarde trop à le corriger, c'est un somnambule gâté pour toujours, car il est excessivement rare que la clairvoyance perdue revienne, surtout dans sa pureté primitive. Parmi les somnambules que j'ai magnétisés et qui avaient été gâtés par les *Endormeurs*, je n'en ai trouvé qu'un exemple, que je dois attribuer à un phénomène tout exceptionnel.

Pour éviter les erreurs auxquelles un somnambule est sujet, aucun n'est infaillible, il ne faut pas insister si l'on s'aperçoit qu'il a de la peine à voir ce qu'on lui demande. On doit l'habituer à faire l'aveu de son impuissance, le louer avec bienveillance de sa franchise, l'exhorter à toujours agir avec la même loyauté, et lui exprimer avec sollicitude la crainte de l'avoir fatigué par une recherche infructueuse. En procédant de la sorte, le Magnétiseur remplit un devoir rigoureux, et en recueille bientôt le fruit : il améliore la santé du somnambule, conserve et développe sa clairvoyance, et le rend sincère et dévoué.

La sincérité, chez les somnambules, est une qualité précieuse et indispensable, dont l'orgueil leur rend la pratique difficile. Pour tant grande que soit leur clairvoyance, elle peut être mêlée de quelques erreurs, parce qu'ils ne veulent jamais paraître en défaut, et, si l'on n'est pas sûr de leur sincérité, la prudence commandant la circonspection, une erreur commise fait quelquefois repousser la vérité. Dans aucun cas, il ne faut croire aveuglément à ce qu'ils disent, pour les traits de clairvoyance à distance et de prévision, si l'on n'a aucun moyen de contrôle, ou si ces traits de clairvoyance ne se produisent pas dans des conditions qui portent le cachet de la vérité, telles que la spontanéité, ou l'ignorance complète, en état de veille, de tout ce qui peut se rattacher aux questions qu'on leur adresse. C'est de la réserve et non une dé-

fiance injurieuse que je recommande, si l'on n'a aucune raison
de douter de leur franchise, autrement, comme ils lisent
dans votre pensée, ils en seraient profondément blessés ; ils
vous répondraient d'abord avec répugnance, puis, sans se
donner la peine d'examiner ce que vous leur demandez, la
sympathie entre vous s'affaiblirait et l'accord serait détruit.
La circonspection ne les offense pas ; ils savent qu'un vrai
Magnétiseur doit être plus exigeant et plus difficile à satisfaire, sur la pureté de leur clairvoyance, qu'un incrédule de
bonne foi, qui désire être convaincu et converti. C'est du
reste le vrai moyen d'éviter les mécomptes et les déboires,
si fréquents en somnambulisme.

La clairvoyance des somnambules bien guidés est infaillible pour les maladies. Tous ne voient pas tout, puisqu'ils
n'arrivent pas tous au même degré et que leur clairvoyance
n'est pas égale ; mais tout ce qu'ils voient est exact. Il n'en
est pas de même pour la vue à distance et les prévisions ;
ils sont sujets à de fréquentes erreurs, surtout si on les solli-
cite sans motif raisonnable, ou par pure curiosité.

Un Magnétiseur doit être assez bon observateur pour
reconnaître si le somnambule répond sans réflexion, dit la
vérité, ou en impose. Il arrive souvent, qu'au moment où on
l'interroge, son esprit est captivé ailleurs ; alors il répond
vite, au hasard, pour se débarrasser de votre demande et
se remettre à la poursuite de l'objet qui le préoccupe. Lorsqu'il a été pris plusieurs fois sur le fait et réprimandé, il ne
retombe plus dans la même faute ; si au contraire le Magné-

tiseur ne s'en aperçoit pas, il devient coutumier du fait et le trompe, à dire d'expert.

Le Magnétiseur ne doit jamais se laisser aller à l'enthousiasme, lors même que le somnambule lui donnerait les preuves les plus éblouissantes de clairvoyance, surtout si le somnambule sanctionne, par l'autorité de sa parole, une pensée que le Magnétiseur nourrit. Subtil à saisir ses faiblesses, le somnambule les flatte, caresse son amour-propre, pour bientôt intervertir les rôles, et, de sujet docile, devenir maître impérieux. Aussi combien de somnambules qui dominent leur Magnétiseur !....

Un Magnétiseur doit encore éviter soigneusement d'être trop caressant, ou trop sévère avec le somnambule. Il faut qu'il soit calme, doux, bienveillant et grave ; il faut, en un mot, que tous ses actes partent du cœur, et portent l'empreinte de la raison et de la dignité.

Le célèbre Caliste, somnambule de M. Ricar, tomba, après l'avoir quitté, entre les mains des *Endormeurs*. Sa santé fut bientôt altérée et sa belle clairvoyance ternie. Je le vis dans deux séances publiques ; quand il faisait quelque expérience, il ordonnait brutalement à son Magnétiseur de s'éloigner, et lui parlait toujours, comme on dit vulgairement, les poings fermés. Quelques jours après, il vint m'annoncer qu'il quittait son Magnétiseur, et me prier de le traiter. Malheureux et souffrant il m'intéressa, et j'y consentis, après m'être assuré avec son Magnétiseur qu'ils se séparaient d'un commun accord. Sa santé fut rétablie avec une rapidité merveilleuse ; elle était profondément altérée, et cinq jours suffirent pour la réparer entièrement. Puis j'avisai à ramener sa clairvoyance. Oh! pour cela, il me fallut trois mois. Comme je l'ai dit, c'est le seul exemple que je puisse citer pour mon compte.

Pendant les trois premiers jours que je le magnétisai, je le laissai me répondre avec brusquerie, selon son habitude, et je lui parlai avec une extrême douceur.

Le quatrième jour, je lui dis froidement :

« M. Caliste, si vous prenez ma douceur pour de la fai- » blesse, vous vous trompez. Il me semble que lorsque je » vous parle poliment vous pourriez me répondre de même».

Il garde le silence ; un instant après je l'interroge, et il me répond avec la même brusquerie.

« Savez-vous, lui dis-je alors, toujours d'un ton calme, » que d'un mot je puis vous briser? Si vous pouvez voir ma » pensée, lisez-la et méditez-la ».

Il ne répondit rien. Je le laissai achever son sommeil sans lui adresser la parole, mais m'occupant toujours de sa santé avec sollicitude.

Le lendemain, à peine endormi, il me fit ses excuses de lui-même, me dit que j'avais eu raison de me fâcher, et qu'à l'avenir il n'y donnerait plus lieu.

« Vous avez tort, lui répondis-je, de croire que j'étais en » colère quand je vous ai parlé ; si vous aviez bien examiné, » vous auriez vu que je n'ai pas cessé un instant d'être calme, » et que mes paroles avaient été presqu'aussitôt oubliées que » prononcées : Ne parlons plus de cela. »

Depuis ce jour, il fut d'une politesse parfaite avec moi, et plus tard avec les malades qu'il consultait, et qu'il avait aussi la coutume de brusquer.

Il y avait chez lui une chose bien singulière : Le sommeil magnétique, qui ordinairement embellit les traits, imprimait aux siens quelque chose de satanique. Quand il dormait et qu'il entr'ouvrait les yeux, ce qui lui arrivait souvent, on ne voyait que la cornée opaque, ce qui lui donnait un aspect effrayant, qui, joint à la sauvagerie de ses mouvements, imprimait parfois la terreur aux malades qu'il consultait.

Lorsqu'il m'a quitté pour reprendre sa vie errante, il était d'une lucidité remarquable pour les maladies et pour lire dans le passé des personnes qui étaient en rapport avec lui ; il avait parfois des moments de sublime clairvoyance. Malheureusement ses goûts de dissipation ne lui permettent point d'être constant, et le somnambulisme lui étant aussi nécessaire que la nourriture, dès qu'il passe quelque temps sans dormir il lui manque quelque chose, et il se fait donner le sommeil par le premier venu. Il est impossible que, changeant aussi souvent de Magnétiseur, il puisse conserver ses facultés. Il faudrait qu'il fût avec un Magnétiseur expert qui ne le perdît pas un instant de vue ; il rendrait alors de grands services aux malades et donnerait de beaux traits de clairvoyance.

Caliste cache un tempérament faible, sous les apparences de la santé et de la force : Il est probable qu'il sera somnambule toute sa vie.

Un somnambule prend volontiers les idées de son Magnétiseur ; il est donc bien essentiel de s'isoler quand on l'interroge , car , pour s'épargner la peine de chercher, il pourrait fort bien user de la facilité qu'il a de lire dans votre pensée , et vous donner votre opinion pour la sienne ; aussi je n'ai qu'une médiocre confiance dans le somnambule d'un Médecin. Il sera infailliblement *allopathe ou homéopathe* , selon que son Magnétiseur sera l'un , ou l'autre ; il appréciera la maladie comme lui , et , au lieu d'avoir la consultation d'un bon somnambule , vous êtes exposés à recevoir quelquefois celle d'un mauvais Médecin. Un Médecin croit difficilement aux facultés médicales d'un somnambule ; il est rare qu'il puisse faire abnégation complète de ses connaissances acquises , au point de renoncer à son jugement médical et d'accepter des opinions, souvent contraires aux siennes. De là naît d'un côté la défiance, de l'autre un juste mécontentement , qui produit, si je puis m'exprimer ainsi , un tiraillement qui blesse le somnambule, obscurcit sa clairvoyance et rompt la sympathie qui doit l'unir à son Magnétiseur. Pour obvier à ce grave inconvénient , tout Magnétiseur , qu'il soit Médecin ou non , doit s'abstenir de juger la maladie , ou de se former une opinion sur la question qu'il adresse au somnambule. Si le Magnétiseur n'a pas la force de s'isoler , il a un moyen bien simple d'y parvenir : Qu'il interdise au somnambule, par la volonté, de lire dans sa pensée , il est certain que tous les efforts du somnambule viendront se briser contre cette défense, car, je ne saurais trop le répéter , tout ce que le Magnétiseur commande dans un but utile réussit.

Les *Endormeurs* agissent autrement : ils dictent souvent ,

par la pensée, la réponse à leur somnambule. C'est là une indigne tromperie.

Les somnambules connaissent et prévoient le travail de la nature et ses besoins; ils prescrivent avec certitude les quantités, les combinaisons des remèdes dont ils connaissent les propriétés, l'heure précise et l'ordre dans lequel il faut les prendre, pour qu'ils produisent leur effet. Aussi est-il indispensable de se conformer, avec une exactitude minutieuse, à leurs ordonnances, sinon ils s'en aperçoivent dès que vous vous présentez devant eux, et vous grondent. Si vous persistez deux ou trois fois dans votre inexactitude, ils refusent absolument de s'occuper davantage de vous.

Je désapprouve qu'on leur fasse apprendre, en état de veille, la propriété des plantes, la composition des remèdes et leur vertu. Je crois fermement que cette méthode est erronée et même dangereuse; et voici sur quoi je me fonde.

Quand le somnambule dort, si le Magnétiseur n'est pas sur ses gardes, il préfère se servir de ses notions de l'état de veille, que de se donner la peine de chercher le remède qu'il faudrait appliquer, notions nécessairement incomplètes, et souvent fausses. Le somnambule n'est plus alors qu'un Médecin, et un Médecin ignorant, parce que ses études sont toujours moins fortes que celles des personnes qui se destinent à cette profession. Pour moi, je préfère la consultation d'un Médecin expérimenté, à celle d'un semblable somnambule, tandis que je donnerais la préférence à la consultation d'un somnambule illétré et simple, dans son état de veille, mais livré à ses inspirations dans son sommeil, sur celle du plus habile Médecin.

Il est incontestablement préférable de laisser un somnambule à son ignorance de l'état de veille et entièrement livré à sa nature. Sans doute, il commettra des erreurs de langage, emploiera des termes impropres, dénaturera le nom des plantes, estropiera celui des remèdes ; quelquefois même il désignera un organe pour un autre et se trompera sur la place qu'il occupe. Qu'importe l'imperfection de la forme, si le fond est bon ? Il ne faut point pour cela mal augurer de sa clairvoyance, et ne pas avoir foi dans ce qu'il dit, car, à coup sûr, s'il se trompe sur les mots, il ne se trompera pas sur la maladie, son siége, sa cause et ses effets, sur la propriété, les doses, l'ordre, l'opportunité et l'efficacité des remèdes qu'il prescrira, en vous indiquant, à heure fixe, les résultats qu'ils amèneront. Lors même que son ordonnance serait bizarre, par la forme de son application, et contraire à toutes les idées reçues en Médecine, on peut la suivre en toute assurance, car c'est la nature qui le guide ; et si nous ne connaissons pas tous les secrets de la nature, nous savons du moins qu'elle ne se trompe jamais.

Il arrive souvent que les somnambules, en désignant sur eux l'endroit où souffrent les personnes qu'ils consultent, confondent le côté droit avec le gauche. Caliste commettait souvent cette erreur, si grossière en apparence ; je lui en fis le reproche. Voici sa réponse :

« Quand je consulte un malade, je le reflète comme dans » une glace ; s'il est placé en face de moi, sa gauche devient

» ma droite ; et en lui disant : vous souffrez de là , je porte
» machinalement ma main sur mon côté droit. Cela n'arrive
» pas quand le malade se place à mon côté ; c'est une faute
» d'inadvertance. »

Je l'engageai à y veiller à l'avenir, parce que cela pouvait
affaiblir, ou détruire la confiance des malades ; il ne tomba
plus dans cette distraction.

On est assez généralement porté à croire que les personnes
dont l'esprit est cultivé, sont plus suceptibles de clairvoyance
que celles dont l'esprit est inculte.

Jusqu'à présent l'expérience a prouvé le contraire.

Les facultés médicales les plus éminentes , se rencontrent
principalement chez les personnes simples et d'une bonne
nature , dont le cœur est resté pur , dont les mœurs n'ont
pas été corrompues par le contact de la société, et l'esprit n'a
pas été usé par l'étude , par exemple, chez les habitants de la
campagne , s'ils ont conservé leur simplicité rustique dans
toute sa naïveté.

Le somnambule, comme le Magnétiseur , doit être *sobre*
et *moral , sinon point de guérison , point de clairvoyance.*

Il est cependant probable, que , pour les sciences, un savant
plongé en somnambulisme et bien guidé par le Magnétiseur ,
lors même que celui-ci ne serait pas versé dans les questions
qu'explorerait le somnambule , étendrait ses connaissances de
l'état de veille , et rectifierait ce qu'elles pourraient avoir de
faux. Je ne serais pas étonné néanmoins , et cela par dé-

duction de quelques faits, qu'un somnambule complètement étranger à la science, en état de veille, pût, en somnambulisme, voir mieux et plus loin, sur certaines questions, qu'un autre qui serait savant en état de veille. Ce phénomène provient sans doute de ce que l'esprit de l'ignorant est dans toute sa virginité, et n'a pas besoin du travail de redressement qu'exige celui du savant, s'il est dans une fausse voie. Ce travail est long et difficile, car lorsque l'esprit est faussé, rarement on le ramène dans le droit chemin; il faut au Magnétiseur une constance et une prudence à toute épreuve.

Il arrive parfois qu'un somnambule cherche vainement le remède, ou le nom du remède qu'il veut prescrire. Le Magnétiseur, bien qu'il l'ignore, peut, par un acte de sa volonté *seule*, dissiper le voile qui cache aux yeux du somnambule l'objet de ses recherches. Que dire alors de ces *Endormeurs*, qui font métier de vendre les consultations de leur somnambule, et qui, après l'avoir plongé en somnambulisme au moyen d'une bague, ou de tout autre objet afin d'éblouir le malade, s'éloignent et le laissent tête à tête avec la personne qui vient se faire consulter? Ignorants, qui, ne consultant que leurs intérêts, blasent leur somnambule à force de lui faire donner des ordonnances, et l'endorment plusieurs fois par jour, sans presque laisser d'intervalle d'un sommeil à l'autre! Stupides, qui ne savent point qu'il doit exister communion de *charité* entr'eux et leur somnambule, et qu'ils sont les moteurs et les régulateurs de ses facultés!.... Qu'arrive-t-il? Le somnambule se trouve comme un navire sans boussole, sans gouvernail ni pilote, qui glisse cependant sur les flots, mais qui erre à l'aventure : privé de son guide et du principe qui lui a donné sa vie nouvelle, il marche dans l'obscurité et s'égare. Comme l'élément sympathique qui est en lui ne dépend point de son Magnétiseur, il le conserve dans toute sa force, et il surprend la confiance du malade en lui désignant, d'une manière précise, sa maladie, son origine et ses effets. Quant à l'indication des remèdes, si, comme cela arrive, il ne peut pas les voir, pour ne pas faire preuve d'impuissance, il devient médecin ; il a l'habitude de donner des ordonnances, il en prescrit une au hasard : il est à son aise ; le maître n'est pas là pour le contrôler ! Heureusement il ne prescrit rien de dangereux ; mais si la maladie est grave et ancienne, il n'ordonne que des palliatifs, et le malade ne guérit pas. Je connais des malades qui ont été abusés de la sorte pendant plusieurs mois.

Les somnambules guidés ainsi peuvent opérer quelques guérisons ; mais ils ne méritent pas grande confiance. Les seuls véritablement bons somnambules sont ceux que leur Magnétiseur n'endort que pour les traiter, et non pour vendre des consultations, et qui ne consultent les malades que lorsque leur état le permet, et à l'heure de leur sommeil. Je ne prétends point qu'on ne puisse déroger à cette règle ; mais ce n'est que dans des cas d'urgence et par un sentiment de *charité*.

Tout individu qui ne magnétise point les malades et se borne à donner, ou à vendre des consultations, à l'aide d'un somnambule, n'est point un Magnétiseur : c'est un *Endor-meur*.

Le désir d'avoir des somnambules est si fort chez les *En-dormeurs*, qu'il les pousse à les dérober à ceux qui les ont formés. C'est une action déloyale, et sans profit pour celui qui la commet et pour son complice. Un somnambule ne conserve pas sa valeur en passant d'une main dans une autre, comme une pièce de monnaie volée ; bientôt il perd ses facultés pour avoir commis un acte d'ingratitude, et celui qui l'a séduit ne tarde pas à être désappointé ; il est rare qu'ils restent long-temps ensemble.

Il n'en est pas de même quand le somnambule change, pour des raisons légitimes, de Magnétiseur, et avec son con-sentement. Les premiers jours il éprouve bien quelque chose d'inusité, une espèce de malaise qui disparaît bientôt ; si son nouveau Magnétiseur est expérimenté, la santé et la clairvoy-ance du somnambule n'en éprouvent aucune atteinte.

Un Magnétiseur ne doit jamais laisser endormir son som-nambule par un étranger, à moins qu'il ne soit obligé de faire une longue absence. Il doit alors mettre beaucoup de cir-conspection dans le choix de son remplaçant, et lui recom-mander de s'abstenir de faire des expériences.

Le Magnétiseur pouvant se faire remplacer par des objets magnétisés, soutenir et augmenter leur action, en se re-cueillant à l'heure où le somnambule doit prendre son sommeil avec eux, je les préférerais à un remplaçant.

Quoique l'on ait dit des somnambules, ils n'ont pas la science infuse!

Combien de sottises et d'absurdités n'ont point fait commettre et débiter, aux *Endormeurs*, ces êtres si intéressants et encore incompris? Un *Endormeur* vous dira qu'un somnambule connaît toutes les langues, parce qu'il vous aura répondu à une question que vous lui avez adressée dans un langage qui lui est étranger, en état de veille. C'est une absurdité, ou une ignoble jonglerie. Ce phénomène, qui existe réellement, n'est autre chose que le phénomène de la transmission de la pensée. Comme la pensée n'a pas d'idiôme particulier, il n'est pas étonnant que le somnambule, qui a la faculté de la saisir, même sans qu'on l'exprime, comprenne la vôtre dans quelque langue que vous la lui formuliez.

Les somnambules se plaisent avec les bonnes natures, et ont un éloignement invincible pour les mauvaises; ils possèdent tous les nobles sentiments au plus haut degré, surtout celui de la pudeur. Ce n'est qu'avec une extrême répugnance, et la rougeur au front, qu'ils consultent les syphilitiques, même les somnambules qui sont prostitués au public, et dont les facultés servent à faire un métier; malgré l'habitude, ils mettent, dans les consultations de ce genre, la plus grande convenance. Si c'est une femme qui est appelée à faire une consultation de cette nature, fût-elle, en état de veille, abandonnée à la débauche la plus déhontée, le Magnétiseur est forcé parfois de faire usage de toute son autorité pour l'y contraindre.

Le contact de ces malades inspire à tous les somnambules une espèce d'horreur, et la consultation qu'ils donnent est toujours suivie d'une crise, qui souvent est très-forte. Le Magnétiseur doit avoir le soin de bien les dégager.

On peut trouver de la clairvoyance chez les somnambules qui mènent une vie désordonnée, mais elle passe comme un éclair. Si le Magnétiseur traite l'âme en même temps que le corps, il peut épurer leurs mœurs; quand c'est une femme publique, pour atteindre ce but, il doit lui recommander expressément de garder le secret sur son traitement, afin que son entourage ne paralyse pas l'action qu'il exerce sur elle.

Entre plusieurs preuves de ce que j'avance, je vais citer deux faits, qui prouvent l'influence morale du Magnétisme sur les mœurs et les mauvaises habitudes des somnambules. Je dois faire observer qu'un Magnétiseur ne doit s'immiscer dans la vie intime d'un somnambule, que dans l'intérêt de sa santé, à moins que le somnambule ne prenne l'initiative et l'en prie, comme dans cette circonstance :

Un de mes somnambules m'ayant fait, *spontanément* dans un de ses sommeils, l'aveu d'une liaison coupable, sortit précipitamment une clef de sa poche et me la remit, en me priant de la magnétiser dans l'intention de rompre des rapports qui étaient contraires à ses devoirs, et funestes à sa santé. Je m'empressai de satisfaire ses désirs.

Le lendemain, dès qu'il fut endormi, *sans questions de ma part*, voici ce qu'il me raconta.

« Hier au soir , en sortant d'ici , je me suis dirigé , selon
» mon habitude , vers le lieu ordinaire de mes rendez-vous ;
» en arrivant , j'ai présenté mon passe-partout à la serrure ;
» jugez de mon étonnement ! il m'a semblé sentir à l'instant
» une main de fer qui étreignait mon poignet et le détournait :
» vainement je me suis entêté ; je n'ai jamais pu rencontrer
» le trou et parvenir à y introduire la clef. Cette lutte a duré
» environ dix minutes ; impatienté , j'ai fait enfin un demi tour
» sur mes talons , et , sans savoir où j'allais , je suis rentré
» chez moi au pas de course , comme poussé par une force
» invisible. »

Le même somnambule faisait excès de bière. Par ma seule
volonté et sans l'en prévenir , je l'ai forcé à cesser d'en boire
pendant deux mois ; toutes les fois qu'il la portait à ses
lèvres , il lui trouvait un goût si désagréable , qu'il la rejettait
aussitôt.

Il faut toujours demander à un somnambule son consentement , avant de le réveiller , quoiqu'il ait fixé le temps qu'il
veut dormir , parce qu'il pourrait arriver qu'une prolongation
de sommeil lui fût nécessaire. S'il ne survenait aucune crise
qui exigeât d'abréger ou de prolonger la durée du sommeil ,
et que le Magnétiseur négligeât , lorsque le moment serait
arrivé , de réveiller le somnambule , celui-ci ne manquerait
pas de l'avertir que l'heure du réveil a sonné. Cette faculté de
mesurer le temps avec une précision infaillible , est commune
à tous les somnambules , et le Magnétiseur , s'il est attentif ,

n'a pas besoin de consulter la montre pour connaître l'instant du réveil, parce qu'il est toujours précédé de quelques légers mouvemens du somnambule.

La clairvoyance des somnambules ne se manifeste en général, d'une manière sensible, qu'après quelques jours ; elle ne se soutient pas au même degré pendant la durée du sommeil, et subit diverses phases dans le cours de leur traitement : elle suit la marche et les progrès du Magnétisme dans sa lutte contre la maladie ; elle se développe et grandit progressivement, comme l'action magnétique, jusqu'à ce qu'elle atteigne son apogée ; arrivée là, elle s'y maintient pendant quelque temps, puis elle décline à mesure que le mal diminue, pour disparaître enfin, avec le sommeil, lorsque la guérison est complète.

Le mal, la clairvoyance et les effets du Magnétisme, parcourent une double échelle, et s'évanouissent quand leur marche ascendante et descendante est terminée.

Dans toutes les maladies, ce qu'il y a de plus difficile et de plus long à obtenir, c'est une amélioration. Quand la clairvoyance arrive à son apogée, c'est une preuve que l'amélioration est réelle, solide, et le retour à la santé prochain. Aussi la marche descendante est toujours plus rapide que la marche ascendante.

Cette loi s'applique également aux malades qui ne sont qu'en somnolence, ou qui ne dorment pas. Le travail de la nature est le même pour eux pendant leurs crises, visibles ou

7

invisibles , et tout aussi salutaire , malgré qu'ils soient privés de sommeil et de clairvoyance.

Puisque le somnambulisme est un état passager , dont la fin est le retour à la santé , un vrai Magnétiseur doit souhaiter de perdre ses somnambules. Cette perte n'est regrettable que parce que le Magnétisme n'a pas encore acquis le droit de cité parmi nous. Quand il sera généralement pratiqué , elle sera facile à réparer , et , pour un somnambule perdu , on en retrouvera dix. Il faut donc s'attacher aux somnambules temporairement , d'une affection toute paternelle , quel que soit leur sexe , être animé du désir de rétablir leur santé , de profiter de leurs facultés dans l'intérêt des malades , et non d'en jouir pour sa propre satisfaction.

Le somnambulisme étant passager , il est évident que tout somnambule , chez lequel cet état devient permanent , a un tempérament maladif , ou une maladie incurable , soit grave soit légère. Les somnambules dont on entretient les dispositions au sommeil magnétique , pour les exploiter en les donnant en spectacle comme des animaux savants , nonseulement ne guérissent pas de la maladie qui leur a procuré ce magnifique mais bien triste privilège , quand ils tombent dans des mains inhabiles , ou cupides , mais cette maladie s'aggrave de jour en jour et passe à l'état chronique , ou constitutionnel. Ce qui est encore plus terrible , c'est qu'au bout d'un certain temps le somnambulisme devient pour eux une maladie plus fatale et plus cruelle que celle qui lui a donné naissance, maladie qui entraine, tôt ou tard, prostration de forces, décomposition du sang, la phthisie, et enfin une mort certaine et prématurée. J'en connais malheureusement un exemple accompli et d'autres qui ne tarderaient pas à l'être, si la nature n'avertissait pas presque toujours la victime, qui finit par échapper à son bourreau pour se livrer à des mains plus sages, ou qui contracte pour le Magnétisme une répugnance invincible.

J'ai traité un somnambule, menuisier de son état, qui, à ving-quatre ans, et d'un tempérament fort, avait presque perdu l'usage de ses jambes. Cette faiblesse provenait de ce que son Magnétiseur, qui l'avait enlevé à son état, moyennant une légère rétribution, l'endormait sept à huit fois par jour, pour vendre des consultations à dix francs. Il me fallut trois mois pour le guérir ; la santé revint, mais sa clairvoyance ne reparut point.

Il fut poussé à venir me trouver par une circonstance singulière, qui prouvera combien il importe de ne pas jouer avec le Magnétisme.

Il se trouvait en partie de plaisir avec sept à huit de ses amis ; ceux-ci instruits qu'il était somnambule, connaissant à peine le Magnétisme de nom, et imaginant faire une plaisanterie sans conséquence, s'amusèrent à lui faire des *Passes*. Dans moins d'une minute, ce jeune homme fut endormi, et de suite il se déclara une crise épouvantable, provoquée par ce mélange incohérent de fluides et de volontés, qui jetta la terreur dans le cœur de ses imprudents camarades. Ne sachant à quel saint se vouer, ils se disent entr'eux qu'il faut aller chercher son Magnétiseur. Le somnambule, qui entendait ceux qui l'avaient endormi, leur cria :

« Non, n'y allez pas, allez chercher M. Olivier ; lui seul
» peut me tirer de cette fâcheuse position. »

Nous ne nous étions jamais vus, et il ne me connaissait pas plus que je ne le connaissais moi-même. Il était deux heures de la nuit ; ses amis allaient partir pour venir me trouver, lorsqu'il ajouta :

« N'y allez pas ; il est absent, il est parti pour Agde au-
» jourd'hui. — Le fait était vrai. — Quel malheur ! portez-
» moi chez moi, et laissez-moi tranquille ; j'ai à souffrir
» pendant sept à huit heures, et puis je m'éveillerai. »

Les choses se passèrent ainsi qu'il l'avait annoncé, et ses amis lui en ayant fait le récit dès qu'il fut réveillé, il quitta son *Endormeur*, et vint me prier quelques jours après de le magnétiser.

L'abus du somnambulisme est le plus grand danger du Magnétisme ; j'engage les *Endormeurs* à y réfléchir.

La clairvoyance des somnambules ainsi sacrifiés est bien vite altérée, et se réduit bientôt au plus simple phénomène du somnambulisme, la transmission de la pensée.

La fameuse *Prudence*, somnambule si magnifique dans ses poses, en était réduite à ce phénomène, après avoir été excellente pour les maladies et la vue à distance. Tout ce qu'elle faisait dans ses représentations, n'était que la reproduction de ce phénomène, présenté sous diverses formes pour allonger le spectacle et amuser le public. Aussi, victime immolée au Magnétisme, elle était presque toujours souf-

frante, et son *Endormeur*, au lieu de la magnétiser, pour
du moins pallier le mal qu'il lui faisait, la livrait aux mains
des Médecins qui, la voyant menacée d'une congestion cérébrale, lui pratiquaient de fréquentes saignées, et la faisaient
ainsi descendre tout doucement dans la tombe, à la fleur de
son âge.

Qunad on questionne les somnambules sur les maladies et
qu'on les interroge sur un cas de conscience, on peut avoir
foi dans leur parole ; j'entends parler des somnambules bien
guidés et non de ceux qui sont façonnés à l'image, ou au caprice de leur Magnétiseur. Tous prêchent la morale du Christ
dans toute sa pureté, et je suis convaincu, qu'un sauvage,
vivant dans l'état primitif, et étant plongé en somnambulisme,
prêcherait la même morale. Cette expérience serait extrêmement intéressante ; il est à regretter qu'on ne puisse la faire
dans nos contrées civilisées.

Quant aux questions d'intérêt matériel, ou politique, il
faut se tenir sur ses gardes et ne pas se laisser entraîner, ou
séduire par la subtilité de leur esprit, ou par leur éloquence
éblouissante. Ils conservent quelquefois un reflet de leurs
idées de l'état de veille, et surtout ils épousent volontiers les
sentiments de leur Magnétiseur, s'il est assez faible pour les
laisser percer, ce qui peut arriver à celui qui est de la meilleure foi du monde. Du reste, ces questions n'intéressent que
médiocrement les somnambules, et ils ne s'en occuperaient
jamais si leur Magnétiseur ne les y poussait.

Il est un genre de somnambulisme qui existe plus particulièrement chez les femmes, et qui mérite toute l'attention des Magnétiseurs; je veux parler des somnambules religieux. Quand on dirige leurs facultés vers les maladies, ils sont parfaits; mais ils s'égarent si on les laisse s'abandonner à l'enthousiasme de leurs idées religieuses, ou contemplatives; alors ils tombent dans une espèce d'extase factice, surtout s'ils appartiennent à une classe dont la religion peu éclairée touche à la superstition. Ils décrivent le Bon-Dieu, le ciel et l'enfer, les anges, leur manière de vivre et leur costume. Le langage de ces somnambules passe pour du radotage aux yeux du monde, mais le vrai Magnétiseur doit se défendre de faire l'esprit fort avec eux; il ne doit pas s'arrêter à la forme, il faut qu'il cherche la vérité au fond des choses, qu'il combatte insensiblement leur superstition et qu'il se garde de les heurter. S'il est habile, s'il s'identifie à la pensée qui les anime, s'il sait séparer l'ivraie du bon grain, cette pensée lui apparaîtra sublime au milieu de cet alliage, fruit d'une éducation inculte, et il les fera servir à des cures merveilleuses.

Le somnambulisme présente tant de phénomènes, qu'on ne peut supposer que les Magnétiseurs se creusent la tête pour en inventer. Il n'est donc pas possible de douter de leur sincérité; tout ce qu'ils rapportent s'est évidemment passé sous leurs yeux. Mais, il faut le dire, entraînés par l'enthousiasme ils sont sujets à se faire illusion, à croire trop facilement et à devenir illuminés.

J'ai lu des relations de somnambules religieux. Je suis

certain que les Magnétiseurs qui les ont écrites rapportent fidèlement ce que le somnambule a dit ; mais je doute, qu'à l'insu du Magnétiseur, le somnambule ne fût pas égaré, ou plutôt je crois qu'il l'était. Il y a des Magnétiseurs qui élèvent leur somnambule à l'extase ; c'est à tort : Pour que l'extase soit pure, il faut qu'elle arrive naturellement ; si elle est provoquée, le somnambule divague, et finit par prendre l'habitude d'arriver à cet état, d'autant plus précieux qu'il est plus rare. Loin de le pousser à y parvenir, le Magnétiseur, s'il s'aperçoit qu'il y revient trop souvent, doit, peu à peu, avec la plus grande prudence, détourner du ciel et de l'enfer l'esprit du somnambule et l'appeler sur d'autres sujets. L'extase provoquée n'est qu'une surexcitation.

Le somnambulisme produit des phénomènes merveilleux, mais il ne fait pas des miracles. Ce n'est pas moi qui contesterai ses phénomènes ; d'autant que si j'en publiais un, tout exceptionnel, on me traiterait de fou, bien qu'il ne renverse pas les lois connues de la création. Or, quand je lis qu'une somnambule, ayant ordonné pour remède une plante que l'hiver a flétrie et qui ne se trouve pas dans la contrée, invoque son *ange gardien*, le prie d'aller la chercher, et qu'un instant après, la plante, traversant toit et plafonds, tombe fraiche comme au printemps, dans le salon, sur les genoux de la somnambule, je dis que je n'accuse pas la bonne foi du Magnétiseur, mais qu'il est probable qu'il a eu une hallucination. Je crois à des phénomènes aussi surprenants, mais d'une autre nature, et mon esprit se refuse à croire à un fait qui renverserait les lois physiques de l'univers et serait par conséquent un miracle.

Quelques croyants me répondront, que Dieu peut tout ce qu'il veut. Sans doute, leur dirai-je, mais il ne veut que ce qui est raisonnable, et il ne serait pas raisonnable qu'il voulût aller contre l'harmonie de l'univers, contre l'ordre qu'il a établi, pour satisfaire un somnambule, pour si religieux qu'il soit. Qui dit Dieu, dit perfection : tout ce qui émane de lui est parfait; et si Dieu touchait aux lois du monde, il ne serait plus parfait.

Il n'est pas douteux pour les Magnétiseurs qui ont sérieusement observé les phénomènes du somnambulisme, que l'esprit des somnambules s'élève jusqu'à des mondes supérieurs au nôtre et communique avec les *Etres* qui les habitent. Une chose vraiment extraordinaire, c'est que si l'esprit du Magnétiseur, malgré qu'il ne puisse suivre celui du somnambule dans les hautes régions qu'il parcourt, ne le soutient pas, le guide mal, ou l'abandonne à lui-même, le somnambule s'égare et tombe dans un monde d'illusions et de chimères.

J'ai eu une somnambule qui me décrivait le ciel avec ses Anges et les Saints, l'enfer avec ses Diables; elle voyait Dieu, le Christ et Satan, et parlait avec eux; elle s'occupait de ses parents et grands parents, qui étaient morts et condamnés, disait-elle, aux flammes éternelles. Pendant ses sommeils, elle faisait des efforts inouïs pour les arracher à leur supplice; elle priait, suppliait Dieu de lui accorder cette grâce, versait d'abondantes larmes s'il refusait, promettait de faire dire des messes, que sais-je moi !.... Quand elle consultait un malade.

elle lui disait les parents qu'il avait perdus, lui expliquait
les actes de leur vie qui les avaient fait condamner à l'enfer,
et lui indiquait les moyens qu'il devait employer pour les en
faire sortir. C'était toujours des *Pater* et des *Ave*, des prières
à telle, ou telle chapelle des saints, ou à la sainte Vierge.
Cependant la vérité se trouvait au milieu de toutes ces folies :
elle ne se trompait point sur les parents morts et sur les actions
de leur vie, et rachetait toutes les extravagances dont elle
mêlait ses prévisions, par des ordonnances, ordinairement
fort bizarres dans leur mode d'application, qui opéraient des
cures merveilleuses. Cette exaltation superstitieuse provenait
de l'état déplorable de son cerveau et de son éducation. Peu
à peu cette exaltation tomba et fit place à des sentiments religieux épurés de tout préjugé. Son cerveau était si malade,
qu'il fallut plus d'un an pour obtenir ce changement. Je ne la
contrariais pas, je la laissais dire, je tâchais de démêler le
vrai du faux, et les malades s'en trouvaient bien. Je me serais
gardé de la montrer, même à des Magnétiseurs peu avancés,
tant ses propos étaient étranges, ses phrases entortillées, ses
gestes singuliers, et sa manière de procéder, dans ses consultations, ridicule en apparence. Une personne qui s'occupait
du Magnétisme en amateur, et avec laquelle j'avais des rapports qui ne me permettaient pas un refus, me pria de lui
faire donner une consultation. Ce que j'avais prévu ne manqua
pas d'arriver. En sortant, cette personne me dit :

« Je suis étonnée qu'avec votre expérience vous soyez la
» dupe de cette femme : c'est une farceuse et une intrigante.»

« Que voulez-vous, lui répondis-je !... vous avez vu qu'elle

» est cruellement estropiée; il lui faut trois ou quatre heures
» de sommeil par jour, et de temps en temps deux fois dans
» la même journée. Savez-vous comment elle emploie ce
» temps-là, cette farceuse et cette intrigante? A donner, *gratis*,
» des consultations et à magnétiser les malades. Elle ne se
» borne pas à cela; elle y joint des aumônes au-dessus de ses
» faibles moyens. Pas plus tard qu'hier je l'ai vue, malgré
» ses précautions pour ne pas être aperçue, plonger la main
» dans la poche de son tablier, en retirer une pièce de deux
» francs, dont l'absence s'est bien certainement faite sentir
» dans son ménage, et la glisser furtivement dans la main
» d'un pauvre diable, estropié comme elle, qu'elle venait de
» consulter. Joignez à cela qu'elle me fait des cures étonnan-
» tes, et vous conviendrez que si elle joue la comédie, le
» spectacle qu'elle me donne vaut bien celui que nous voyons
» tous les jours, depuis le haut de l'échelle sociale jusqu'en
» bas. »

Cette somnambule magnétisait dans ses sommeils, et appelait le fluide magnétique, «*la grâce de Dieu.*» Souvent, pour
prendre du fluide, elle passait ses mains sur les miennes et
sur mes bras; d'autres fois, elle les élevait pour le puiser
dans l'air, afin, disait-elle, de m'épargner, et priait Dieu
de lui en envoyer. S'il tardait à lui accorder sa demande, elle
s'impatientait, boudait, pleurait amèrement jusqu'à ce qu'elle
l'eût fléchi, et alors, la figure rayonnante de joie, elle portait
ses mains avec empressement sur son genou, que des remèdes
trop violents avaient ankilosé depuis dix ans.

Les *passes* qu'elle faisait en magnétisant les malades étaient singulières, et produisaient de grands effets. Tout en elle portait l'empreinte de la folie, et cependant elle donnait des traits de clairvoyance étourdissants : Ainsi un jour, après avoir consulté M. P...., elle lui dit que sa sœur, dont elle n'avait certainement jamais entendu parler et dont j'ignorais moi-même l'existence, était malade. Après lui avoir décrit sa maladie, énuméré les remèdes que les Médecins avaient infructueusement employés depuis longtemps, elle lui donna une ordonnance assez singulière, mais fort simple, qui, dans peu de temps, guérit parfaitement la sœur de M. P.... Elle ne consultait pas un malade sans s'occuper de sa famille ; on n'avait pas besoin de l'en prier et de lui donner un *rapport*. C'était bien la somnambule la plus étrange qui se puisse voir ; elle se réveillait seule, entendait tout et se rappelait de tout ce qu'elle avait vu, ou dit dans son sommeil ; enfin elle présentait une exception que je crois réservée aux personnes dont le cerveau est profondément attaqué.

Parmi les traits de prévision qu'elle a donné, je citerai celui-ci, qui est palpitant d'actualité. Quatre mois avant le 24 février 1848, elle annonça les journées des 21, 22, 23 et 24, et la chùte de Louis-Philippe. Elle ne laissait passer aucun sommeil sans me recommander d'avertir deux de mes amis qui se trouvaient alors à Paris. Voyant que je ne tenais aucun compte de ses recommandations, dans le mois de janvier elle insista tellement, qu'enfin, le 17, je me décidai à donner avis à ces Messieurs des évènements qui se préparaient.

Au commencement de son traitement, elle tombait souvent

en crise supplémentaire, surtout à la messe, en présence du tableau du Christ et de la Vierge.

Pendant ces crises, elle faisait faire à son genou malade les mouvements gymnastiques les plus extraordinaires, et, ce qu'il y avait de remarquable, c'est qu'entourée de monde, elle choisissait toujours l'instant où personne ne pouvait voir ce qu'elle faisait, pas même la personne qui l'accompagnait à l'Eglise et qui se plaçait à côté d'elle.

Née au village, et appartenant à d'honnêtes et pauvres paysans, lorsque le travail manquait elle allait quêter dans les maisons de campagne et dans les châteaux voisins. Accueillie par le cri des animaux de la basse-cour et les aboiements des chiens, la pauvre enfant, à peine âgée de six ou sept ans, éprouvait des épouvantes qui, à force d'être réitérées, troublèrent son sang. Jusqu'à l'âge de 35 ans, époque où elle commença à se faire magnétiser, sa vie n'avait été qu'une longue et cruelle maladie. Clouée les années entières sur son lit de douleur, et presque toujours seule, sa tête avait fini par se troubler, et, lorsqu'elle vint me trouver, elle était presque folle. Le quatrième mois de son traitement, dans ses sommeils, elle rendait les scènes de sa vie d'enfance, en imitant le cri des animaux et les aboiements des chiens qui lui avaient donné tant de frayeur! Admirable travail de la nature, qui faisait remonter le mal à sa source, pour le prendre à son origine et le vaincre plus facilement.

J'ai rencontré plusieurs fois ce phénomène chez d'autres malades.

Cette somnambule m'a montré la plus belle et la plus intéressante application de ce précepte :

« *Guérissez-vous les uns les autres.* »

Pendant ses sommeils, elle magnétisait deux enfants cruellement estropiés, l'un de dix ans et l'autre de quatorze. Après les avoir magnétisés l'un après l'autre une heure et demie chacun, après avoir réchauffé, par des insufflations, leur corps étiolé, et répétri dans ses mains leurs membres tordus, elle les prenait alternativement dans ses bras, les posait sur son genou malade, qu'elle frictionnait avec leurs membres estropiés, et, sous le poids de leur corps, elle faisait jouer ses nerfs et exécuter à son genou des mouvements de flexion.

Il n'a pas fallu moins d'un an pour rétablir l'ordre dans ses idées, et ce n'est qu'après dix-huit mois qu'elle a pu commencer à marcher avec facilité.

Il est rare que les expériences faites en public réussissent complètement ; il n'y a que celles qui se font à l'improviste, dans un but d'utilité, *et pendant le sommeil consacré au traitement des somnambules.* Si, malgré ces précautions, le Magnétiseur s'aperçoit que le somnambule est mal disposé, qu'il n'hésite pas, qu'il ajourne sa séance, car rien ne corrobore l'incrédulité comme les expériences demi concluantes ; il vaut mieux qu'elles échouent entièrement, ou, ce qui est préférable et devrait toujours avoir lieu, que le somnambule soit habitué à faire franchement l'aveu de son impuissance.

C'est à l'absence de ces précautions qu'il faut attribuer l'insuccès des Magnétiseurs, qui ont présenté leurs somnambules aux Médecins et aux savants. Ceux-ci se sont emparés des plus légers prétextes, des plus faibles hésitations pour nier les faits concluants, parce qu'on avait commis la faute de leur donner d'avance un programme. Quand on a un somnambule il ne faut pas dire, « *venez voir telle expérience* », mais « *Venez, voyez et méditez.* » Il faut surtout se garder de vouloir donner des explications aux Médecins et aux savants; si vous les suivez sur ce terrain, vous êtes sûrs qu'ils vous envelopperont dans leurs raisonnements, et vous prouveront que le phénomène qui vient de se passer sous leurs yeux est impossible et n'existe pas.

Quand un *Endormeur* a obtenu d'un somnambule quelques traits remarquables de clairvoyance, il est enthousiasmé, ébloui; il est fier de son succès et se croit un être privilégié. Impatient d'en faire part à ses amis et connaissances, il a hâte de leur montrer les merveilles du somnambulisme et de faire, comme l'on dit, *travailler* le somnambule devant eux, sans discernement, sans utilité, uniquement pour satisfaire son amour-propre de Magnétiseur. Il ne manque pas surtout de donner le programme de la soirée.

Les phénomènes qu'il annonce sont si extraordinaires, si incroyables, que les invités arrivent chez le Magnétiseur comme s'ils allaient chez un escamoteur, prévenus, disposés à tout observer avec une défiance mêlée d'un peu de malveillance, et à siffler le faiseur de tours, son compère, ou sa machine, s'ils parviennent à découvrir la ficelle. Qu'arrive-t-il?

Le pauvre somnambule, entouré d'une atmosphère d'incrédulité ironique, interrogé maladroitement et dans un moment peut-être inopportun, souffre, s'agite, se trouble, répond à tort et à travers, et fait le contraire de ce qu'on lui demande. Les spectateurs regardent l'*Endormeur* avec ce sourire qui n'a pas de nom. Celui-ci commence à perdre son assurance, et fait recommencer l'expérience. Les choses vont de mal en pis, et les sarcasmes de pleuvoir ! Les railleries l'irritent d'autant plus, qu'il est de bonne foi. Ce qu'il a annoncé, le somnambule l'a fait il y a quelques jours, la veille même, le matin peut-être, car il ignore qu'on ne peut endormir un somnambule à toute heure et plusieurs fois dans la journée ; il croit bonnement que ce qu'il a obtenu une fois, il peut l'obtenir toujours et selon son bon plaisir : Le malheureux se tourmente et ne comprend pas d'où peut provenir cet échec.

Que fait alors l'*Endormeur* démoralisé ? Il accuse l'infortuné somnambule de ses tribulations ; la mauvaise humeur et la colère s'emparent de lui et se mêlent de la partie : Il gourmande, il gronde, il brutalise son innocente victime, qui fait des efforts inouïs, sue sang et eau pour le satisfaire, et tombe d'absurdités en absurdités, heureuse encore si elle sort de cet enfer sans crise fatale à sa santé !

Force est de mettre fin à la séance et de la renvoyer à un autre jour, en assurant que les expériences réussiront mieux.

Chacun se retire, prodiguant à l'*Endormeur* ces consolations perfides qui arrachent l'épiderme, bien convaincu intérieurement que le somnambule et l'*Endormeur* sont deux imbéciles, ou deux charlatans maladroits, et que le Magnétisme est un mensonge ridicule , ou une chimère.

Ce qui peut arriver de plus heureux au somnambule , c'est que *l'Endormeur*, découragé , l'abandonne, ou que la nature, révoltée , l'avertisse de le quitter.

Une jeune somnambule , ainsi guidée , avait conçu une telle aversion pour son *Endormeur*, qu'elle disait , par intuition , dans son état de veille , que si elle osait elle le poignarderait. Quand il se rendait chez elle pour l'endormir, elle le sentait venir de loin , et se cachait de suite. Il fallait aller l'arracher à sa retraite ; elle marchait au sommeil comme une victime que l'on traine au supplice.

En présence des immenses facultés des somnambules , on est justement surpris et choqué en même temps de les voir tomber tout-à-coup dans des erreurs grossières , et l'on ne conçoit pas comment des intelligences et des consciences si élevées sont sujettes aux faiblesses de l'état de veille, poussées à l'excès , et peuvent se montrer menteuses , jalouses , paresseuses et vaniteuses.

Le phénomène qui se passe sur la partie spirituelle de l'âme , pendant le sommeil magnétique , nous donne la clef de cette contradiction apparente.

A mesure que la partie spirituelle de l'âme franchit un des échelons qui la séparent de son *tout*, «*l'esprit*» , et se rapproche de lui , le somnambule dépouille successivement les défauts de l'état de veille, et revêt progressivement les qualités de *l'esprit*, jusqu'a ce qu'elle arrive au sommet de l'échelle qui les sépare. Parvenue à ce point , le somnambule , presque dégagé des liens de la matière, jouit de toutes les propriétés de *l'esprit*, et nous éblouit par la pureté et la grandeur de ses sentiments. Mais la partie spirituelle de l'âme ne peut se maintenir à cette hauteur pendant toute la durée du sommeil, et, dans la marche descendante, qui doit nécessairement succéder à la marche ascendante, le somnambule perd graduellement toutes les qualités qu'il a conquises et reprend, en retombant sous le joug de la matière, tous les défauts de l'état de veille. Un fait très-remarquable, c'est que dans la marche ascendante de l'âme, la voix du somnambule s'adoucit, son accent s'épure, et que dans la marche descendante l'un et l'autre reprennent leur cachet ordinaire.

Le souvenir des qualités brillantes dont il a joui, et qu'il sait pouvoir posséder de nouveau, exalte l'amour-propre du somnambule, et devient la source de tous ses défauts, poussés à l'excès, si le Magétiseur n'a pas su le corriger.

La marche ascendante et descendante de la partie spirituelle de l'âme, pendant le sommeil magnétique, explique aussi comment un somnambule peut être clairvoyant et non clairvoyant dans le même sommeil, et comment ses facultés sont journalières.

En effet, la marche ascendante et descendante de la partie spirituelle de l'âme n'est pas *une*, *continue*; elle ne commence pas et ne termine pas le sommeil. Elle est intermittente, et journalière puisqu'il y a des sommeils où elle n'a pas lieu, par exemple, lorsque le corps est constamment en crise pendant leur durée, ou qu'il a besoin d'un repos absolu. Alors la partie spirituelle de l'âme, qui ne se repose jamais, ap-

8

plique uniquement ses facultés au retour de la santé du somnambule, et surveille le travail de la nature. Pendant cette
surveillance mystérieuse, si vous l'appelez sur un autre objet,
elle ne veut point détourner son attention d'un travail qui doit
passer avant tout, et reste sourde à votre appel. Si le somnambule, tourmenté dans ce moment là par le Magnétiseur,
répond, il ne peut être clairvoyant, et l'on est sûr que tout
ce qu'il dit est faux. Cela est si vrai, qu'un somnambule bien
guidé vous dira, dans ce cas : « *Je vous répondrai tout-à-
l'heure*, ou bien, *tel jour*. »

On peut croire a peu près aveuglément à ce que disent ces
somnambules ; rarement ils se trompent.

Quand on interroge un somnambule pendant la marche
ascendante de la partie spirituelle de son âme, sa clairvoyance ne fait pas défaut et grandit à mesure que cette marche
tend à la rapprocher de son *tout*, « *l'esprit*. » Si au contraire
on l'interroge pendant la marche descendante, sa clairvoyance
décroît à mesure que la partie spirituelle de l'âme se rapproche de la matière, et s'éteint quand cette marche est terminée.

Ainsi : grande clairvoyance chez les somnambules lorsque
la partie spirituelle de leur âme s'est réunie à son *tout*, « *l'esprit* » ; plus de clairvoyance quand elle est redescendue vers
la matière, c'est-à-dire, qu'elle est rentrée dans les conditions de l'état de veille, ou, pour mieux dire, qu'elle a rejoint
sa partie matérielle dans l'anneau qui les unit : « *l'âme*. »

C'est au Magnétiseur à observer et à saisir ces nuances infinies, à force d'études. Pour y arriver, il doit constamment
suivre le somnambule de l'œil, remarquer ses plus légers

mouvements, les impressions les plus fugitives qui se peignent sur sa figure, lui demander la cause et le sentiment qui les provoquent. Qu'il ne craigne pas de le fatiguer par des questions qui ont pour but un enseignement ; le somnambule lui répondra avec plaisir, et l'instruira. Le Magnétiseur apprendra de la sorte à le connaître, et bientôt il pourra l'étonner par sa perspicacité. Je vais en donner une preuve qui m'est personnelle.

Le Magnétisme étant purement une affaire d'observation sur une série de faits qui se produisent en dehors du mérite des Magnétiseurs, et souvent indépendamment de leur volonté, ils peuvent rapporter ces faits sans encourir le reproche d'amour-propre.

Souvent mes somnambules, surpris d'être devinés, se sont écriés :

« On dirait, Monsieur, que vous êtes somnambule !.....
» Comment avez-vous pu savoir ce qui me préoccupe ? »

Il est évident que, lorsqu'ils parlaient ainsi, la marche descendante de la partie spirituelle de leur âme était terminée, autrement leur clairvoyance leur aurait appris d'où venait ma pénétration.

Un signe infaillible pour reconnaître que la marche descendante de la partie spirituelle de l'âme est accomplie et que la clairvoyance est absente, c'est quand le somnambule devient bavard et rieur. Un somnambule dont la partie spirituelle de l'âme opère la marche ascendante, parle peu et sourit à peine, avec une finesse exquise ; à mesure que sa clairvoyance grandit, il devient plus sobre de paroles, et son sourire, plus délicat et plus fugitif, effleure à peine ses lèvres : Quand enfin sa clairvoyance est parvenue à son apogée, son sourire acquiert la naïveté et la pureté de celui de l'enfance, et disparaît comme un éclair.

Les somnambules chez lesquels la marche ascendante et descendante de la partie spirituelle de leur âme n'a pas lieu jusqu'à un certain degré, sont sans clairvoyance, ou du moins n'en ont que de rares et faibles éclairs ; mais cette marche existe toujours assez pour leur donner l'insensibilité et l'absence de l'ouïe.

Il n'y a pas de mauvais somnambules ; la nature n'en fait point. Il n'y a que de mauvais Magnétiseurs, qui les gâtent en les enlevant à leur double et magnifique mission, qui est de guérir l'homme et de lui apprendre à se connaître. En les détournant de ce double but, on les jette dans la route de l'erreur ; en les guidant sagement dans ces deux voies, la vérité parle par leur organe. Aussi, avant d'accorder sa confiance à un somnambule, il faut s'assurer si son Magnétiseur la mérite.

C'est une garantie indispensable.

Je ne comprends point qu'on ne parle pas aux somnambules avec les égards que ces *êtres* si intéressants méritent, et je n'approuve pas qu'on les tutoie, lors même qu'on aurait ce droit dans leur état de veille. Mon observation est tellement juste, que M. Du Potet, qui certes fait autorité, quand il s'adresse à un somnambule, lui dit : « *Maître !* » J'avoue que je n'emploie pas cette formule, non que je la désapprouve, mais pour éviter, à une époque où le Magnétisme est environné de tant d'obstacles, tout prétexte à l'accusation de charlatanisme. Je pense, du reste, que plus tard cette formule sera consacrée.

Tout doit être austère, moral et utile dans le Magnétisme. Quand il sera mieux connu, qu'on en sentira toute l'importance, il n'y aura que des personnes graves qui s'en occuperont ; on ne le fera plus descendre de sa dignité, en donnant les somnambules en spectacle, en les sacrifiant à des expériences qui deviennent ridicules quand elles sont trop répétées et sans but d'utilité, comme, par exemple, la transmission de pensée, qui n'est trop souvent que la traduction de l'idée niaise d'un spectateur imbécile. On mettra enfin ces expériences en seconde ligne, tout intéressantes qu'elles soient ; on s'y livrera pour s'instruire et non pour s'amuser, en un mot, on ne fera plus que du *Magnétisme curatif.*

Cette époque sera le tombeau de l'incrédulité et l'aurore du triomphe du Magnétisme.

Quelques Magnétiseurs ont voulu rattacher la *Magie* au Magnétisme par le somnambulisme. S'il est vrai qu'il existe des liens entre la Magie et le Magnétisme, au lieu de les renouer il faudrait les briser, car la Magie ne peut être que du Magnétisme dégénéré. Je ne crains pas d'affirmer que tout Magnétiseur qui jettera ses somnambules dans cette voie, entrera dans la route de l'erreur et n'atteindra pas le but qu'il se sera proposé ; il doit s'attendre, après beaucoup de soins et de peines, à de cruelles déceptions.

L'Endormeur de Prudence plaçait devant elle un trépied qui supportait un vase rempli d'esprit de vin enflammé, et lui faisait évoquer les morts. Lorsqu'elle n'avait pas encore perdu sa clairvoyance, elle vous dépeignait les traits, le costume, les habitudes d'un ami ou d'un parent décédé ; quelquefois elle vous citait quelque acte de sa vie. Pense-t-on que leur ombre répondît à l'évocation de *Prudence*? Nullement. Mise en *rapport* avec vous, son *esprit* remontait la chaine qui vous unissait au défunt et saisissait une partie de sa vie passée, et *Prudence* la racontait, de même que par sa clairvoyance elle aurait pu vous dire, à l'instant même, ce qui se passait à cent lieues de vous.

Il faut attribuer cette manière de procéder à l'ignorance, autrement ce serait du charlatanisme, non-seulement ridicule, mais odieux, parce que, en Magnétisme, tout charlatanisme est une profanation.

Dans toutes les relations magnétiques où le Magnétiseur *élève* son somnambule à l'*extase*, les faits et les *paroles* rapportés sont incontestables, mais les traits de clairvoyance sont mêlés à une foule d'erreurs ; aussi voyons-nous quelquefois le somnambule décrire le Diable et ses cornes, les anges avec leurs ceintures et leurs tuniques, brodées d'or et d'argent. Au bout de quelque temps, la clairvoyance disparait, et il ne reste plus que le radotage. Le Magnétieur est de bonne foi, et tout cela arrive par lui, à son insu.

Le bien que peut faire le somnambulisme est incalculable.

Un des premiers vices de la société, c'est que personne n'y est à sa place, et qu'en général on peut faire l'application de cette boutade du *solliciteur*, dans le vaudeville qui porte ce titre :

> Il fallait un calculateur,
> Ce fut un danseur qui l'obtint.

Le mal provient de ce que les parents ne consultent point la vocation et les dispositions de leurs enfants, dans le choix de la carrière qu'ils leur font embrasser. Mais, dira-t-on, les enfants changent à mesure qu'ils grandissent, et comment apprécier, d'une manière sûre, ce qu'ils seront, devenus *hommes?* On est bien parvenu à mesurer le temps et l'espace; mais comment apprécier le principe psychologique et physiologique qui est en nous, c'est-à-dire, notre aptitude et nos penchants futurs?

Je répondrai : qu'indépendamment des avertissements que nous donne la nature, quand on se donne la peine de l'observer, Dieu, dans sa prévoyance infinie, en nous dotant du *libre arbitre*, nous a donné des moyens certains pour nous guider dans toutes les circonstances de la vie, et a placé la planche de salut à côté du naufrage. Le plus puissant de ces moyens, c'est le somnambulisme. En donnant aux somnambules la faculté de s'identifier avec notre nature morale et physique, ils peuvent devenir des guides précieux, et indiquer, avec certitude, les dispositions et les inclinations futures des enfants.

Le somnambulisme est une révélation permanente, une boussole que la nature donne à l'homme pour l'empêcher de faire fausse route. Cultivé avec prudence, on peut l'appliquer à tout ce qui nous intéresse, *même pour ce qui a trait aux intérêts matériels, quand on est guidé par des intentions pures*, comme par exemple, pour le choix de la carrière dans laquelle un enfant pourra prospérer, et non par des passions *deshonnêtes, l'égoïsme, ou la cupidité.*

CHAPITRE IX.

Procédés pratiques du Magnétisme.

Il est de la plus haute importance d'étudier et de connaître les procédés pratiques du Magnétisme, et par conséquent de les décrire avec toute la précision possible. C'est ce que je vais essayer de faire.

Indépendamment du baquet de Mesmer, justement tombé en désuétude, et dont je ne parlerai pas, il existe deux méthodes pour magnétiser.

1° La méthode Deleuze.

2° La méthode Du Potet.

La première présente le double inconvénient de donner un sommeil pesant en accumulant le fluide magnétique sur le cerveau et l'épigastre, et d'être peu décente avec les femmes à cause des attouchements qu'elle exige. Ce dernier motif suffirait pour la faire rejeter. La seule chose que l'on puisse conserver, pour les premières séances seulement, c'est la pression des pouces. Le moyen est bon pour établir le *rapport* entre le Magnétiseur et le malade.

La seconde est infiniment supérieure en tout point ; ses résultats sont plus efficaces ; elle offre l'avantage inappréciable de ne pas alarmer la pudeur des femmes, et de ne pas réveiller leurs justes répugnances par des attouchements.

Il est inutile que je décrive ici ces deux méthodes ; on les trouvera parfaitement détaillées dans les ouvrages de ces Messieurs.

La Magnétisation se compose de plusieurs procédés qui s'alternent ou se combinent selon les cas. Tous amènent de bons résultats, pourvu qu'ils soient inspirés par la *charité*, appliqués avec discernement et à propos. Ils doivent être appropriés au genre de maladie, à l'organisation du malade, quelquefois au mode que l'on a adopté au commencement du traitement. C'est au Magnétiseur à saisir l'opportunité de leur application et à remarquer ceux qui produisent le plus d'effet ; qu'il se garde surtout d'adopter une méthode unique, de contracter une habitude, de tomber enfin dans la routine. Il doit les employer tour à tour, ou simultanément, selon les effets qu'ils produisent, et, pour ainsi dire, par intuition ; il faut qu'il suive les impulsions de son cœur : c'est un guide qui ne l'égarera pas. Ces procédés sont :

1º *La volonté.*

2º *Le regard.*

3º *Les passes.*

4º *Les insufflations.*

5º *Les objets magnétisés.*

La volonté est le seul procédé absolu : elle agit sans le concours des autres, qui ne sont que ses auxiliaires. Elle est le principal, le seul moteur réel du fluide magnétique, et si elle n'est intimément liée à ses auxiliaires, ceux-ci ne produisent rien, ou leur effet est éphémère et quelquefois nuisible.

Il est donc évident qu'avec la *volonté* on pourrait se passer des autres procédés, surtout avec les somnambules, qui subissent plus directement l'influence du Magnétiseur. Mais la double nature du Magnétisme ne permet pas d'exclure entièrement le concours des autres procédés, qui émanent de la matière, seulement ils sont appelés à jouer le second rôle. L'action de *la volonté* est suffisante, à la rigueur, avec les somnambules ; mais avec les malades qui ne sont qu'en somnolence, ou qui n'y arrivent pas, elle est incomplète, faible, lente et extrêmement fatigante pour le Magnétiseur. Pour obtenir des effets complets et prompts, il faut donc aider la *volonté* de ses auxiliaires, appropriés aux besoins de la maladie.

La puissance de la *volonté* explique les effets magnétiques obtenus à distance et à travers les corps opaques, et la vertu des objets magnétisés. Elle prouve l'efficacité des symboles, bagues, médailles ou reliques, touchés par une personne armée d'une *foi* vive et d'une *charité* ardente. La *volonté* unie à la *foi* et à la *charité*, donne la vertu *curative* à ces hommes que les villageois, simples comme eux, appellent, à juste titre : « *Guérisseurs.* »

Ces *Guérisseurs*, qu'il ne faut pas confondre avec les *Empiriques*, magnétisent sans s'en douter ; on leur a dit : *Procédez ainsi, croyez, et vous guérirez les malades.* » Ils ont cru, et ils *les guérissent.*

Ceux-là ne sont point les moins bons Magnétiseurs !

Qui croirait cependant, que, dans notre société *civilisée*, il existe des lois qui défendent à ces braves gens, sous peine de la prison ou de l'amende, de guérir, *gratis*, les malades, ou moyennant une minime offrande *volontaire*, qu'ils déversent souvent sur les malades qui sont pauvres.

Risu teneamus. Comprimons le rire fou.

Le *regard* est le plus puissant auxiliaire de la *volonté*; il s'identifie avec elle, il en est l'interprète rapide et magique : Comme elle, il s'associe à tous les autres procédés, il les vivifie, et peut agir sans leur secours. Inséparable de la *volonté* et son représentant visible, le *regard* est l'agent le plus impérieux et le plus éloquent de ce qu'elle conçoit.

Avant de parler des gestes, appelés *Passes*, il importe de répondre aux mauvaises plaisanteries auxquelles ils ont donné lieu trop souvent, et d'indiquer la manière de les faire.

Il faut convenir que les *Passes* présentent, au premier aspect, aux personnes graves qui ne connaissent point le Magnétisme, une apparence de puérilité, qui produit une impression défavorable dont il est bien difficile de se défendre, et quelque chose de ridicule, aux esprits légers, qui ne voient jamais en tout que le côté plaisant.

Il est facile, dans une explication simple, de trouver leur justification, et de leur rendre le sérieux et l'importance qui leur appartiennent.

Le Magnétiseur en appelant à lui, *par la volonté*, la matière *essentielle*, pour la transmettre au malade, fait de son corps, si je puis m'exprimer ainsi, un réservoir de cette matière, c'est-à-dire, du fluide magnétique. L'endroit par lequel ce fluide peut s'écouler avec le plus d'abondance et de facilité, se trouve naturellement aux extrémités ; ainsi les doigts peuvent être considérés comme les robinets du réservoir, et dès lors les *Passes*, au lieu d'être *puériles* et *ridicules*, sont *nécessaires* et *rationnelles*.

Les *Passes* consistent à promener la main de haut en bas devant le corps du malade, à six pouces environ de distance, les doigts souples, rapprochés sans se toucher et légèrement inclinés, leur pointe dirigée vers lui et le pouce un peu détaché. Il faut surtout éviter la raideur dans le bras, car, au lieu de fluide, on ne donnerait que du vent, et, pour y parvenir, en commençant la *Passe*, la main doit être plus élevée que l'épaule, et celle-ci ne doit agir que dans son articulation, et ne pas suivre le mouvement descendant de la main. Quand la *Passe* est terminée, il faut fermer la main à demi, la ramener à hauteur de la tête du malade, ouvrir les doigts sans précipitation, recommencer le mouvement indiqué et continuer ainsi pendant une demi heure environ, terme ordinaire pour que des effets se manifestent, s'il doit s'en produire. Si après sept ou huit séances semblables, il n'en apparaît pas, il est probable que le Magnétiseur est sans influence sur la maladie; mais, avant d'abandonner le traitement, il doit essayer de magnétiser le malade en se plaçant à quelques pas de distance, parce qu'il arrive assez souvent qu'on produit de loin des effets qu'on n'a pu obtenir de près.

Il ne faut jamais faire des *Passes* en remontant, à moins qu'elles ne soient ordonnées par un *bon* somnambule, parce qu'on pourrait renverser le cours du sang, le faire affluer au cœur, ou au cerveau, et produire une crise dangereuse. On ne doit employer les *Passes* en remontant, que dans un seul cas : c'est quand on a la *certitude* que le sang a contracté l'habitude de se porter avec violence plutôt d'un côté du corps que de l'autre, et voici comment il faut procéder :

Si le sang, je suppose, se porte habituellement sur la partie gauche et que la droite en soit privée, il faut faire les *Passes* en remontant le long du côté gauche, faire légèrement le tour de la tête, sans s'y arrêter, et les terminer en descendant tout le long du côté droit, jusqu'aux pieds ; là il faut faire une petite pose pour y attirer et y fixer le sang. Ces *Passes* doivent former un arc de cercle extrêmement allongé ; mais, pour les employer, je le répète, il faut des indices *certains*, ou l'avis d'un bon somnambule. Elles sont alors parfaites pour rétablir l'équilibre dans la circulation du sang.

Les *Passes* doivent être lentes, souples, égales, gracieuses et séparées par un léger intervalle, afin qu'elles aient le temps de produire leur effet complet. Il est bon de former de temps en temps quelques points d'arrêt, en tenant la main dirigée vers les pieds, pour attirer les effluves et le sang vers les extrémités inférieures, ce qui est souvent très-utile et ne peut nuire dans aucun cas. Ces temps d'arrêt soulagent le Magnétiseur et facilitent la circulation du fluide ; pendant leur durée, le Magnétiseur doit avoir les yeux fixés sur le malade, et, par la pensée, ordonner à la nature d'agir efficacement.

M. Du Potet a rendu un service immense au Magnétisme par les importantes réformes qu'il a introduites dans les procédés-pratiques du Magnétisme. C'est avec juste raison qu'il prescrit de faire les *Passes* debout, d'une seule main et en se plaçant à côté du malade au lieu de se poser en face. Dans cette position, le Magnétiseur a plus d'énergie, dispose mieux de ses forces, et son regard ne gêne pas le malade, si c'est une femme.

Si la fatigue, ou tout autre motif, oblige le Magnétiseur à prendre un siége, il faut, autant que possible, qu'il s'arrange de manière à dominer le malade.

Les *Passes* constituent la Magnétisation généralement usitée. Bien que ce ne soit pas indispensable, il est bon de les mêler à tous les autres procédés, parce qu'elles portent sur toute l'organisation. Il y en a de cinq sortes, à part les *Passes* en remontant, qui forment une exception :

1o *Passes à petits courants.*

2o *Passes à grands courants.*

3o *Passes palmaires.*

4o *Passes digitales.*

5o *Passes transversales.*

Les *Passes* à petits courants se font du front à l'épigastre; on les emploie dans la Magnétisation ordinaire.

Les *Passes* à grands courants se font de la tête aux pieds ; on les applique dans les cas qui exigent des effets puissants et prompts, par exemple, dans les invasions violentes et soudaines du sang au cerveau, ou à la poitrine. Dans ce cas, il faut les faire rapides et énergiques. Elles sont souveraines pour rétablir la circulation des humeurs et du sang. Je pense qu'au lieu de les réserver pour des cas exceptionnels, il serait mieux de s'en servir dans la pratique ordinaire, en les adoucissant et les alternant avec les *Passes* à petits courants. Elles offrent l'avantage d'embrasser tout l'organisme et de le saturer de fluide. L'expérience m'a conduit à procéder toujours de la sorte , et j'en ai obtenu dexcellents résultats.

Les *Passes palmaires* se font par attouchement , avec le creux de la main. Elles comprennent :

1° *L'imposition des mains.*

2° *Les frictions.*

3° *Le massage.*

Elles s'appliquent aux douleurs , aux tumeurs : aux contusions , aux piqûres , aux brûlures , aux maladies des os et de la peau , aux blessures , au développement de la croissance et à la rectification des membres. Que de piqûres , ou de blessures , légères en apparence , qui provoquent une fièvre lente, ou le tétanos, et , par suite , la mort , seraient facilement guéris par le Magnétisme palmaire , appliqué à temps !......

Quand les *Passes palmaires* sont nécessaires sur une femme et dans une partie du corps qui ne permet pas d'attouchements sans alarmer sa pudeur , le Magnétiseur doit les faire à distance , de manière à effleurer à peine les vêtements de la malade ; si sa volonté est énergique , il obtiendra des effets aussi prompts et aussi salutaires.

L'imposition des mains est spéciale pour calmer les douleurs locales , débarrasser d'une digestion pénible , et attirer le sang vers les parties du corps qui en sont privées , en le soutirant des parties qui en ont trop.

Les *frictions* sont particulièrement propres à déplacer les douleurs et à les entraîner au dehors , à dissiper les tumeurs et à diviser le sang. On les fait longitudinales , ou circulaires, selon le besoin.

Quand l'accumulation du sang dans une partie du corps est stationnaire et ancienne, il faut entremêler les *frictions* de légères percussions avec le creux de la main, afin de le déloger plus promptement ; si cette accumulation est à la tête, on doit remplacer les percussions par une douce pression.

Le *massage* est obligé pour les personnes estropiées et nouées ; il prouve qu'on peut repétrir et redresser le corps humain. Par le *massage*, on obtient des cures merveilleuses.

Les *Passes* digitales se font avec l'extrémité des doigts et à quelques lignes de distance, tantôt circulairement, tantôt par projection avec un léger martellement, comme si l'on voulait lancer des gouttes d'eau. On les emploie circulairement pour les tumeurs et les surdités ; par projection, pour rendre le jeu aux articulations.

Quand il s'agit d'un mal concentré sur un point unique, les *Passes digitales* sont avantageusement remplacées par une baguette que le Magnétiseur tient entre ses doigts ; les rayons du fluide se réunissant à l'extrémité de la baguette, qui doit se terminer en pointe effilée et légèrement arrondie, forment faisceau, et ont plus de force.

J'engage les Magnétiseurs à être sobres de l'emploi de la baguette en présence des personnes étrangères au traitement qui l'exige, afin d'éviter d'avoir l'air d'un Magicien, et d'ôter tout prétexte à la critique.

Les *Passes transversales* se font en agitant la main horizontalement de droite à gauche et de gauche à droite, à quelques pouces du corps, depuis la tête jusqu'aux pieds, comme si l'on voulait dissiper de la fumée devant soi. Elles servent à démagnétiser les malades qui ne dorment point et à réveiller ceux qui sont en somnolence, ou en somnambulisme, en y joignant de légères frictions sur les vêtements ; elles s'emploient aussi pour dégager les somnambules, sans les réveiller, des émanations morbides qu'ils prennent en se mettant en *rapport* avec les malades.

Les *insufflations* s'appliquent partout comme calmant ; les effets qu'elles produisent sont souverains. J'en conseille l'usage fréquent sur la tête, la poitrine, l'estomac et le cœur.

Les *objets magnétisés* remplacent le Magnétiseur en cas d'absence.

Il peut, par la *volonté*, déposer sur eux tous les procédés auxiliaires ; ils recèlent et exécutent toutes ses pensées, et sont par conséquent d'une immense utilité. Pour que leur efficacité soit complète, il faut que de loin le Magnétiseur, en pensant à son malade, soutienne et alimente leur vertu ; il peut de la sorte terminer une guérison malgré l'éloignement où ils se trouvent l'un de l'autre. La guérison obtenue, les *objets magnétisés* perdent leur vertu, les effets du Magnétisme disparaissant avec le mal ; la *volonté* du Magnétiseur serait impuissante à la leur rendre, du moins pour agir sur la même personne.

Pour se servir des *objets magnétisés*, le malade doit les tenir dans les mains, ou les placer sur la partie souffrante.

Ils peuvent servir sans danger à des expériences qui ont pour but un enseignement, ou une conviction, mais toujours en présence du Magnétiseur, pour qu'on n'en abuse point, ce qui arriverait inévitablement s'il était absent ; aussi, dans

9

ce cas, doit-il recommander au malade de ne permettre à personne de les toucher.

Les effets qu'ils produisent étant médiats, sont moins forts, plus lents, mais non moins salutaires que ceux des autres procédés auxiliaires.

Rien ne peut altérer leur vertu. Ainsi, qu'on magnétise un liquide, ou une barre de fer, qu'on mette le premier objet en ébullition, que l'on fasse rougir au feu le second et qu'on les laisse refroidir, ils agiront également comme avant cette opération, non-seulement sur le malade à qui ces objets sont destinés, mais sur les malades qui les toucheraient.

Ce phénomène s'explique, comme tous les phénomènes du Magnétisme qui paraissent les plus incroyables, par la puissance de la *volonté*, qui ne peut être atteinte dans un objet inanimé qui la recèle. Pour paralyser cette *volonté*, il faudrait détruire son auteur.

Les boissons magnétisées, l'eau surtout, sont excellentes; il est essentiel de magnétiser toutes celles que prennent les malades, cela augmente leur propriété et active les effets du Magnétisme.

Les solides et les liquides se magnétisent par tous les procédés auxiliaires, en tenant les premiers, ou le vase qui contient les seconds, dans les mains, de cinq à dix minutes, selon leur volume et la force de *volonté* du Magnétiseur. Pour les malades qui sont en somnolence, et surtout pour ceux qui sont en somnambulisme, il suffit de les toucher, ou de les regarder, pour qu'ils soient magnétisés. Pour ajouter à leur efficacité, il faut les placer un instant sur le cœur et sur le front, afin d'y déposer les sentiments et les pensées qui vous animent.

J'ignore si ce procédé a déjà été indiqué par des Magnétiseurs ; mais je l'ai pratiqué par intuition, et tous mes somnambules m'ont affirmé qu'il était excellent.

Un Magnétiseur ne doit pas permettre qu'un étranger touche son malade pendant qu'il le magnétise ; ce contact est toujours désagréable au malade, surtout s'il est en somnolence, parce que, dans cet état, la sensibilité est extrêmement développée.

Après chaque séance, il faut démagnétiser les malades, à moins qu'ils présentent une insensibilité extérieure ; dans ce cas, il n'y a aucun inconvénient à les laisser sous l'action du Magnétisme, car il peut en résulter un bien en le laissant agir plus longtemps et dans toute sa force. Les cures que l'on obtient sur les malades qui ont une insensibilité apparente est la meilleure école pour les Magnétiseurs. Je les engage fortement à rechercher ces malades, s'ils veulent acquérir une foi et une patience à toute épreuve, et augmenter leur puissance.

On appelle établir le *rapport*, les procédés qu'emploie le Magnétiseur pour mettre une personne étrangère, un tiers, en communication avec un somnambule.

Pour établir le *rapport*, il faut que le Magnétiseur place la main de la personne qu'il veut mettre en communication avec le somnambule, dans la main de celui-ci, et les presse légèrement toutes deux dans la sienne. Alors le somnambule voit et entend cette personne, comme son Magnétiseur. Si la personne mise en communication retire sa main, le somnambule ne l'entend plus, le *rapport* est interrompu, et, pour le rétablir, il faut user du même procédé. Pour les personnes absentes, il faut remettre au somnambule un objet qu'elles aient porté sur la peau pendant quelques heures, ou dont elles se servent habituellement. Une mèche de cheveux, coupés près de la racine, est préférable, parce qu'elle porte avec elle l'empreinte de l'organisation du malade. La *volonté* du Magnétiseur peut conserver, suspendre, et, dans certains cas, établir le *rapport*.

Pour réveiller les somnambules, il faut leur placer les pouces sur le front, les séparer en pratiquant de légères frictions horizontales, et prononcer, en même temps, avec calme et fermeté, le mot : « *Réveillez-vous.* » Dès qu'ils ont ouvert les yeux, on leur souffle légèrement sur le front et l'on fait, comme pour démagnétiser, des *Passes transversales*, avec des frictions sur les vêtements.

Les mêmes procédés doivent s'appliquer aux malades en somnolence, et je serais d'avis qu'on les employât avec ceux qui ne dorment point, en supprimant le mot, « *Réveillez-vous* », lorsqu'ils éprouvent des effets sensibles, parce qu'après la séance leur tête est toujours un peu prise, et qu'il importe de la dégager.

La plupart des Magnétiseurs croient encore qu'il faut employer beaucoup de force pour réveiller un somnambule. Cette opinion est fausse ; il suffit de *vouloir* avec *calme*, *énergie* et *persévérance*. Il est vrai que certains somnambules sont difficiles et très-longs à réveiller ; mais on peut affirmer, que, sur vingt, il y en a dix-neuf qui ont été endormis par de mauvais procédés ; ceux qui résistent à tous les procédés ordinaires forment une exception. Il est un moyen bien simple de lever la difficulté ; c'est de leur demander de quelle manière on doit procéder pour les réveiller ; ils vous l'indiquent à l'instant. En voici un exemple :

J'avais une somnambule qui, malgré toutes les précautions que je prenais, éprouvait toujours du malaise pendant quelques minutes, après son réveil. Je lui en demandai la cause ; elle me répondit que cela provenait de l'état de sa tête, et que, pour la réveiller, il fallait que je lui place l'index sur le front, et que je lui presse très-légèrement les tempes entre le pouce et le medium.

Il est, dans le somnambulisme, un état exceptionnel qu'on appelle : « *extase, inspiration.* » On reconnaît généralement que les somnambules s'y élèvent aux battements précipités de leur cœur, et qu'ils y sont parvenus lorsque leur tête se penche vers leur poitrine et y reste inclinée quelques instants avant de se relever.

Il y a deux sortes d'*extases* :

1° L'*extase* contemplative et silencieuse.

2° L'*extase* d'inspiration et expansive.

Dans la première, on ne sent plus les battements du pouls et du cœur de l'*extatique*, son corps devient violacé et prend tous les stigmates de la mort.

Le Magnétiseur a besoin de beaucoup de calme et d'énergie pour arracher le somnambule à cet état de félicité céleste et le rappeler à la vie ordinaire, car il ne revient sur la terre qu'à regret.

Dans la seconde, le corps de l'*extatique n'éprouve* aucune modification, il conserve le cachet du somnambulisme ; seulement les traits du somnambule rayonnent d'uné expression divine ; le timbre de sa voix, devenu vibrant et sympatique, émeut et remue profondément, son accent se purifie et son éloquence entraînante éblouit. Il voudrait aussi que son âme s'envolât dans cet état de béatitude.

Dans l'une et l'autre *extase*, les somnambules reprochent souvent au Magnétiseur de les avoir ramenés dans ce bas monde. Ils ne lui disent jamais tout ce qu'ils ont vu pendant leur extase ; et, s'il ne les interroge pas de suite, ils oublient ordinairement tout ce qui s'y rapporte, comme s'ils étaient réveillés.

Le *réveil* des *extatiques* exige beaucoup de précautions, et présente quelque danger si on les néglige. Il ne faut *jamais* l'opérer pendant l'*extase*.

Dans cet état, l'âme tient à peine à la matière *brute* par sa partie de matière *essentielle*, et communique directement avec l'*esprit* par sa partie spirituelle. Si des hautes régions qu'elle habite on la ramène sans transition et brusquement vers la matière *brute*, c'est-à-dire, à la vie ordinaire, on lui donne une violente secousse, qui se communique au corps, lui est fatale, et peut même provoquer leur séparation : la *mort*.

De là provient l'étourdissement qu'éprouvent presque tous les somnambules à leur réveil, quand on ne prend point, pour les réveiller, les précautions nécessaires, parce que la chute de leur âme, quoique moins forte que chez les *extatiques*, n'en existe pas moins.

Dans le somnambulisme, et principalement dans l'*extase*, le Magnétiseur doit ramener le somnambule à l'état de veille, en faisant opérer graduellement à son âme sa marche descendante, c'est-à-dire, en la faisant passer successivement par tous les échelons inférieurs qu'elle a remontés pour s'élever vers l'*esprit*; ce n'est que lorsque cette marche est terminée et que le somnambule est voisin de l'état de veille, que le Magnétiseur doit le réveiller, et, pour cela, voici comment il faut procéder.

On place l'index sur le front du somnambule, afin d'appeler son attention; on lui dit avec douceur : *Venez à moi*. On laisse le doigt sur le front jusqu'à ce que l'on juge que la marche descendante de l'âme est terminée et que le somnambule touche à l'état de veille. Alors, mais seulement alors, il faut employer les procédés indiqués pour *réveiller* les somnambules. En agissant ainsi, le *réveil* s'effectue sans commotion, sans difficulté aucune, et la tête du somnambule se trouve légère et entièrement dégagée, lors même qu'il serait arrivé à l'*extase* dans le cours de son sommeil.

Ce moyen s'applique particulièrement aux somnambules du troisième degré; mais je pense qu'il est utile de s'en servir avec les somnambules des degrés inférieurs, je dirai plus, je le crois indispensable pour *bien* réveiller.

Le somnambulisme n'étant pas obligatoire pour la gué-

rison, puisque la nature ne l'accorde que lorsqu'il est nécessaire, on ne doit désirer le rencontrer que pour le faire tourner au profit des autres malades, et non pour le plaisir de
jouir des phénomènes qu'il présente.

Le moyen le plus généralement employé pour l'obtenir,
c'est de concentrer le fluide magnétique sur le cerveau et l'épigastre. Tous les Magnétiseurs sont d'accord pour indiquer
cette méthode. Il est certain que le somnambulisme arrive par
les centres nerveux ; il faut donc les attaquer, mais avec
modération, parce qu'en les surchargeant de fluide, on
s'éloigne du but au lieu de l'atteindre. L'expérience m'a prouvé
qu'en saturant de fluide les centres nerveux, on provoquait
des commotions qui ne sont point sans danger, et qui empêchent quelquefois le sommeil d'arriver, ou, s'il arrive, le
rendent pesant et peu lucide. J'ai remarqué que lorsque des
indices annoncent son approche, en tenant de temps en temps
les doigts dirigés vers les pieds, et en suspendant un instant
les *Passes*, il arrivait plus facilement, plus vite et sans
secousses. Ces indices sont : de légers mouvements nerveux
dans la tête, les bras et les doigts, le trouble des yeux, des
pandiculations dans les joues, et un léger embarras dans la
déglutition.

Le somnambulisme arrive souvent à l'improviste, soit par
des *Passes*, soit en touchant la partie la plus douloureuse du
corps, ou le siége de la maladie, et quelquefois une partie
qui en est éloignée, et dont le malade ne se plaint pas. Il faut
donc, si je puis parler ainsi, frapper à toutes les portes pour
appeler le somnambulisme. Le moyen le plus sage, et pro-

bablement le plus sûr pour l'obtenir, c'est de ne pas y penser et de magnétiser les malades uniquement dans le but de les guérir.

Ainsi , un Magnétiseur doit attendre le somnambulisme , et l'accepter quand il arrive ; il peut le *désirer* , mais jamais le *forcer*. S'il est nécessaire à la guérison , la nature saura bien l'accorder sans effort. Alors il sera *clairvoyant* , *léger* , *réparateur* et *bienfaisant*. Si au contraire on le lui arrache à force d'énergie et de persévérance , et je sais par expérience que c'est possible , bien que très-difficile , il est *sans clairvoyance* , *lourd* , *perturbateur* et *malfaisant*. La nature *seule* donne le somnambulisme avec toutes ses éminentes qualités ; nul ne peut se flatter de l'obtenir dans toute sa pureté en la violentant. Il faut donc la laisser agir librement ; si elle l'accorde, on doit en user avec sagesse , autrement elle devient rebelle et vous retire ses faveurs ; si elle le refuse , il ne faut pas insister, sinon, on se prépare le regret d'avoir fait du mal inutilement au malade.

L'*Endormeur* de *Prudence* , pour la mettre en somnambulisme , lui passait une bague aimantée au doigt , puis la couvrait d'un grand voile sous lequel il faisait brûler une cassolette d'encens. Était-ce pour jeter de la poudre aux yeux du public, ou croyait-il bien faire ? Peut-être l'un et l'autre. Dans tous les cas , s'il s'imaginait de développer les facultés de sa somnambule par cette surexcitation , il se trompait étrangement , non pas pour le genre de ses représentations mimiques, mais pour la santé et la clairvoyance de sa somnambule. La nature a horreur de tout ce qui est affecté , et les procédés magnétiques doivent être simples comme elle. Tous les moyens extra-magnétiques, pour augmenter la puissance du Magnétiseur et développer les facultés des somnambules, sont du charlatanisme, ou inutiles et dangereux, et conduisent à de faux résultats. Ainsi : se frotter les mains avec des essences, en faire brûler dans un appartement disposé de manière à frapper l'imagination du *crisiaque*, sont des procédés qui l'égarent, à moins qu'il les ait prescrits pour un cas particulier, ou dans l'intérêt de sa santé. La musique seule peut être employée sans inconvénient, comme accessoire, parce qu'elle est inhérente à notre organisation, et faut-il encore qu'elle soit ordonnée par le somnambule, en mode de traitement, et non appliquée par le Magnétiseur dans le but d'une distraction ou d'une expérience sans utilité sérieuse. Du reste, la musique ne peut que calmer et faire du bien ; dans aucun cas elle ne peut nuire, mais il pourrait arriver que pendant certaines crises elle contrariât fortement le malade. Il faut donc user de ce moyen, comme de tous ceux qui sont bons, à propos, et ne pas en faire une habitude.

Cet *Endormeur* faisait un cours de Magnétisme dans toutes les villes où il séjournait, et donnait de singuliers enseignements à ses élèves. Par exemple, si dès qu'un somnambule était endormi, il ne pouvait pas parler, il leur prescrivait, pour lui donner la *parole*, de lui prendre la tête dans les deux mains et de lui secouer le cerveau, *comme qui nivelle du sable dans un sablier.*

Quant au moyen d'amener le somnambulisme ! il ne manquait pas de recommander d'amonceler le fluide sur le cerveau, jusqu'à ce que le sujet tombât dans l'anéantissement ; il faut *l'assommer*, disait-il.

Heureusement la constance se lasse vite chez les personnes qui font du Magnétisme en amateurs, autrement combien d'accidents fâcheux n'auraient-elles pas à déplorer, si elles mettaient avec persévérance de pareils principes en pratique.

Il prétendait, les *Endormeurs*, ses confrères, partagent cette erreur, que la soie était un isoloir pour le fluide magnétique, et que, pour *endormir*, il fallait placer le sujet dans la direction du nord. Comme si la nature, lorsqu'elle réclame le sommeil magnétique en faveur d'un malade, et l'action de la *volonté*, peuvent être arrêtés par une étoffe quelconque et par la direction dans laquelle il se trouve placé, lorsqu'il est prouvé qu'on endort à travers les murailles, à de grandes distances, et dans toutes les directions ! Qu'importe à la *nature* et à la *volonté* le nord, ou le midi, la serge ou la soie ?

On a voulu comparer le fluide magnétique au fluide électrique. Comme fluides, ils peuvent avoir quelques points de ressemblance, mais leurs propriétés n'ont rien de commun, que la faculté de provoquer une commotion dans notre organisme, avec cette différence énorme que le fluide électrique, privé de l'action de la *volonté* et mis en jeu par une machine inanimée, ne peut renfermer autant de principes de vie que le fluide magnétique, ayant le concours de la *volonté* et des émanations humaines, ou, pour mieux dire, de l'âme. On a obtenu, il est vrai, pour certaines maladies, quelques rares guérisons par des commotions électriques, mais ce n'est pas aux propriétés proprement dites de ce fluide qu'il faut les attribuer. Personne n'ignore qu'une forte secousse, provoquée par une peur subite, ou une violente émotion, ne puisse réveiller chez un malade la nature assoupie, la mettre en mouvement, et le guérir.

Ces guérisons sont des exceptions peu communes, et ne prouvent point qu'on peut classer les fortes émotions et l'électricité au rang des moyens *curatifs*, tandis que l'expérience démontre que le fluide magnétique est le plus puissant de ces moyens.

Quant à la soie considérée comme isoloir !

J'ai magnétisé de grandes dames toutes couvertes de soie, ce qui ne les empêchait pas de ressentir des effets lorsqu'elles étaient sensibles à l'action du Magnétisme, et d'arriver au sommeil, lorsqu'il était nécessaire. Je sais qu'il y a des somnambules qui ont de la répugnance pour certains objets ; mais cette répugnance ne peut arrêter l'action du fluide magnétique, et le Magnétiseur peut la faire disparaître facilement, s'il sait user de sa puissance avec habileté. En voici deux exemples frappants :

Prié de traiter une somnambule dont le Magnétiseur devait être longtemps absent, au moment de l'endormir, je la vis, à mon grand étonnement, se débarrasser de tous ses bijoux et de tous les objets en soie qu'elle portait. Ma surprise devint à son comble lorsqu'elle m'engagea à l'imiter, en m'assurant que je ne parviendrais pas à l'endormir si je ne prenais cette précaution. J'obéis, sans faire la moindre observation ; je conservais ma cravatte, elle me la fit quitter. Le lendemain même cérémonie, même réserve de ma part, mais action mentale de ma *volonté* pendant son sommeil.

Le quatrième jour, je l'endormais dans moins de deux minutes, sans que nous fussions obligés de prendre ces mesures gênantes et ridicules, et sans qu'elle pensât à les réclamer.

La répugnance de Caliste pour le cuivre était telle, même en état de veille, qu'il ne pouvait s'asseoir sur un meuble où il entrait la plus légère parcelle de ce métal. Il avait ordonné deux bains électriques à une malade; je les fis administrer par lui-même, en somnambulisme, tenant dans ses mains deux poignées en cuivre pour diriger les étincelles, sans qu'il éprouvât la moindre émotion.

L'habitude de paraître en public lui avait fait contracter un goût très-vif pour certaines expériences qui attirent les curieux, et dans lesquelles il excellait; à peine endormi, il demandait des cartes, pour faire une partie de piquet, ou d'écarté, sans attendre qu'on la lui proposât.

Quand il m'a quitté, il avait ces expériences en horreur, et ne se complaisait qu'à consulter les malades.

A propos de ces expériences, je dois dire, qu'il ne faut pas se hâter de contester la clairvoyance des somnambules parce qu'ils commettront quelques erreurs. Il en est pour lesquelles ils sont infaillibles, et d'autres dans lesquelles ils échouent parfois. Ainsi, Caliste n'était pas toujours clairvoyant pour jouer aux cartes, mais, par exemple, si l'on mêlait cinq à six chapeaux, avec autant de mouchoirs, et que je lui ordonnasse, par la pensée, de mettre les mouchoirs dans le chapeau des personnes à qui ces objets appartenaient et de les leur apporter, il exécutait cet ordre avec une précision admirable. Je ne lui ai jamais vu manquer cette expérience.

Si on écrivait une phrase, non-seulement il la lisait toujours parfaitement, mais souvent, au lieu de la lire, il développait la pensée qu'elle renfermait, avec tant de précision et de finesse, qu'il émerveillait. Un jour on lui écrivit cette phrase :

« *On a passé la revue aujourd'hui.* »

Au lieu de lire servilement, il dit :

« *C'est pour prouver qu'il en reste encore.* »

On ne comprit pas d'abord ; enfin quelqu'un se rappela que, la veille, on avait fait partir un détachement de troupes pour Alger, et comme il y avait quelque émotion en ville, on comprit que le somnambule dévoilait la pensée qui avait présidé à cette revue.

M. de G*** lui remit un mouchoir plié, et lui demanda ce qu'il contenait. — Des gants, répondit Caliste ! — Et que contiennent ces gants, lui dit M. de G*** ? — Un morceau de cire d'Espagne. La demande de M. de G*** n'avait pas été préparée, il l'avait faite instantanément, et le morceau de cire d'Espagne, qu'il ignorait porter sur lui, était tombé par hasard sous sa main. M. de G*** croyait au Magnétisme; il avait vu beaucoup de phénomènes, qui rentraient tous dans celui de la transmission de la pensée, et depuis longtemps il désirait trouver un trait de clairvoyance, *pure*, c'est-à-dire, indépendante de l'inspiration du Magnétiseur, ou de la personne mise en rapport avec le somnambule. Cette expérience ne lui laissa rien à désirer, car, il était bien certain de n'avoir point fait de transmission de pensée, et le morceau de cire, doublement enveloppé avec soin, n'était pas plus gros que la tête d'une épingle.

Avec les malades, Caliste ne se bornait pas à leur prescrire des ordonnances ; il lisait dans leurs pensées intimes, et leur faisait des exhortations en style biblique. Ainsi, après avoir consulté une personne, dont j'ignorais entièrement la position, il lui dit :

« Vous avez souvent des idées de suicide. C'est mal, trèsmal ! » — *Élevant le medium de la main gauche, et avec l'index de la droite, faisant le simulacre de le partager et d'en coucher une moitié :* — « Voilà un arbre, je le partage et » j'en couche la moitié dans la terre ; cette moitié pousse des » rejetons ; c'est une loi de Dieu, qu'il faut respecter. »

Cette personne, émue jusqu'aux larmes, me dit :

« Que d'obligation je vous ai et quel service précieux me » rend votre somnambule ! Ce que je viens d'entendre est » un avertissement du ciel. Il y a six mois que j'ai perdu ma » femme, et j'aurais fini par succomber à la tentation de me » détruire. Il vient de s'opérer une révolution complète dans » mes idées, et je veux vivre désormais pour la jeune fille » qu'elle m'a laissée. »

Une autre fois, lisant dans la pensée d'un malade qu'il était décidé à ne pas suivre l'ordonnance qu'il lui prescrivait, il lui dit :

« Savez-vous, Monsieur, à qui vous ressemblez ? A un

» homme qui tombe dans l'eau : Un bateau passe à côté de lui,
» il ne veut pas y monter ; il se noye. A qui la faute ? »

Les habitudes et les répugnances des somnambules doivent
être respectées quand elles ne leur sont point nuisibles, ou
qu'il n'y a pas nécessité de les faire disparaître. Les *Endormeurs* les entretiennent, leur en font contracter, nuisibles ou
non, afin d'avoir un moyen de plus pour varier leur spectacle.
C'est d'autant plus mal à eux, qu'ils escomptent la santé de
leurs somnambules et altèrent leurs facultés médicales, car,
en Magnétisme, tout ce qui n'est pas utile est nuisible, et,
pour mon compte, autant j'aimerais consulter une tireuse de
cartes que des somnambules ainsi guidés.

Les Stoïciens bravaient la douleur par la force de la *volonté*.
Les Magnétiseurs peuvent s'en délivrer en se magnétisant
eux-mêmes, pourvu toutefois que le *mal* ne soit pas assez fort
pour leur enlever l'énergie physique et morale.

L'imposition des mains est le procédé le plus praticable
pour eux ; cependant si les *Passes* sont indispensables, par
exemple pour faire descendre le sang aux pieds, il faut qu'ils
se placent devant une glace, et qu'ils les fassent sur leur image.
La *volonté* ayant la puissance de diriger le fluide où elle veut,
il ira les frapper et produira l'effet salutaire. La première fois
que j'ai fait cette expérience, c'est par les conseils d'une somnambule ; elle m'a parfaitement réussi. Il en a été de même
de *l'imposition des mains* pour des digestions pénibles, des
brûlures, des contusions violentes, ou des blessures.

L'usage du Magnétisme sur soi-même donne de grandes leçons ; il apprend à connaître, à sentir, si je puis m'exprimer ainsi, le travail de la nature, à comprendre les effets que l'on produit sur les autres, et à bien diriger son action.

Les Magnétiseurs doivent chercher leurs enseignements dans les effets qu'ils obtiennent, et, du moins encore, éviter soigneusement de prendre la science médicale actuelle pour guide dans l'application des procédés-pratiques du Magnétisme, jusqu'à ce que les somnambules aient agrandi les notions de cette science et rectifié ses erreurs. En s'inspirant d'elle, ils s'exposeraient à rechercher des effets qu'ils croiraient salutaires, et qui pourraient contrarier le travail mystérieux de la nature ; ils n'auraient aucune confiance dans les prescriptions de leurs somnambules, quand elles sortent des règles ordinaires et qu'elles sont mêlées, ce qui n'est pas rare, d'indications symboliques, puériles et ridicules en apparence, qui sont cependant nécessaires pour que le remède indiqué soit efficace.

Ainsi, par exemple, un somnambule recommande de jeter au feu un objet, ou le reste d'un remède qui aura servi à un malade, quelquefois le vase qui a contenu ce remède. Pense-t-on que ce soit par fantaisie, ou originalité ? Non : S'il n'y avait pas nécessité, le somnambule ne prescrirait pas cette précaution, et l'expérience démontre qu'on aurait tort de ne pas s'y conformer. J'ai vu des prescriptions, bien autrement singulières, justifiées par un éclatant succès. Je ne les citerai pas, de peur qu'on m'engageât à aller prendre un logement aux petites maisons. Ceux qui traiteront beaucoup de

10

malades trouveront de nombreux exemples de ces ordonnances, bizarres par leur mode d'application.

Les Magnétiseurs doivent puiser leur *unique* science « *l'observation* » dans l'étude des somnambules, et de l'homme, quand il entre dans la vie et quand il en sort. Le berceau et la tombe sont les plus grands maîtres. Les enfants magnétisés nous révèlent la vie présente, les vieillards et les mourants nous font entrevoir la vie future. Il n'est pas utile qu'un Magnétiseur cherche à caractériser la maladie qu'il traite, il lui suffit de savoir que par le Magnétisme, il peut la guérir. Il ne doit pas se borner à penser à son malade pendant qu'il le magnétise, il faut encore qu'il pense à lui après l'avoir quitté, s'il veut obtenir sa guérison aussitôt que possible. C'est en outre un devoir, et voici pourquoi :

Les effets du Magnétisme se prolongent au-delà de la Magnétisation ; l'impulsion étant donnée à la force vitale, le travail de la nature continue en l'absence du Magnétiseur, et celui-ci doit soutenir ce travail par la pensée, de loin comme de près. Pour si court que soit l'instant qu'il consacre au souvenir de son malade, cela suffit.

La continuation de ce travail est tellement réelle, qu'il arrive assez souvent que des personnes qui se font magnétiser quelques jours, et qui, soit manque de constance ou de foi, abandonnent tout-à-coup leur traitement, se trouvent guéries comme par enchantement peu de temps après, sans avoir fait d'autres remèdes. Ces personnes attribuent leur guérison à la nature, et ne se trompent pas, car toutes émanent d'elle ; mais elles ne peuvent croire que c'est le Magnétisme qui l'a réveillée et lui a rendu la force d'agir ; et en cela elles sont dans une erreur profonde.

Ceci n'arrive pas pour des maladies chroniques, constitutionnelles, ou anciennes, mais pour des maladies légères, aiguës, ou récentes.

Le Magnétisme offre deux espèces de traitements :

1° Les traitements en commun.

2° Les traitements en particulier.

Pour les traitements en commun, la meilleure manière de disposer les malades c'est de les placer les uns derrière les autres. Le Magnétiseur se pose debout, en face du premier, et lance ses *Passes* par-dessus leurs têtes ; il circule ensuite autour d'eux et les touche de temps en temps, selon que l'exigent les crises qui se déclarent.

Ces traitements ont leur bon côté, en ce sens qu'ils permettent de traiter plusieurs malades à la fois ; mais ils présentent deux graves inconvénients.

Le premier, c'est de donner aux crises plus d'intensité par l'accumulation des fluides et leur mélange, et quelquefois de les rendre désordonnées.

Le second, c'est de provoquer des crises par imitation, et contre le vœu de la nature.

Ces traitements ne doivent être employés que dans les maladies légères. La *charité* s'affaiblit en se divisant sur plusieurs personnes en même temps.

Les traitements particuliers produisent des effets plus efficaces et plus prompts Ils sont indispensables pour les

maladies graves. La *charité* concentrée sur une seule personne est plus active.

Le but du Magnétisme étant de rétablir l'harmonie du corps
et de l'esprit, la première condition pour un Magnétiseur, c'est
d'être sain de corps et d'esprit, et le premier devoir, d'être
sobre et moral.

Quand on est en présence d'un malade, pour bien magnétiser il faut avoir l'esprit exempt de toute préoccupation, ne
penser absolument qu'à lui et s'isoler au point d'être inacces-
sible à la plus légère distraction ; être animé de l'ardent désir
de le guérir, et de la ferme volonté d'y parvenir. L'esprit et
le corps doivent être dans un calme profond, le regard ferme
et doux tout à la fois, la patience à toute épreuve, la confiance
dans sa puissance, sans bornes. Il faut personnifier le *mal*,
avoir l'idée fixe de le vaincre, et le considérer comme un
ennemi que l'on veut terrasser, et fouler aux pieds jusqu'à ce
qu'on l'ait mis dans l'impossibilité de se relever.

Il est très-essentiel de ne pas épuiser ses forces au début,
en agissant avec trop d'ardeur. Il faut commencer son action
doucement, lentement, et l'augmenter progressivement, à
mesure que l'on aperçoit des effets qui indiquent que le Magnétisme mord sur le mal. La force musculaire nuit à l'émission du fluide et fatigue le Magnétiseur inutilement. Toute la
force doit être concentrée dans la *volonté*, et toute l'ardeur
dans la *charité*.

Il est incontestable, toutes conditions égales d'ailleurs, que le Magnétiseur dont les gestes sont les plus souples et les plus gracieux, est celui qui magnétise le mieux, et qui obtient les résultats les plus prompts et les plus efficaces. Quand je dis, toutes conditions égales, j'entends parler de la santé, de la rectitude d'esprit, de la *volonté*, de la *charité*, enfin des conditions fondamentales. Ainsi, un Magnétiseur, d'une constitution délicate, mais bien harmonisée, doué d'une grande force de *volonté* et d'une *charité* vive, produirait plus d'effets salutaires qu'un Hercule, jouissant d'une santé florissante et possédant ces deux qualités à un degré médiocre.

En procédant de la manière que je viens d'indiquer, dès que le Magnétiseur a pris de l'empire sur le mal, la Magnétisation se fait sans fatigue et devient très-facile. Alors la *volonté* agit presque seule, et il n'est besoin qu'un instant du secours des procédés auxiliaires; il suffit de toucher le malade pour déterminer le travail de la nature. Cela est si vrai, que, dès que le Magnétiseur se dirige vers la demeure du malade, ou celui-ci vers celle du Magnétiseur, le malade commence à ressentir les effets du Magnétisme. Cette manière de procéder grandit les forces du Magnétiseur, au lieu de les épuiser; elle le fortifie, et il a plus d'énergie à la fin de la séance qu'au commencement. Il m'est arrivé quelquefois d'être légèrement indisposé en commençant à magnétiser, et de me trouver guéri et fortifié en finissant. Elle présente encore l'immense avantage de donner au Magnétiseur, observateur attentif, une faculté bien précieuse: c'est la faculté de sentir, à ne pas s'y méprendre, à l'extrémité de ses doigts, les effluves, et les titillations nerveuses qui s'échappent du corps du

malade, de manière à pouvoir préciser, presque avec certitude, le siège principal du mal et sa nature. Quand les nerfs
sont irrités, ils viennent raisonner à l'extrémité des doigts du
Magnétiseur, comme les cordes d'un instrument. Ce phénomène, pour les maladies nerveuses seulement, s'opère en
l'absence du malade comme en sa présence. Ainsi, il m'est
arrivé souvent, en entrant chez mes malades, de leur dire
qu'à telle heure de la nuit, ou de la journée, les nerfs les
avaient tracassés, et le fait se trouver exact. Les autres sensations, telles que les courants froids, ou chauds, n'ont lieu
qu'en magnétisant le malade, à moins d'une exception.

En voici un exemple frappant :

Je magnétisais une personne qui, depuis quatre ans, avait
une douleur grave au genou gauche. Le huitième jour, je
ressentis, au bout de mes doigts, une humidité glaciale, et
des picotements semblables à ceux que fait éprouver l'eau de
la mer. Je le dis au malade, qui me répondit, tout ébahi,
qu'en lui rappelant ses souvenirs, je venais de lui révéler
l'origine de sa douleur. Il y avait cinq ans que, dans une tra-
versée, il avait fait naufrage ; il était resté quatre jours dans
l'eau jusqu'à la ceinture, et sa douleur s'était déclarée un an
après.

Je n'ai ressenti ce phénomène sympathique, ou du moins
je ne l'ai remarqué, qu'après six mois de pratique. Craignant
d'abord d'être dupe de mon imagination, j'interrogeai mes
meilleurs somnambules, et tous m'affirmèrent que c'était bien
une réalité et non une illusion. D'autres me l'ont confirmé
depuis lors, et l'expérience n'est jamais venue leur donner un

démenti. Il y a des Magnétiseurs dont l'organisation est si impressionnable, qu'ils ressentent les douleurs de leurs malades et les prennent quelquefois. Le comte de Gestas, magnétisant un jour le colonel de S***, prit la colique, pour avoir, par inadvertance, dirigé vers lui les *Passes* qu'il faisait pour l'enlever au colonel. M. Ricar ressent et prend quelquefois le mal de ses malades. Du reste, tous ces maux sont passagers, et le Magnétiseur peut facilement s'en délivrer lui-même. Néanmoins, quand on vient de magnétiser, il est prudent de se laver les mains, surtout si la maladie est grave et que l'on ait touché le malade.

Ces phénomènes paraîtront une rêverie à ceux qui ne connaissent pas le Magnétisme, peut-être même à des Magnétiseurs peu avancés, qui ne les ont pas éprouvés, ou observés, mais ils n'en existent pas moins. Il y a, en Magnétisme, une foule de phénomènes qui paraissent incroyables, que le temps fera reconnaître vrais, et qui augmenteront à mesure que sa pratique s'étendra. Ces phénomènes ne comportent aucune explication scientifique; il n'y a qu'une explication pour eux : « la *volonté* et *l'amour*. » Ces deux puissances infinies et mystérieuses, qui échappent à tous nos raisonnements et qui, se manifestant sans cesse à nos yeux par leurs effets, nous forcent à les reconnaître.

Pour moi, je crois à tous les faits cités par les Magnétiseurs, quand ces faits ne renversent point les lois bien connues qui régissent l'univers, lors même qu'ils dépasseraient tous ceux que j'ai vus. Il serait même absurde de suspecter leur bonne foi; le Magnétisme présente assez de phénomènes surprenants, pour que les Magnétiseurs n'aillent pas se creuser la tête pour en inventer. Ils peuvent se tromper sur l'appréciation des faits et non sur leur existence.

Il est un phénomène extrêmement remarquable, que tous les Magnétiseurs profondément convaincus ont dû produire comme moi, qui prouve que le magnétisme est de l'essence de la nature humaine. Il m'est arrivé maintes fois, en parlant Magnétisme, avec le feu que donne une conviction bien arrêtée, devant des personnes parmi lesquelles il s'en trouvait de très-impressionnables ou malades, de produire sur elles, sans le vouloir, des effets tels, qu'elles étaient obligées de sortir, pour échapper à l'influence magnétique qui les subjuguait, ou qu'elles tombaient dans le sommeil magnétique.

Sans prétendre à une comparaison orgueilleuse, quoi d'étonnant à cela? Le grand capitaine magnétise son armée, l'orateur son auditoire, et, de nos jours, la parole de M. de Lamartine n'a-t-elle pas été plus puissante que les canons? En magnétisant, par son attitude ferme et son éloquence entraînante, les masses inquiètes et irritées, il les a appaisées, comme le Christ appaisa les flots de la mer en courroux. Les passions politiques ont donné à ce noble cœur les palmes de l'apostolat : « *l'ingratitude et la calomnie.* »

On peut résumer ainsi les procédés-pratiques du Magnétisme :

« *Émission du fluide magnétique, mis en mouvement par une volonté forte, soutenue par une foi vive et une charité ardente.* »

CHAPITRE X.

Conclusion.

Il est assez singulier qu'on ait nié aussi longtemps l'existence du Magnétisme humain. Est-ce que celle du Magnétisme naturel peut être contestée, et les phénomènes qu'il produit ne sont-ils pas un témoignage éclatant de la possibilité des phénomènes du Magnétisme humain? La nature n'opère-t-elle pas des guérisons sans le secours des remèdes et des Médecins? Combien de fois n'arrive-t-il pas qu'un malade laisse là le remède que le Médecin lui a prescrit, pour prendre ce qu'il lui a expressément interdit, comme nuisible ou mortel, et que le malade s'en trouve mieux? Le Docteur en fait honneur à ses ordonnances, et Dieu sait où elles ont voyagé! On appelle cela : fantaisie, caprice, imprudence heureuse des malades. C'est tout bonnement la nature qui les guide, c'est une intuition, et le Magnétisme n'est autre chose que la nature sollicitée et mise en jeu. La nature ne détermine-t-elle pas la catalepsie, le somnambulisme, l'extase ? Quoi d'étonnant alors que le Magnétisme humain, qui a la propriété de la réveiller, produise les mêmes phénomènes ?

L'homme, dans son état dit *«normal»*, ne présente-t-il pas des phénomènes physiques et psychologiques inexplicables? Prétendrait-on que le poëte, le compositeur, l'artiste et le savant, sont dans leur état normal, quand ils travaillent?

Ils sont tellement absorbés, qu'ils n'entendent point ce qui se passe autour d'eux ; ils ne sentent ni la faim, ni le froid, ni le chaud. Leur esprit, comme celui des somnambules magnétiques, n'est-il pas dans une autre sphère, et leur corps n'a-t-il pas un peu de l'insensibilité que donne le somnambulisme magnétique ? Donne-t-on la raison des sympathies et des antipathies, sans causes apparentes, des pressentiments et des inspirations ? Pourquoi donc cette locution familière et proverbiale, après un accident évité, ou subi ?

« Tout me disait de ne pas passer par-là, tout me poussait » à suivre cette route. »

Un homme, au moyen d'une baguette qu'il tenait dans la main, découvre deux cadavres, la trace des assassins et les preuves matérielles du crime. Cet homme était guidé par sa baguette, qui s'agitait violemment dans sa main lorsqu'il arrivait sur un endroit où il y avait à faire une découverte, et restait immobile partout où il n'y avait aucun indice à recueillir. Les preuves furent si claires, si incontestables, que les juges, malgré leur répugnance à admettre un témoignage qui leur paraissait surnaturel, condamnèrent les meurtriers à la peine de mort.

Ce fait est revêtu des preuves d'authenticité les plus respectables ; il est consigné dans nos annales criminelles, et rapporté par M. Berryer dans son *Traité de l'éloquence judiciaire*.

Il y a quelques années qu'on a parlé d'un jeune homme des environs d'Avignon, je crois, qui découvrait les sources, indiquait leur profondeur, le nombre des couches de terre qu'il fallait traverser et leur nature, avec une précision merveil-

leuse. La terre, disait-il, s'entrouvrait devant lui. Il est incontestable aujourd'hui, pour ceux qui ont vu les phénomènes
du somnambulisme, que l'homme à la baguette et celui-ci
tombaient d'eux-mêmes en crise magnétique.

Que dirons-nous aussi de ces deux jumeaux, dont l'un
expire à Rome, et l'autre s'écrie dans le même instant, à
Paris : «*Mon frère vient de mourir.*»

L'histoire est parsemée de faits aussi incroyables. Si on ne
les nie pas, tout inexplicables qu'ils sont, pourquoi nier les
phénomènes du Magnétisme, parce qu'ils n'offrent aucune
explication scientifique? Ils méritent d'autant plus l'attention,
qu'ils justifient la réalité de tous les faits, surnaturels à nos
yeux, que la tradition nous a transmis, probablement déna-
turés par l'ignorance et la superstition, et qu'ils nous révèle-
ront les causes de ces faits, lorsque le Magnétisme sera
généralement répandu.

Voici deux traits d'une jeune fille, à peine âgée de six ans,
dont la mère était somnambule, qui prouvent que le Magnétisme se manifeste sans cesse à nous, et que, si nous ne
reconnaissons point son existence, c'est que nous ne voulons
pas nous donner la peine d'observer.

Louise était sur les genoux de sa mère et s'amusait à lui
caresser les joues, de ses deux petites mains, pendant que
celle-ci était en somnambulisme. Ce jeu durait depuis quelques
minutes, et la somnambule y paraissait complètement insensible, lorsque, tout-à-coup, l'enfant se retourne vivement
vers le Magnétiseur de sa mère, et lui dit :

« M. B*** ! il faut que tu prennes de l'orgeolet, pour pré-
» venir les maux de tête dont tu es menacé. »

— « Qui t'a dit cela, ma petite, répond M. B***, surpris? »

— C'est Maman, réplique l'enfant, qui vient de me le
» dire. »

La somnambule, qui jusque-là était restée muette et immobile, s'écrie :

— « Cette enfant vient de lire dans ma pensée! J'allais,
Monsieur, vous prescrire ce qu'elle vous ordonne. »

Un autre jour, au moment où j'entre chez sa mère, Louise
me saisit vivement la main et la place sur sa tête; ne pouvant
soupçonner son intention, je la retire machinalement : l'enfant
persiste, et la porte de nouveau à sa tête. Je voulais la retirer
encore; je sens une vive résistance qui fixe mon attention,
et je m'aperçois que la petite a la figure en feu. Je comprends
alors ce qu'elle désire; je laisse ma main sur sa tête, et je
la magnétise. Au bout de quelques minutes, Louise repousse
ma main, et me dit gaîment :

« C'est assez, tu m'as guérie! »

Puis elle s'éloigne, et se met à jouer.

Son père, étourdi de ce qu'il vient d'entendre, me raconte
que, depuis une heure, Louise allait de lui à sa tante, leur
prenait la main et la plaçait sur sa tête, et que, fatigués
d'une insistance dont ils ne pouvaient deviner la cause et
qu'ils regardaient comme un caprice, la pauvre petite avait
été repoussée, grondée, et menacée d'être mise en pénitence.

Que d'enfants inquiets, dont on accuse le caractère et que

l'on rudoie ainsi, finissent par tomber gravement malades,
et que l'on pourrait guérir aussi facilement !....

Enfin, je demanderai à ceux qui nient l'existence du Magnétisme, ou qui le traitent avec mépris, pourquoi personne
n'est mis en *rapport*, pour la première fois, avec un somnambule, sans éprouver une certaine émotion. C'est un fait
qu'on ne peut contester sans manquer de sincérité.

Ainsi :

« *On va chercher de grands raisonnements, quand on n'a*
» *qu'à se baisser et à prendre.*

» *Et la lumière est venue parmi les siens, et ils n'ont pas*
» *voulu la voir.* »

(Paroles d'un somnambule.)

Le Magnétisme étant inhérent à l'organisation humaine,
ne pouvait se perdre ; il a laissé partout des traces qui sont
parvenues jusqu'à nous à travers les siècles. M. Deleuze, dans
ses *annales du Magnétisme*, nous montre ces traces parmi les
peuplades les plus sauvages ; M. Aubin Gautié les a recher-
chées dans l'antiquité la plus reculée, et nous les fait toucher
du doigt, dans son ouvrage intitulé : « *Introduction au Magnétisme.* » La bible est parsemée de faits magnétiques que
l'on ne peut méconnaître ; enfin, le Christ, ce Magnétiseur
divin, guérissait les malades et ressuscitait les morts en leur
imposant les mains et en les *touchant* ; aussi on le représente
toujours les mains élevées.

Le Magnétisme est d'une trop haute importance pour qu'il
ne se révèle pas sans cesse à nous, et surtout aux Médecins,
qui sont appelés, par leur profession, à voir beaucoup de

malades et de mourants. Cependant les Médecins ferment les yeux plus hermétiquement que personne. Quand toutes les sciences progressent, où sont les progrès de la Médecine ? Tournant dans un cercle vicieux depuis des siècles, nous les voyons flotter sur un océan d'incertitudes, adoptant aujourd'hui ce qu'ils ont rejeté hier, et rejetant ce que naguère ils ont adopté.

Les phénomènes magnétiques paraissent si extraordinaires, que les personnes qui ne les ont pas vus ne peuvent y croire sur un simple récit, et que celles qui les ont vus ont besoin de les revoir plusieurs fois, tant, d'après les connaissances actuelles, ils semblent dépasser les bornes du possible. Ces phénomènes cependant ne sortent point des lois de la nature ; seulement ils nous en révèlent de primordiales, que nous ne pouvons encore expliquer, mais que nous pressentons, et que notre esprit peut entrevoir. A force d'études, avec le temps et le secours des lumières des somnambules, nous finirons par connaître, non pas la vérité tout entière, mais la loi de tout ce qu'il est permis à l'homme d'approfondir. La théorie des deux grands *tout*, « *l'esprit* et la matière *essentielle* », renfermée dans les *paroles d'un somnambule*, donne une explication, ce me semble, satisfaisante de tous les phénomènes magnétiques. Je sais que l'on peut opposer à cette théorie une foule d'objections plus ou moins fondées ou spécieuses ; mais je répondrai que, lorsqu'il s'agit d'expliquer l'organisation humaine, il ne faut pas avoir la prétention d'arriver à une définition mathématique, que sur cette matière il y a des choses de sentiment auxquelles il faut bien s'arrêter, sous peine de vivre constamment dans le doute et les ténèbres, et que, dans tous les cas, lors même que les explications de ces phénomènes seraient erronées, les *faits* n'en resteraient pas moins inébranlablement debout. Or, parce qu'on ne peut pas expliquer un *fait*, on n'a pas le droit de le nier. Ainsi, au lieu de dire aux Magnétiseurs : « *ce n'est pas vrai* », on ferait mieux de leur dire : « *nous voulons voir et observer.* »

Tout est mystère dans la création ; l'homme est le plus grand de tous : Placé entre un berceau et une tombe, il serait *Dieu* s'il parvenait a connaître le secret de l'un et de l'autre. Il ne lui est pas donné de le pénétrer, mais il lui est permis de l'entrevoir assez pour sentir que tout en lui ne disparaît pas en mourant. En contemplation devant les pompeuses merveilles de la nature, son âme s'élève vers leur sublime créateur ; en les étudiant, il se replie sur lui-même, et trouve au fond de son cœur un ardent désir de se connaître. Dans sa bonté infinie, la *Providence* lui a donné le Magnétisme, phare magnifique et sûr, pour éclairer sa marche, le guider et le soutenir dans ses recherches, soulager et cicatriser les maux qui viennent l'assaillir dans sa route.

Vainement depuis des siècles la science, courbée sur des cadavres, le scalpel à la main, et la philosophie, palissant sur un amas de livres, cherchent à pénétrer le mystère de l'organisation humaine ; vains efforts, tant qu'elles repousseront le Magnétisme, seul flambeau qui puisse dissiper les ténèbres qui les environnent !

Les poëtes rêvent ce grand mystère. *George Sand* l'a entrevu. Le Magnétisme *seul* pouvait, par sa révélation, déchirer le voile qui le cache à sa haute intelligence. Si, dans *Spiridion*, *George Sand* avait dit que le père *Alexis* et le frère *Angel* étaient en somnambulisme quand l'abbé se communiquait à eux, après sa mort, au lieu d'écrire un roman philosophique, elle aurait divulgué un phénomène vrai, réel, dont il existe un exemple, sur lequel je dois encore garder le silence, phénomène qui prouve que l'âme d'une personne *morte* peut se communiquer à un être *vivant*, et qu'une autre vie nous attend au-delà du tombeau.

Je ne parlerai pas de la révolution subite que le Magnétisme a produit dans ma vie et dans mes idées ; mais je vais citer une lettre qui atteste les réformes salutaires que sa pratique apporterait dans nos mœurs, et combien il importe que les personnes dont la parole fait autorité sur l'opinion publique, l'observent, l'étudient et s'appliquent à favoriser sa propagation.

SAINT-H...., le 15 Octobre 1847.

Mon cher Monsieur,

Depuis que vous m'avez accordé votre amitié, que je mets au-dessus de tout sur la terre, je ne cesse de le dire à ma mère : « après vous, c'est M. *Olivier* qui m'est le plus cher ; je dirai même que je lui dois une seconde fois la vie, non parce qu'il m'a préservé de la mort, mais parce qu'il m'a régénéré. »

Vous connaissez mon organisation! Je suis capable de faire le bien pour le bien, mais j'ai besoin d'être soutenu. A l'époque où vous m'avez repétri par vos conseils, où j'ai eu le bonheur de m'entretenir avec vous pendant l'hiver passé, j'étais sur une espèce de plan incliné où tout roulait avec moi. Je me sentais entraîné par toutes sortes de passions : passion de la boisson, par forfanterie plutôt que par goût, les femmes, le jeu peut-être, lorsque pour mon bonheur je vous ai rencontré. Vous m'avez arrêté dans ma marche rapide, vous m'avez en un mot fait prendre un sentier plus uni ; j'ai marché sous la bannière du Magnétisme, et je crois que je suis devenu un peu homme. Si j'ai fait quelque bien et si je suis capable d'en faire, c'est à vous que je le dois.

Comme je reconnais aujourd'hui la vérité de cette parole, que vous me disiez dans nos conversations intimes :

« Soyez Magnétiseur, et lorsque vous irez dans le monde, la conscience de vos forces, jointe à la connaissance de tout ce que l'homme peut faire de grand et d'utile, vous donnera une certaine supériorité, non pas orgueilleuse mais bienveillante ; vous apprécierez la société à sa juste valeur, ses vices n'auront plus la puissance de vous entraîner, et, sévère pour vous, vous serez indulgent pour les autres. »

A vous donc mon dévoûment à jamais, à vous mon amitié éternelle.

Votre dévoué,

C***

On voit par cette lettre , que si la mission des Magnétiseurs est dure , elle offre de bien grandes consolations.

L'égoïsme a été de tout temps le ver rongeur de la société, et le plus grand obstacle à tous les progrès. Quand on l'entend prôner par des hommes d'une haute intelligence , on est tenté de se demander, à quoi bon la venue du Christ sur la terre , si , plus tard , ces hommes devaient ériger en vertu un vice qu'il avait pour mission de déraciner.

La maxime: «*chacun pour soi*, *chacun chez soi*» , maxime cent fois plus cruelle que la guerre , car on se lasse de verser le sang , tandis que l'égoïsme , comme l'avarice , va toujours croissant et tue sans cesse dans l'ombre , cette maxime , dis-je, aurait eu moins d'échos , et ne ferait pas fortune si le Magnétisme avait été répandu. Lui *seul* peut détruire l'égoïsme, et cette autre lèpre de notre époque «la *politique*» , égoïsme déguisé , qui , sous le masque du bien public , entraîne toujours à sa suite l'esprit aveugle de parti avec ses honteuses manœuvres et ses funestes conséquences , la prison , l'exil , l'assassinat , l'échafaud , la guerre civile : gouffre aimanté , toujours béant, où vont s'engloutir les plus grandes renommées artistiques , militaires , scientifiques et littéraires : les *Saints-Simoniens* , les *Fouriéristes* , les *Communistes* , les *Socialistes* , en un mot , tous ces contrefacteurs du Christ , qui altèrent la pureté de sa doctrine en la reproduisant sous mille formes diverses , revue , corrigée et augmentée ; pomme de discorde, que se disputent les *Légitimistes*, les *Conservateurs*, conservateurs de quoi ? les *Républicains* , aux couleurs va-

riées, affublés de plus ou moins d'épithètes, etc., etc., etc....
Pêle-mêle inextricable, dans lequel les peuples, haletants,
se débattent, se tordent; où l'un combat pour *Marius*, l'autre
pour *Sylla*, celui-ci pour *Antoine*, celui-là pour *Octave*, sauf
à se remémorer, un peu tard, la fable des plaideurs et l'huître,
et à se repentir.

Insensés de tous les partis, qui prétendent vouloir le progrès, et qui délaissent l'application de l'*idée*, pour s'acharner
après le manteau percé à jour, qui veut la cacher. Les
hommes qui, de bonne foi, veulent le progrès, ne voient-ils
point que ce manteau tombe en loques, et que l'*idée*, après
avoir grondé longtemps, monte et chemine comme la vague,
et finira par tout envahir? Pourquoi donc leurs colères, et
que ne savent-ils attendre!

Si le Magnétisme était pratiqué par *tous* et *partout*, nous
n'aurions pas sous nos yeux le spectacle affligeant des luttes
impies qui éclatent de toutes parts, le tableau déchirant de la
misère des peuples, nous ne formerions qu'une seule et même
famille, où le fort protégerait le faible, le riche viendrait au
secours du nécessiteux et le denier de la veuve s'échapperait
de toutes les mains le robuste communiquerait sa santé au
débile, et nous serions tous véritablement chrétiens, c'est-
à-dire, tous uniquement *humanitaires*.

Le Magnétisme n'excite pas à combattre pour *Marius*, ou
pour *Octave*; il ne connaît ni ennemis, ni opinions, ni partis
ni sectes, il est la pensée chrétienne en pratique; il reçoit
et réchauffe tous les cœurs à son foyer bienfaisant, les réunit
et les confond dans un même sentiment d'amour; il réalise

cette sublime révélation : « *aimez-vous les uns les autres* », d'où découle le principe fécond de prospérité pour tous, *l'association générale, prenant sa source dans le cœur et ses statuts dans la conscience, association naturelle, volontaire, et seule praticable*, parce qu'elle sauvegarde la liberté de tous, et consacre la solidarité des générations.

Les luttes qui s'élèvent dans le sein de la société, naissent de ce que l'on confond les lois de la conscience, c'est-à-dire, les lois divines avec les lois humaines. Les infractions aux premières ne relèvent que de Dieu ; il a, *seul*, le droit de punir ceux qui ne les suivent point ; les hommes doivent les plaindre, et ne peuvent leur infliger d'autre expiation que le mépris qui, à l'avenir, sera la plus cruelle de toutes les peines. Il est sans doute une foule d'abus que toutes les lois humaines ne peuvent atteindre, c'est un fait déplorable qu'on ne peut contester ; mais faut-il, pour les arracher, employer la force brutale ? Je ne le pense pas : engager les hommes à s'entr'égorger, couper des têtes au hasard, pour y faire pénétrer des idées de réforme, sont d'étranges moyens de conversion, qui rappellent ce mot célèbre de cet abbé farouche et fanatique, qui, dans Beziers, faisait massacrer les Albigeois. On vint lui dire qu'il y avait des catholiques parmi les victimes ; il répondit froidement :

« *Tuez, tuez toujours, Dieu choisira les siens.* »

La vérité amène la conviction, et de la conviction naissent : la *patience*, la *douceur* et le *dévoûment*.

La vérité est donc l'ennemie invincible de la violence. Le Christ ne parlait pas au peuple, l'écume à la bouche, de ses droits et des abus qui pèsent sur lui ; il ne lui enseignait point l'art fratricide d'élever des barricades et ne le poussait pas à se faire justice lui-même, il ne lui faisait entendre que des paroles de paix et d'amour, tandis qu'il donnait des avertissements sévères à ses oppresseurs. Aussi, les disciples de nos réformateurs modernes, qui osent se comparer à lui et se dire ses continuateurs, prétendent qu'il était *arriéré* ; j'en ai même entendu le traiter de *niais*, parce qu'il ne prêchait point la révolte, *à main armée*. Blasphème !!! Comme si la *vérité* avait besoin de faire verser du sang par torrents, pour se faire jour !....

Cet égarement, pour lequel il faut avoir de la pitié, provient de ce qu'ils n'ont pas la *foi* dans une vie future, où ceux que les pauvres appellent les *heureux de la terre* et qu'ils envient, les envieront à leur tour s'ils supportent leurs souffrances avec résignation, et de l'oubli de la solidarité des générations. L'homme travaille, actuellement, au jour le jour, et veut jouir de suite de ses œuvres, comme si la *mort* était le *néant*. Ce sentiment est-il inné dans le cœur de l'homme ? Évidemment non : Voyez les vieillards ! un pied dans la tombe, ils ont la manie de construire, de planter, et de former des projets d'avenir lointain. N'est-ce pas un avertissement de l'âme ?

Et pourtant, l'humanité progresse au milieu de ce déplorable *tohu-bohu* général : c'est que le *monde* que nous habitons, depuis le bas jusqu'au sommet de l'échelle qui le compose, se prépare à une transformation et subit une loi de travail, et que l'homme, occupant le point culminant, doit, dans ce travail, remplir la tache la plus difficile et la plus compliquée, et contribuer, même par ses erreurs, à l'accomplissement des vues immuables de Dieu. Cela est si vrai, que si l'on considère la société partiellement et à sa surface, on est effrayé de la corruption qui la ronge; mais quand on l'examine au fond et dans son ensemble, on reconnaît bientôt qu'elle a fait un progrès immense, et que le mal n'est pas aussi profond qu'il apparaît d'abord. Ce progrès provient de ce que toutes les consciences se courbent devant le grand principe de la fraternité. En effet, indépendamment des nombreuses sociétés de bienfaisance, qui, malgré les abus attachés aux faiblesses humaines, font un bien incalculable, et les admirables associations de secours pour les travailleurs, jamais à aucune époque, comme de nos jours, on ne s'est occupé avec tant d'ardeur des questions humanitaires, par des théories différentes et incomplètes, sans doute, mais que l'expérience rectifiera en les complétant, et jamais on n'est venu avec tant d'empressement au secours des grandes infortunes et des grands désastres, non-seulement de compatriotes à compatriotes, mais de nations à nations, soit par des souscriptions, soit par la manifestation de l'opinion publique. Admirable hommage rendu au principe de la fraternité!....

Malheureusement encore beaucoup de personnes, beaucoup trop, restreignent tellement l'application de ce principe, qu'elles le réduisent presque à l'état de lettre morte, et d'autres veulent l'imposer par la violence. Les uns et les autres ont tort; ils provoquent des révolutions, où les *bons* et les *mauvais* périraient corps et biens, si la Providence ne veillait sur l'humanité. Aussi, dit-on avec raison : *l'homme s'agite et Dieu le mène*. Il est dans les vues de Dieu et de la dignité de l'homme que le progrès s'infiltre goutte à goutte et soit accepté volontairement, sinon plus de liberté, plus de libre arbitre.

Tout le monde reconnaît l'origine du mal qui mine et bouleverse la société, et auquel, jusqu'à présent, on n'a opposé que la force impuissante et coercitive des lois, au lieu d'y appliquer le *seul* remède souverain, «le Magnétisme», dont la pratique unirait, sans secousse fatale, les hommes entre eux, d'une amitié toute fraternelle.

Quand le riche magnétisera le pauvre et se fera magnétiser par lui, le véritable règne de la *fraternité* sera arrivé. Il n'y aura plus en réalité des malheureux, puisque toutes les infortunes trouveront partout *protection*, *secours*, *affection* et *soulagement*. Le pauvre changera sa formule dégradante, et au lieu de tendre une main honteuse et de dire, d'un ton piteux et humilié :

« *Quelque chose pour l'amour de Dieu* » !

Il ira avec confiance à celui qui possède la fortune, et lui dira avec douceur et dignité :

« *Frère !... je souffre.* »

Alors, la guerre du pauvre contre le riche aura cessé, mais seulement alors, car le pauvre comprendra que la question des richesses est toute dans leur utilisation, et qu'il importe peu dans quelles mains elles tombent, puisque l'inégalité des fortunes est inévitable, pourvu que ces mains en fassent un noble usage, en venant en aide aux intelligences qui ne peuvent développer leur activité , faute de capitaux , en donnant du travail aux valides , enfin en pourvoyant aux besoins des vieillards et des infirmes.

Pour arriver à cette époque si désirable , il faudra beaucoup de temps ; l'humanité n'est pas comme *Minerve* sortant armée de pied en cap du cerveau de *Jupiter* ; sa marche est lente , à nos yeux , et ses progrès sont pesés dans la balance de Dieu. Il faut bien que les proportions et les difficultés de l'ouvrage répondent à l'immensité de son auteur ; aussi la *création* confond-elle notre faible raison.

« *Et il n'y a personne qui boive du vin vieux qui veuille du nouveau , et qui ne dise : le vieux est meilleur.* »

Cette parole du divin législateur doit être toujours présente à l'esprit des Magnétiseurs , pour qu'ils ne se laissent point abattre par les résistances qu'ils rencontrent. Depuis que *Mesmer* a paru , nouveaux *Sisyphes* , ils roulent un rocher qui retombe constamment sur eux ; ils finiront par le fixer. Un jour viendra où le Magnétisme éveillera l'attention des gouvernants et appellera leur sollicitude. Alors , et pour se répandre de là rapidement dans le sein de la société, les portes des hospices s'ouvriront devant lui ; il aura ses établissements , ses écoles et ses cours ; il ouvrira à la jeunesse une carrière féconde en enseignements sublimes , et sa pratique ramènera la paix et le bonheur parmi nous. Lorsque l'heure aura sonné , lorsque les temps seront venus , qu'elle y entre hardiment , et la moisson sera si abondante , qu'à peine les bras suffiront à la ramasser.

En attendant cette terre promise , les Magnétiseurs ne doivent rien négliger pour convaincre les incrédules de bonne foi. Quant à ceux qui nient en présence des faits, soit par égoïsme, vanité scientifique, ou stupidité ! ils doivent les plaindre, ne pas perdre leur temps dans des discussions inutiles, qui deviennent presque toujours blessantes, et les abandonner à leur aveuglement. L'incrédulité, chez ces personnes, est passée à l'état de tempérament, et cette maladie est incurable.

Il faudrait être aveugle pour ne pas voir que la résistance, et surtout la persécution, poussent au progrès. *Urbain Grandier* fut brûlé, sous le règne de Louis XIII, comme sorcier, pour avoir produit des phénomènes, que les *Endormeurs* montrent impunément aujourd'hui en pleine salle de spectacle. Si l'on regarde attentivement autour de soi, malgré la corruption de notre siècle, on reconnaît que l'humanité ne marche pas, mais qu'elle se précipite vers le progrès, et que nous vivons dans un temps où, selon l'expression d'un de mes somnambules, Dieu travaille avec ses mains à son ouvrage.

Courage donc, *vrais* Magnétiseurs, courage et à l'œuvre ! Il ne faut pas se dissimuler que la tâche est immense, car, autant le dévoûment à une vérité méconnue est doux, quand le sacrifice qu'il impose n'atteint que celui qui l'accomplit, autant il est cruel lorsqu'il en frappe d'autres, et j'avoue que souvent ma plume, prête à laisser tomber le blâme, s'est arrêtée. Si parfois j'ai vaincu ma répugnance pour la critique, c'est qu'il en est malheureusement des abus de la société comme des maladies du corps ; on ne peut les extirper sans crise, parce que ceux qui en profitent veulent les conserver, dans la crainte insensée d'ébranler ou d'affaiblir leur autorité, comme si toute réforme juste et opérée sagement n'était pas le meilleur moyen d'affermir son influence et de grandir sa considération. Ne soyez arrêtés ni par la grandeur des obstacles, ni par votre petit nombre. Douze pêcheurs obscurs, n'ayant d'autre force et d'autre autorité que la *conviction* et la *foi*, ont plus fait de conquêtes, en prêchant la parole du Christ, que Mahomet avec son sabre. Le voyageur sourit de pitié à l'aspect d'un faible ruisseau qui cherche à se frayer une route à travers un immense rocher, et, quand il repasse, il est tout surpris de voir que ce pygmée est parvenu à creuser son lit dans les larges flancs du géant qui s'opposait à son cours. La goutte d'eau qui tombe, incessante, pénètre et dissout le marbre. Sachez *attendre*, *espérer*, *croire*, *aimer*, et vous aurez dans vos mains le levier et le point d'appui que demandait *Archimède* pour soulever le monde.

La patience, *l'espérance et la foi*, forment le levier.

L'amour est le point d'appui.

Ce n'est point dans les livres de Magnétisme que j'ai été puiser mes convictions ; j'ai voulu les asseoir sur une longue série de faits, et j'ai magnétisé pendant quatre ans avant d'en lire aucun. Quand je les ai consultés, j'ai eu la satisfaction de me trouver d'accord, sur les points principaux, avec les meilleurs auteurs, et une longue pratique n'a fait que corroborer mes croyances. Ma voix est faible et sans autorité ; mais fort de l'appui de ces auteurs, j'ose présenter les principes que j'ai exposés comme rigoureusement vrais en thèse générale. Il est possible que quelques faits épars leur donnent un démenti apparent, aux yeux des Magnétiseurs superficiels, car les faits magnétiques présentent une physionomie variée à l'infini ; qu'ils examinent ces faits avec attention, ils s'apercevront bientôt qu'ils rentrent tous dans les règles fondamentales que j'ai posées, et que ce démenti n'est que dans la forme.

Je garantis l'exactitude de tous les faits que je rapporte ; j'ai poussé, dans mes récits, le scrupule jusqu'à la minutie, et je ne cite pas un fait qui n'ait eu de nombreux témoins. Quant aux conséquences que j'en déduis, ou à mes appréciations, je n'ai pas la prétention de les donner comme concluantes, et je les abandonne volontiers à la critique ; il n'appartient qu'aux intelligences privilégiées de formuler, d'une manière complète, les grandes vérités nouvelles, et de les faire accepter. Aussi je ne me fais pas illusion, je ne me flatte pas d'être plus heureux que mes devanciers, et de ne pas prêcher dans le désert. Qu'importe !... comme l'édifice sur lequel repose une vérité, qui introduit de profondes réformes dans la société, est l'œuvre des générations, l'ouvrier le plus faible et le plus obscur doit y apporter sa pierre, pour si petite qu'elle soit.

J'ai dû mesurer l'étendue de mon travail sur la grandeur de mes forces, et je n'ai pu traiter à fond une question aussi vaste : cette haute et difficile mission appartient à de plus habiles que moi. J'ai rempli la tâche que je m'étais imposée, selon mes faibles lumières, sans passion, sans haine, comme sans faux ménagements, enfin, j'ai parlé le langage de la vérité, qui ne connaît ni détours, ni crainte. Quelque jugement que l'on porte sur mon ouvrage, ma confiance dans l'avenir du Magnétisme restera inébranlable. Peu à peu les ténèbres se dissipent et la lumière se fait; il y a, plus qu'on ne pense, des esprits éclairés qui s'en occupent. Voici une lettre qui peut servir de complément à mon Traité, et qui en est une preuve; le Magnétisme y est résumé d'une manière d'autant plus remarquable, à part le mérite du style, que son auteur ne le connaissait que pour avoir assisté à quelques séances de somnambulisme.

Fontenay, le 2 Novembre 1846 (Vendée).

Mon cher ami,

Vous m'avez guéri, par le Magnétisme, d'une sciatique qui datait de plusieurs années, et je n'étais pas éloigné de lui accorder la *vertu curative*. Mais quand vous m'entreteniez des facultés merveilleuses des somnambules, je refusais de croire à vos récits et à vos affirmations, non pas que je misse en doute votre bonne foi; je pensais que vous étiez sous l'empire d'une illusion, en un mot que vous étiez dupe de votre imagination, et que vous aviez vu les faits à travers son prisme trompeur. Cependant vous m'aviez inspiré un grand désir de voir par moi-même. Enfin, l'occasion s'en est présentée avant mon départ.

Depuis que j'ai quitté Toulouse, je ne passe pas un jour sans penser à vous et à des choses qui se rattachent à vos espérances. Je garde aussi le souvenir précieux de votre somnambule, qui ne vous a pas quitté, j'espère, et que j'aurais bien besoin de revoir. Les révélations qu'il m'a faites et tout ce que j'ai vu pendant les courtes séances que vous m'avez consacrées, me tiennent encore sous une espèce de charme éblouissant. Quelques heures de conversation avec un homme endormi ont changé toutes mes dispositions intellectuelles et morales.

J'avais passé une partie de ma vie à la recherche d'un *criterium* de certitude, fondé, non-seulement sur les rapports accidentels des hommes réunis en société, mais appuyé sur un principe invariable qui justifiât la nécessité de la sanction morale. Je désirais me prouver à moi-même que les mots : *bien et mal, vice et vertu, justice et équité*, sont des expressions absolues et non relatives, ont une signification réelle et non conventionnelle, qu'ils répondent en un mot à des types formels, invariables en nous, sur la terre et dans le ciel, ou bien, comme disent les savants, dans le monde de l'observation et dans le domaine métaphysique.

Le sentiment *idée* me faisait bien croire à la nécessité de ces distinctions, sur lesquelles repose le développement de la vie humaine. Mais pour assurer ma foi contre les arguments des sceptiques et les négations hardies et cyniques de quelques écrivains, j'avais besoin de faits évidents, incontestables. Ces faits, un faible enfant sans science, sans études, étranger à l'érudition de l'école, me les a fournis, et cela sans hésitation ; sans emphase et même à son insu.

Lorsque j'ai vu les propriétés de l'intelligence se manifester à une haute puissance dans le sommeil appelé : *«magnétique»*, j'ai compris que Dieu envoyait ainsi une grande révélation à la philosophie humaine. J'ai tiré de cette expérience la preuve de la spiritualité du principe pensant, de son identité, de son individualité.

Que dirons-nous, en effet, de cette perception extérieure qui verrait tout comme en un point, sans être limitée ni par le temps ni par l'espace, lit la pensée qui n'est pas sortie de l'esprit, reconstruit la vie de chacun de nous, avec des actes qui n'ont laissé parmi les hommes aucune trace et dont le souvenir est même perdu pour celui qui en fut l'auteur? Rien ne se perd donc dans le monde des esprits, et les pensées, comme les actes, sont soumis à une règle impérissable, posée par Dieu même.

J'ai vu *Caliste* dirigeant cette admirable faculté de perception sur un *être* humain, et y saisir le mystère de la vie intime, embrasser d'un coup d'œil les ressorts merveilleux de l'organisme, décrire le mouvement des viscères, désigner les désordres de la santé, pénétrer les perturbations et les lésions, en révéler les causes éloignées, ou immédiates, leur assignant le remède infaillible.

Toutes les impossibilités devant lesquelles sont morts désespérés les hommes de plusieurs générations se trouvent franchies et dépassées sans effort, et la prédiction de *Bâcon* sur la connaissance réservée à l'homme des formes *essentielles* des corps est désormais accomplie. L'esprit se trouve jeté dans un monde nouveau, et la lumière qui nous arrive tout-à-coup au milieu des ténèbres de la philosophie est si éblouissante, que beaucoup d'entre nous, impuissants à en soutenir l'éclat, ferment les yeux et nient ce qu'ils n'osent pas regarder en face. Il n'est pas étonnant que l'orgueil des doctes et des faiseurs de systèmes réagissent contre des faits qui semblent reculer les bornes du possible. Gardez-vous toutefois de faiblir par découragement ; la vérité vaincra tous les obstacles. Laissez les incrédules et les intéressés vous accuser de folie et de charlatanisme, rire de vous : Ce sont incidents nécessaires. Il n'est pas une seule conquête de l'humanité qui ne soit pénible et lente. La vérité est un long et terrible enfantement de l'esprit humain aidé des secours de Dieu. Les hommes ne l'acceptent qu'après avoir essayé de l'étouffer.

Dès la première apparition de la doctrine évangélique, les Pontifes et les Aruspices la combattirent en tuant les néophites, en livrant les convertis aux bêtes du Cirque. Mais lorsque le christianisme eut grandi par la persécution et que le sang des martyrs eut scellé la vérité, lorsqu'il fut dans les villes, dans l'armée, au sénat, au prétoire, dans le patriciat et dans le peuple, le flamine de Jupiter brisa son idole et reçut le baptême.

Puisque vous êtes sur la voie d'une grande vérité, vous devez vous préparer à lutter et à pâtir pour elle. Quant à moi, j'ai été arrêté longtemps par la crainte que les expériences appelées *magnétiques* ne fussent contraires à la *foi* chrétienne. Cette crainte a cessé, car j'ai trouvé, dans les faits produits, une confirmation de la doctrine religieuse , et , depuis quelques mois , je suis entièrement rassuré.

Deux séries de faits ont surtout attiré mon attention.

1° La faculté de découvrir la cause et les effets des maladies physiques et d'y appliquer un remède efficace.

2° La clairvoyance merveilleuse par laquelle le somnambule pénètre dans le monde moral , non-seulement pour le présent , mais encore pour le passé , de sorte qu'il saisit directement les rapports qui existent entre les deux domaines , entre le corps et l'esprit.

Je n'ai rien à dire sur le premier aspect de la question. En plusieurs lieux de l'Europe , la clairvoyance des somnambules a été heureusement appliquée à la guérison des maladies , et , malgré tout ce que l'on a fait pour atténuer la vérité à cet égard , tous ceux qui ont fait des expériences avec prudence et de bonne foi doivent être convaincus. Il est à déplorer seulement qu'on ait abusé grossièrement de cette faculté divine et qu'on l'ait appliquée à des expériences ridicules et sauvages. Sa dignité a été momentanément amoindrie , et , par suite , son efficacité s'est trouvée contestée. Les Médecins l'ont décriée et calomniée. C'est d'autant plus mal à eux , qu'ils n'ont pas voulu voir que la Providence leur envoyait , par le somnambulisme , un auxiliaire puissant et sûr , dans leur pratique toujours incertaine et souvent aveugle. Dans leurs répulsions, ils n'ont obéi qu'à l'esprit de caste et la peur de voir leur clientèle diminuer , ou disparaître. Il n'y a pas de plus terrible incrédule que celui qui se figure savoir tout ce qu'il est possible d'apprendre.

Le droit de guérir est un privilége chez nous, et les docteurs brevetés doivent entourer leurs fonctions d'une considération qui en masque les dangers et les claudications, hélas ! trop déplorables.

La partie vulnérable du Magnétisme, c'est qu'il produit des faits sans explications scientifiques, c'est qu'il jette l'esprit dans un monde absolument inconnu, et que, par là même, il attaque deux grandes hiérarchies également défiantes et prétentieuses. Tous ceux qui vivent à l'aise dans les limites d'une vérité suffisante, et dont l'existence repose sur l'opinion, ne veulent pas se déplacer, s'avouer débordés, et faire un nouvel apprentissage des choses.

Un Médecin ne croit qu'à son diplôme : il est d'autant plus exclusif, qu'il sait parfaitement la faiblesse du bouclier qui l'abrite, et le mensonge de son enseigne.

Voilà la source des luttes qui existent en Médecine entre les diverses écoles et entre les individus. Voilà la cause des variations qu'a éprouvé cette science importante, toute hypothétique qu'elle soit. De nos jours encore, les allopathes et les homéopathes se renvoient sans cesse les imputations d'ânerie, et dans l'usage même, tout Médecin applaudit toujours à la critique personnelle de chacun de ses confrères en particulier, et se récrie vertement si vous réunissez dans une conclusion générale les éléments partiels du raisonnement. Chacun d'eux taxe ses confrères d'ignorance, mais nul ne veut accepter qu'ils soient tous ignorants.

Pour moi, je dis, après *Platon* : celui-là seul est Médecin qui sait guérir. J'ai longtemps consulté les Médecins et les livres

12

de Médecine, au sujet d'une indisposition personnelle, et sur une maladie de mon fils, que je redoutais être une infirmité. Parmi cinquante remèdes qu'on m'ordonnait, il n'y en avait pas un seul dont on me garantit l'efficacité. Il y avait toujours, soit dans la formule, soit dans l'espèce, une circonstance ou un ingrédient qui faisait dangereux le remède indiqué. J'ai consulté votre somnambule, qui, après avoir constaté *seul* la nature du mal, son caractère et sa cause, nous a donné simplement une prescription, au moyen de laquelle mon fils et moi avons été guéris. Le succès de cette expérience fit naître en moi le désir ardent de pénétrer, par induction ou intuition, dans la cause de ce phénomène étrange, et j'interrogeai Caliste.

« Pourriez-vous dire, demandai-je, comment procède cette perception merveilleuse dont vous m'avez déjà donné une preuve si évidente et irrécusable ?...

« Lorsque je suis près d'un malade, répondit-il, je deviens lui-même et je souffre de son mal. Tout naturellement je dis en quel lieu et depuis quel temps. »

« Mais le remède que vous prescrivez? »

« Pour le remède! Je ne sais pas : il se présente de lui-même. »

Cette naïve réponse fut pour moi un trait de lumière, et je compris que, dans cet état et pour une pareille expérience, il y avait assimilation sympathique et mystérieuse de deux êtres, et de plus inspiration.

Voilà donc un somnambule dont le corps était arrivé à un tel état d'insensibilité qu'on eût pu le scalper, qui n'aurait pas poussé un cri sous le couteau d'un prosecteur, et qui tout-à-coup revêt une exquise sensibilité, s'identifie avec une autre organisation malade, en partage les souffrances pour leur trouver ensuite un remède salutaire. Exista-t-il jamais une plus haute charité sur la terre? une confraternité et une identité plus absolues parmi les êtres humains? Jamais la loi d'amour posée dans l'évangile n'avait reçu une plus haute justification. Nous sommes donc un exemplaire les uns des autres, et la sociabilité humaine avec la confraternité des âmes est une loi de Dieu?

Une fois cette relation des *êtres* établie et prouvée, il n'est pas difficile de comprendre que les somnambules puissent lire dans tout l'*être* de l'homme, s'identifier avec sa nature morale aussi bien qu'avec son organisation. Ce pouvoir résulte du fait incontestable qu'ils lisent la pensée avant qu'elle soit formulée par la parole, qu'ils se placent immédiatement en rapport avec cette pensée et la traduisent en des actes extérieurs. Mais la clairvoyance de quelques-uns ne s'est pas arrêtée là : ils reconstruisent le passé moral de l'homme, caractérisent ses actions, ses désirs et ses volontés, en vertu d'une règle mystérieuse, qu'ils perçoivent de manière à se complaire au spectacle d'une bonne nature et repousser d'eux celles qui ne le sont pas.

J'ai tiré de ce que j'ai vu cette conséquence :

Le *bien* et le *mal* que nous faisons reste en nous, et y laisse des traces profondes.

L'existence de la conscience morale n'est pas une hypothèse.

La sanction des œuvres est un dogme certain.

Le matérialisme et le fatalisme sont d'atroces folies.

Nous devons donc nous conduire en hommes de *bien*, pour nous, pour nos semblables, et en vue de Dieu, qui nous a créés afin que nous le glorifions dans ses œuvres saintes.

Adieu, mon cher OLIVIER ; je me propose de traiter cette matière si importante plus largement, quand mes occupations me le permettront.

Tout à vous,

GAUZENCE DE LASTOURS.

FIN DU TRAITÉ DE MAGNÉTISME.

LES MEMBRES

DE LA SOCIÉTÉ MAGNÉTIQUE DE TOULOUSE,

A M. OLIVIER, Président de la Société.

Toulouse, le 15 juillet 1847.

Monsieur,

Avant de nous séparer, peut-être pour longtemps, nous voulons vous redire, dans un dernier adieu, notre affection pour vous, et la reconnaissance sans bornes qui est au fond de nos cœurs, pour le bien que vous nous avez fait et pour celui que vous nous avez appris à faire aux autres.

Quelques-uns parmi nous souffraient des maladies du corps, vous les avez guéris; mais nous avions tous un mal plus profond et plus grand qui nous rongeait et nous desséchait, comme il ronge et dessèche la génération d'aujourd'hui. Le *doute*, cette scrofule de l'âme, nous minait et nous affadissait de jour en jour, lorsque vous l'avez chassé par la puissance de votre *foi* et la grandeur de votre *amour*.

Jeunes et pleins d'insouciance, nous dépensions follement

13

la force et l'ardeur de notre âge, dans les plaisirs futiles que
la société officielle invente pour farder la laideur et la honte
de son agonie. Notre aumône, jetée par hasard au coin d'une
rue, était rare et toujours incomplète. Notre religion était
vague et indécise, refoulée sans cesse par les exemples de
l'imposture et de l'ignorance. Grâce à vous, ayant dépouillé
notre légèreté frivole, nous sommes graves et recueillis,
comme ceux qui ont épousé une vérité sublime, pour la féconder et hâter son triomphe. Désormais notre aumône sera
belle et entière; non contents de soulager, nous guérirons,
et nos jouissances les plus pures, comme nos plaisirs, seront
dans les douceurs du *bienfait* et dans les ardeurs de la
charité.

Ce que le Magnétisme, tel que vous l'avez compris et
enseigné, a produit parmi nous, il le produira dans le monde
entier, quand les peuples auront accepté cette *bonne nou-*
velle. Aux générations usées par la débauche et dévorées
par des maladies honteuses, il rendra la vigueur et la beauté
du corps, qui se reflète toujours sur la vigueur et la beauté
de l'âme. Aux âmes corrompues et énervées par les jouissances de l'égoïsme et les fadeurs de l'indifférence, il apprendra le saint amour de l'humanité et la sublime grandeur
de la création. Sa doctrine sera celle du Christ, celle de la
fraternité, et son drapeau celui de toutes les sectes, de tous
les peuples et de tous les hommes de cœur, car il n'aura
pour devise que ces deux mots : « *amour et volonté.* » Il
détrônera sans retour les castes usurpatrices qui ont, dans
tous les temps, broyé les peuples sous leur char de triomphe :
caste de nation, caste de famille, caste religieuse et caste de
science. Il unira tous les drapeaux et jettera dans le même
brasier les écussons de la vanité, et les hochets de la supersti-

tion et les diplômes du monopole. Il ne laissera plus qu'une grande caste qui aura pour nom : «*l'humanité*», dont les membres seront tous frères, pour s'instruire et s'aimer entr'eux, adorant ensemble, dans une prière simple et majestueuse, un seul Dieu bon et tout-puissant, père de tous les hommes et de toutes les choses.

Cependant cette terre promise que nous découvrons à l'horizon lointain d'un avenir prospère, nos pas ne la fouleront peut-être jamais. Ouvriers obscurs et dévoués d'une œuvre de vie et de progrès, nous laisserons sans doute nos os dans le désert. Qu'importe! Toutes les générations de l'humanité sont solidaires, et les hommes doivent à leurs fils les bienfaits de leurs pères.

Notre vie sera donc une lutte incessante et cruelle, un combat acharné où nos cœurs saigneront plus d'une fois. Soutenus par l'*amour* et la *volonté*, nous saurons braver l'injure des sots, les huées des méchants et la rage des fripons. Ils se dresseront tous sur notre route, pour nous maudire et nous frapper. Et toi aussi, *Bêtise*, à l'œil terne, patronne des dupes, mère unique du mal, toujours attelée au char du mensonge, dans l'ornière boueuse de la routine, tu conduiras sur nos pas, pour barrer le passage, ceux que tu berces mollement sur le chemin de la mort, et tu leur imposeras sans doute un sourire niaisement moqueur.

Vains obstacles! tristes fantômes! Essuyant la bave dont les méchants nous auront couverts dans leur rage impuissante, nous les laisserons tous, maîtres et valets, suivre honteusement leur marche funèbre dans un linceul doré; nous irons droit aux pauvres, à celui qui souffre dans la mansarde sombre, sur un grabat infect, à celui qui se tord dans les angoisses du froid, de la faim et de la douleur, victime de l'égoïsme de ses frères, qui l'ont jeté, comme un damné, dans l'enfer de l'esclavage. Quand nous l'aurons relevé, nous lui enseignerons à relever ses frères, souffrants comme il l'était; nous lui dirons que le *fluide* de l'*amour* sortira plus puissant de sa main calleuse que des doigts parfumés d'un oisif élégant, et, quand nous aurons autour de nous des mendiants soulagés, nous serons bénis d'en haut, car la bénédiction du simple est la bénédiction de Dieu.

Nous irons aussi chez ces penseurs sublimes dont la conscience a su rester chaste au milieu des débauches de la corruption, qui cherchent, à la sueur de leur front, la route des peuples égarés, vers ceux qui tiennent d'une main puissante le drapeau de l'avenir, avec sa triple devise : « *liberté, fraternité, égalité* », à travers la foule stupide des niais et des méchants, dussions-nous tomber épuisés en arrivant ; nous porterons à leurs pieds la vérité nouvelle qui pèse à nos bras débiles, afin que la prenant dans leurs mains, ils l'élèvent bien haut, pour la faire briller aux yeux des peuples réjouis, comme un phare qui luit dans la tempête.

Dans ce rude apostolat, nous serons toujours soutenus par vos leçons et guidés par vos exemples. Si votre carrière magnétique est pleine de grands enseignements et de phénomènes sublimes, c'est que vous avez un grand cœur, seul titre de noblesse dans la cité de l'*amour*. Comme vous, nous chercherons à développer notre *charité* par la pratique continuelle du Magnétisme, cette puissante gymnastique du cœur, nous serons *prêtres* sans flétrir notre corps et abrutir notre âme par les rigueurs d'un ascétisme stupide et d'une lâche pénitence ; nous aurons, comme ceux d'autrefois, le don des miracles, et la révélation divine surgira autour de nous par la bouche de ceux que nous guérirons. Nous serons *Mé-*

decins sans dessécher notre cœur au milieu des cadavres arrachés à la tombe ; nous n'irons pas puiser notre science dans la moisissure de la mort, mais dans la force et dans l'amour de la vie. Assis au chevet du mourant, nous remplacerons ceux qui vendent les soins et la prière, et après avoir recueilli son dernier soupir, nous fermerons ses yeux par une dernière imposition des mains.

Tous ceux qui vous entourent, et que vous aimez, éprouvent comme un reflet des grands phénomènes auxquels votre vie est liée. Dans le peu de temps que nous avons eu le bonheur de passer avec vous, toutes les phases du Magnétisme se sont déroulées à nos yeux, et toujours la sanction de l'expérience est venue grandir l'autorité de votre parole.

Le Magnétisme *curatif* nous a montré les cures les plus merveilleuses, et dans les crises qu'il provoquait nous avons pu étudier l'admirable travail de la nature, mise en jeu par *l'amour*, et toujours suivi de la délivrance et de la guérison.

Le somnambulisme nous a aidé par les remèdes et soutenu par la *Révélation religieuse. L'extase* d'un jeune somnambule fort peu préoccupé dans son état de veille des hautes questions qu'il a abordées dans ses sommeils, a été religieusement recueillie, pour recevoir plus tard la publicité qu'elle mérite.

Enfin, le phénomène de la mort est venu nous trouver au milieu de nos études, qu'il a élevées en les attristant. Par une magnétisation assidue, par de fréquentes insufflations sur la bouche et sur le cœur, vous avez adouci les derniers instants d'un pauvre enfant abandonné des Médecins, et, après sa mort, nous avons entendu son père déclarer, en état de somnambulisme, que vos soins avaient prolongé, pendant plus de sept heures, la vie de son fils, en lui épargnant les souffrances d'une douloureuse agonie.

Agréez, Monsieur, avec le regret d'être forcés de nous éloigner, l'assurance de notre affection sincère et de notre dévoûment.

Le *Vice-Président de la Société*,

ALFRED SABATIÉ,
ancien Élève de l'École Polytechnique.

COUTEREL, BOUYS, MAZÉIRAC, SABATIÉ jeune, CANTALOUP, BOUSSÉS, ARNAL, LABADIE, PUJOL, DE BOURRAN, VÉRIAC, etc.

ORIGINE

DES PAROLES D'UN SOMNAMBULE.

Les somnambules ont des jets interrompus de clairvoyance, des éclairs d'éloquence, mais ils ne traitent jamais d'une manière suivie et à fond un sujet qui demande de grands développements. Les *Paroles d'un somnambule*, outre le mérite du style et des pensées, présentent un phénomène dont je ne connais pas d'exemple dans l'histoire du Magnétisme ; elles forment une œuvre complète, débitée d'inspiration, dans l'espace de dix-huit séances de deux heures chacune. Il est impossible de rendre l'impression qu'elles ont produit sur le nombreux auditoire qui les a entendues, et quel que soit le sentiment que l'on éprouve en les lisant, leur effet ne peut qu'en être amoindri. Pendant que le somnambule parlait, l'expression de ses traits, son éloquence saisissante, et le timbre vibrant et accentué de son organe, remuaient l'âme des spectateurs et les tenait comme suspendus à ses lèvres.

Ces *paroles* renferment des doctrines qui, par le temps qui court, réveilleront sans doute beaucoup de susceptibilités. Je dois faire observer que ces doctrines sont présentées, par le somnambule, comme futures dans un temps encore fort éloigné de nous, et non comme applicables à la société actuelle ; elles nous montrent la route que parcourt l'humanité, ses égarements, et le but vers lequel Dieu la pousse.

Esclave des faits, je ne me suis pas permis la plus légère altération, et je n'ai pas dû m'arrêter à l'impression fâcheuse que certains passages feront sur quelques esprits ; libre à chacun d'approuver ou de critiquer. Quel que soit le jugement que le lecteur porte sur ces *paroles*, je suis convaincu qu'il sera frappé de la logique serrée, de l'élévation et de l'enchaînement des idées, du bonheur d'expression qui les caractérisent, et de l'ordre admirable avec lequel le somnambule a rempli le vaste cadre qu'il a *choisi*.

Comme Magnétiseur, et pour des raisons qu'il ne m'est pas encore permis de faire connaître, les *Paroles d'un somnambule* ont pour moi un cachet de révélation qu'elles ne peuvent avoir, même pour les personnes qui les ont entendu prononcer. En ma qualité de narrateur, je les publie littéralement et sans commentaire, et les livre aux réflexions de ceux qui les liront, comme un phénomène magnétique, un *fait* qui a eu trop de témoins dignes de foi, pour que son authenticité puisse être contestée. Fidèle à ce principe, qu'un Magnétiseur doit laisser le somnambule à sa spontanéité, je n'ai point suggéré au mien l'idée de traiter les questions que ces *paroles* renferment. Il ne peut exister aucun doute à cet égard, puisque jusqu'alors il était sans clairvoyance, et ne présentait, dans ses sommeils, d'autre phénomène que des crises gymnastiques, pendant lesquelles il se magnétisait. Voici les circonstances, également authentiques, qui ont fait éclore ses facultés et donné naissance aux *Paroles d'un somnambule :*

Notre société était composée de jeunes gens, presque tous

étudiants en droit ; nous y recevions sans distinction les malades qui se présentaient. Nos appartements ne désemplissaient pas et offraient l'aspect d'un hôpital, car il ne nous venait, en général, que tout ce qu'il y avait de *pauvre* et de plus *infirme*. Ces Messieurs se partageaient les malades et les traitaient : non-seulement ils les guérissaient, lorsqu'ils n'étaient pas incurables, mais la Société leur fournissait des remèdes et leur donnait des secours. Je conserverai toujours le précieux souvenir du zèle et de la charité admirable avec laquelle, pendant huit mois, renonçant aux plaisirs de leur âge, ils se sont complètement dévoués au soulagement des malheureux. C'est un hommage que je suis heureux de rendre à leur noble conduite : jamais le principe de la *fraternité* n'a reçu une plus touchante application, et jamais Magnétiseur, qui a consacré sa vie à la propagation du Magnétisme, n'a obtenu une plus douce récompense de ses travaux.

La réunion du soir était consacrée à des conférences sur le Magnétisme et à l'étude du somnambulisme. J'avais un somnambule qui joignait à une grande *lucidité* une facilité d'élocution qui ajoutait à l'intérêt de nos séances. Son fils, à peine âgé de trois ans, tomba malade, et sa femme, au lieu d'avoir recours à la clairvoyance de son mari, appela un Médecin. Mon somnambule dominé, dans son état de veille, par sa femme, ne me parla pas de la maladie de son fils, et ce ne fut que quatre jours après, lorsqu'il le vit à l'agonie, qu'il me demanda à dormir pour l'examiner. Voici ce qu'il dit :

« Mon fils ne vivra plus à deux heures, si les sinapismes

» qu'on lui a posés ne prennent point. J'ai commis une grande
» faute en ne me faisant pas endormir plutôt et en laissant
» appeler un médecin par ma femme, il y a trois jours. Si je
» vous avais fait avertir hier au soir, vous étiez à temps à le
» sauver. A présent il est trop tard, il faudrait un miracle;
» vous pouvez seul l'opérer. Ayez la bonté d'aller le magné-
» tiser, mais je suis sans espoir : probablement l'enfant sera
» mort à deux heures. « *Éveillez-moi.* »

Dès que je l'eus éveillé, je me rendis chez lui en toute hâte,
et m'approchant du berceau de son fils, je reconnus en effe
que j'allais magnétiser presque un cadavre. Il était sans connaissance et exhalait déjà une odeur putride. Les sinapismes
étaient placés de la veille ; c'était dix heures du matin, ils
n'avaient pas encore pris. Cependant, je ne reculai pas devant
cette tombe à demi ouverte, et je ne perdis pas, Dieu aidant,
l'espoir de lui arracher la victime qu'elle attendait. Je me mis
à magnétiser le moribond à grands courants, puis je lui fis
des insufflations incessantes sur le cœur et sur la bouche.
A midi, les sinapismes donnaient, et à deux heures l'enfant
avait repris connaissance.

A la même époque, je traitais deux jeunes gens, l'un de
vingt-trois ans, et l'autre de dix-neuf, qui ne présentaient,
dans leur sommeil, que des crises gymnastiques sans clairvoyance. Je magnétisais le premier à deux heures de l'après-
midi, et le second à dix heures du soir. A deux heures, je
fus donc forcé d'abandonner, pour quelque temps, le petit
agonisant, qui paraissait revenir à la vie, pour aller magnétiser mon premier crisiaque. Dès que je l'ai endormi, il tombe

en extase, se lève tout-à-coup, et magnétise le moribond, en dirigeant ses *passes* vers sa demeure et en les accompagnant de chants religieux, mêlés de chants de victoire.

Cette scène inattendue dura environ une demi-heure. Quand il fut calme, je le réveillai, et nous partimes pour nous rendre auprès du malade. A peine nous eûmes pénétré dans la chambre, qu'il tomba de lui-même en crise, et, s'appuyant sur mon épaule, recommença à magnétiser l'enfant avec la même ardeur et de la même manière. Il faut assister à des scènes pareilles pour en comprendre toute la beauté, et apprécier les émotions qu'elles produisent. Cette nouvelle crise dura un quart-d'heure.

L'enfant vivait ; il conservait sa connaissance, mais les émanations de son corps étaient toujours cadavéreuses. Cependant le phénomène qui venait de s'opérer soutenait au fond de mon cœur l'espoir de le sauver. Je continuai à le magnétiser pendant toute la soirée, et, par mes insufflations, j'arrêtai son âme prête à s'envoler. On avait entraîné son père et sa mère à la Société, pour les arracher à ce spectacle de désolation. Un peu avant dix heures du soir, je sortis pour leur annoncer que l'enfant n'était pas encore mort, et je laissai, pour veiller sur lui, le jeune homme que je magnétisais à cette heure. En revenant, je le trouvai pâle et défait. Je l'engageai à sortir, et lui dis d'aller m'attendre à la Société. Je me penchai sur le berceau, et à peine j'eus fait quelques insufflations au moribond, qu'il exhala le dernier soupir sur mes lèvres : on eût dit que la pauvre créature avait attendu mon retour pour rendre son âme à Dieu. Après lui avoir fermé les yeux, je me dirigeai tristement vers la Société, pour annoncer cette douloureuse nouvelle au père et à la mère. Pendant que chacun leur prodigue des consolations, je m'aperçois que le jeune homme que j'avais laissé quelques minutes auprès du mourant, est dans une violente agitation : je le magnétise pour le calmer. A peine endormi, il jette avec horreur le mouchoir qu'il portait sur lui, et s'écrie :

« Enlevez-moi ce mouchoir ! il sent le cadavre. »

Un instant après, il tombe en *extase*, et nous annonce qu'il va traiter de hautes questions.

Une tombe ! voilà l'origine *imprévue* des *Paroles d'un somnambule.*

Le lendemain de la mort de cet enfant, j'endormis son père ; voici ce qu'il dit sur les phénomènes de la veille :

« La mort, c'est la vie, c'est la réunion de ceux qui
» s'aiment.... Je vois mon fils, une dame le conduit par la
» main.... je ne la connais pas.... Qu'il est heureux, le pau-
» vre enfant !... il va rejoindre mon père, et ma sœur, que je
» n'ai jamais vue, et qui le réclame. Ah, qu'il est beau, qu'il
» est grand ! comme il est content, lui qui aimait tant à être
» bien mis ! son sourire est toujours le même. »

Pendant que le somnambule parlait, sa figure était rayonnante de béatitude et laissait percer une douce teinte de mélancolie. Je lui demandai s'il ne pourrait pas nous expliquer les phénomènes qui s'étaient passés à la mort de son fils, et la cause de l'extase de mes deux jeunes crisiaques. Il me répondit :

« Il s'est passé des effets incroyables qu'il ne m'est pas
» permis d'expliquer.... Avant-hier, mon fils était plus ter-
» restre qu'autre chose ; c'est que son âme ne s'était pas
» encore envolée. Quand vous lui avez fait des insufflations
» sur la bouche et sur le cœur, il s'est passé des effets pro-
» digieux. Plus de crises : il a été entre les béatitudes célestes
» et les souffrances terrestres ; ces insufflations lui procu-
» raient un bien-être aux poumons. Rien d'humain ne pouvait
» opérer sur ce corps qui n'appartenait plus à la terre. Vous
» l'avez fait vivre plus de six heures ; Dieu l'a retiré pour
» son bonheur. Si on l'avait laissé tranquille, il serait mort
» dans d'incroyables souffrances, car le poumon attaqué
» combattait la force de l'autre ; c'était la lutte de la vie et
» de la mort. On aurait pu le sauver, mais on l'a fait magné-
» tiser trop tard ; la veille on y était encore à temps. C'est
» une grande faute de n'avoir pas repoussé du pied les Méde-
» cins. Ces pauvres d'esprit, pygmées qu'ils sont, que peu-
» vent-ils auprès de vous et du Magnétisme ? Vous, vous
» avez confiance en votre force, et eux ne l'ont pas. Le Christ
» avait raison quand il disait : *ayez la foi et vous serez*
» *sauvés.* Avec la foi et la conscience de sa force, on peut
» remédier à bien des choses.

» N'en parlons plus, la faute est irrémédiable.

» Adieu, pauvre enfant, trois fois adieu !... j'espère te
» revoir souvent dans mes sommeils.

» J'ai vu mon père et ma sœur.

» Ma femme est souffrante ; magnétisez-la. Elle dormira
» et elle verra son fils dans son sommeil. »

Quand nos somnambules parlaient, deux membres de la
Société écrivaient sur des feuilles volantes, et la séance était
ensuite couchée sur nos procès-verbaux. Celle-ci et celle qui
l'avait précédée se glissèrent par mégarde, avant qu'elles ne
fussent consignées sur nos registres, parmi des papiers
inutiles, qu'on déchira peu de jours après, et nous les crûmes
perdues. Au bout d'un mois, on les retrouva dans le placard
où étaient renfermés les papiers qu'on avait mis en pièces.
Elles avaient échappé à la destruction par le plus grand des
hasards ; en prenant ces papiers, elles s'étaient glissées dans
un endroit obscur, le long du mur, et y étaient restées col-
lées. Le soir de cette découverte, quelques membres de la
Société exprimèrent leur étonnement, pendant que le somnambule qui a prononcé les *paroles* dormait. Il leur dit :

« Ne soyez point étonnés, Messieurs, quand une chose
est destinée à être conservée, le feu prendrait à la maison
qu'elle échapperait aux flammes. »

PAROLES

SOMNAMBULE.

Connais-toi toi-même.
(Socrate).

EXTASE.

LE SOMNAMBULE.

Dieu est partout !!!...

Le somnambule contemple la grandeur de Dieu et la beauté de son ouvrage ; sa figure exprime tour-à-tour l'admiration et l'étonnement.

Il y a quatre hommes qui ont compris l'ouvrage de Dieu :

Socrate l'a pressenti.

Le Christ l'a résumé et enseigné.

Joseph Hayden l'a fait passer dans nos sensations.

George Sand nous le développe.

Dieu est sublime ! on peut le définir : « *amour et volonté.* »

Le somnambule arrive à l'extase et se prosterne la face contre terre.

Il y a un verset dans les Psaumes qui nous donne une idée de la grandeur de Dieu.

Le somnambule se lève et entonne d'une voix sonore et pénétrante le :
LAUDATE DOMINUM OMNES GENTES, LAUDATE EUM OMNES POPULI.

M. OLIVIER.

Pouvez-vous nous dire ce que vous avez vu ?

LE SOMNAMBULE.

— *Vivement.* — Non : Dieu nous a défendu de savoir au juste ce que nous deviendrons ; personne ne le saura.

Contemplation du somnambule.

— *Avec joie.* — Dieu a jeté un regard sur moi.

Je vais traiter de hautes questions, vous faire comme une espèce de cours. Je dois vous dire que, dans mon état de somnambulisme, *l'idée* n'est pas pour moi cette chose invisible de l'état de veille, elle prend un corps ; elle est formulée dans un tableau qui passe devant mes yeux ; ce que je vous dis n'est que la description exacte du tableau que je vois.

DIEU.

Je vais vous parler de Dieu. Vraiment cela me sera très-difficile ! Il ne faut pas donner une définition, ni songer à en donner une, quand on ne peut le faire qu'incomplètement. Il ne faut pas non plus songer à traiter ces questions légè-rement.

Quand on parle de Dieu et qu'on dit :

« *Dieu est un esprit* », on le caractérise bien.

Mais qu'est-ce que cet esprit ?

L'Evangile dit : « *L'esprit de lumière et de vérité.* »

Et moi je dis : « *L'esprit de tout.* »

Je crois être plus correct.

L'Evangile dit : « *Au commencement était le Verbe, et le Verbe était en Dieu, et le Verbe était Dieu.* »

Les Prêtres et *Lamenais* disent que le *Verbe* est le fils de Dieu.

Moi je dis que le *Verbe* est Dieu lui-même.

Le *Verbe*, c'est la parole de Dieu, l'émanation de *lui*, c'est son principe ; c'est donc *lui !*

Le *Verbe* est un mot *bien*, mais faiblement employé. Il exprime la nécessité de Dieu. En effet :

Le *Verbe* est une chose essentielle dans le langage ; sans lui, on ne pourrait parler. Sans Dieu, rien n'existerait.

On a dit que le *Verbe* était en Dieu. C'est que le *Verbe* est

14

de l'essence du langage : or, le *Verbe* étant une essence, se trouve dans Dieu, qui est l'essence elle-même.

Dieu travaille bien.

Dieu est l'*esprit* de lumière, de vérité, de bonté, de grandeur, d'amour.

« *Deus caritas est.* »

Quels avortons nous sommes !....

J'ai lu ce soir l'explication du mystère de la Trinité. *
« *Dieu existe ; c'est le père. Depuis qu'il existe, il se connaît ; cette connaissance engendre le fils. L'amour qu'il a pour son fils constitue le Saint-Esprit.* »

Ce n'est pas une Trinité ! Marquez un *point* sur *l'infini*, vous ferez un non-sens. L'*infini* n'a pas d'époque, n'a pas de *point :* et l'on a voulu lui en donner trois !... C'est une trop grande vanité ! aussi est-ce un *mystère*.

Je vous ai dit que Dieu travaillait. En effet : il travaille toujours, il ne s'est jamais reposé ; il n'y a pas de septième jour. Son ouvrage a été dégrossi en six jours ; le projet était jeté, le plan était fait. Le septième jour est arrivé la conception du *fini*. Ce jour-là, il le contemplait, et c'est en le contemplant qu'il l'a conçu, et que le *fini* a été projeté. Le huitième il a commencé le *fini*.

Il y a longtemps à courir avant qu'il soit tout-à-fait terminé.

Comme il contemple son ouvrage ? comme il l'admire ! comme il le protége ! quel artiste !....

---

* Le somnambule avait demandé, dans son sommeil de la veille, la définition du mystère de la Trinité, par Lamenais, afin de la lire, en état de veille.

Parlons de son ouvrage.

Le monde n'est pas un composé de terre et de mer, de planètes, d'étoiles, d'animaux, d'insectes, etc., etc.... Je ne considère pas cela ; je considère *l'esprit, l'âme* et *la matière.*

La *matière* est une abjection ; cependant *la matière véritable, essentielle,* est autre chose qu'une futilité. Je vous en parlerai plus tard.

L'*esprit* est une émanation de Dieu.

L'*âme* une émanation de l'*esprit* et de la *matière,* l'anneau qui unit ces deux *tout.*

La *conscience,* le *moi pur,* est la partie spirituelle de l'âme ; c'est le tabernacle de toutes les émanations de la divinité.

En partant de l'*esprit* et de la *matière,* pour arriver à l'*âme,* il y a une foule d'échelons à parcourir.

Voilà un bloc de l'ouvrage de Dieu.

Je vais à présent vous parler des ustensiles qui servent à la confection de cet ouvrage.

Le *mal* est l'*ébauchoir,* le *repentir* est le *polissoir.*

Belle est cette parole du *Christ :*

« *Ego sum qui tollit peccata mundi.* »

En effet, puisque le *monde* est un ouvrage et que le *mal* n'est qu'un ustensile pour sa confection, l'ustensile ne faisant pas partie de l'ouvrage, ne doit pas être confondu avec lui.

Le *Christ* nous a formulé cette pensée qui n'avait pas été comprise.

Le *Christ* nous a porté l'*amour,* nous a renversé le règne impie et égoïste du Judaïsme, il a posé la première pierre du grand édifice de l'humanité, il a trouvé la machine qui nous pousse rapidement au progrès.

Parlons d'un autre ustensile de la *vie*.

On a parlé de la vie comme d'un passage : c'est en effet une station, un moment.

Elle nous présente l'union de la *matière* à l'*esprit* et le travail de ces deux *tout*, travail d'épuration qui s'opère à travers la *matière brute*, qui n'est qu'un tamis où les autres parties substantielles sont passées et clarifiées. Voyez les mourants! tous avant de mourir ont un éclair qui brille. C'est au moment de la désunion ; ils voient alors beaucoup dans cet état. Ce n'est pas l'*extase!* c'est un *renouvellement*.

« *Et la parole est venue parmi les siens et ils ne l'ont pas comprise.* »

Pensée très-vraie et prouvant la faiblesse humaine.

Que serions-nous sans les fictions que nous ne comprenons pas? Que serions-nous sans cette fiction de la *Providence*, de la *Nature*, de l'*Ange Gardien*, sans cette réalité de l'*Esprit?* Nous ne serions rien. Alors il n'y aurait pas de Dieu, car qui dit *Dieu* dit *esprit*, qui dit *esprit* dit *intelligence*, et qui dit *intelligence* dit *action*. Qui dit *action intelligente* dit *invention*, par conséquent *travail*.

Or, je vous ai dit que Dieu *travaillait*.

LE MONDE.

On va chercher de grands raisonnements quand on n'a qu'à se baisser pour prendre. Les uns sont *spiritualistes*, les autres sont *matérialistes*.

« *Et la parole est venue parmi les siens et elle n'a pas été comprise.* « *Et Verbum caro factum est.* »

Voilà le grand mot.

C'est lui qui nous indique ce que c'est que l'*âme*. Il établit la différence entre l'*âme* et l'*esprit*, et la gradation entre la *matière*, l'*âme* et l'*esprit*.

Je vous ai dit que l'*esprit* est une émanation directe mais immédiate de Dieu ; l'*âme*, l'anneau qui l'unit à la *matière*.

Je vais vous dire une chose qui vous étonnera beaucoup en parlant de la *matière*. C'est un *tout* réel, mais tellement en harmonie avec l'*esprit* et tellement lié avec l'*âme*, que l'on peut dire que la *matière* en est une continuation.

Vous pourriez croire que je dis un non-sens : je vais développer.

Nous distinguons deux choses : la *matière* et l'*esprit*. Or, faisons la distinction humaine, et, comme les hommes, parlons de l'*âme* et de la *matière*.

L'âme est une chose demi matérielle et demi spirituelle ; c'est une émanation directe de chacun de ces deux *tout*, et c'est la réunion de ces émanations.

Pour arriver de l'âme à chacun de ces *tout*, il faut passer par une infinité de degrés.

Les trois choses principales sont :

L'esprit : chose simple.

L'âme : MEDIUM, anneau.

La *matière :* chose dernière, chose simple, *tout*, comme *l'esprit*.

Dans le phénomène de la *mort*, phénomène véritablement extraordinaire pour les hommes, il existe une chose qui n'est que le *renouvellement*. Lorsque la désunion s'opère, *l'esprit pur* vient renouveler la partie spirituelle de l'âme, *la matière* vient reprendre la partie matérielle. Ces deux parties ayant été travaillées, reviennent purifiées à leur *tout*, qui se perfectionne.

L'intelligence sert à perfectionner. Quand nous arriverons à la perfectibilité, les intelligences seront les mêmes.

Quand on dit que l'homme est *spirituel* et *matériel*, on a raison. Si l'on dit qu'il est composé de *corps* et d'*âme*, on a tort.

M. OLIVIER.

L'esprit conserve-t-il, après la mort, le souvenir de son individualité sur la terre ? C'est par induction d'un phénomène que je possède, et qu'il ne m'est pas encore permis de dévoiler, que je vous fais cette question.

LE SOMNAMBULE.

Vous allez trop loin. Ces sortes de questions ne peuvent

être jugées que par induction. Si nous arrivions à une réalité sûre, si ces choses n'étaient pas voilées, nous serions *Dieu*, comme vous le dites fort bien dans votre traité de Magnétisme. Je vous engage à lire George Sand. Elle ne l'explique pas ; elle ne le sait pas, elle peut soupçonner quelque chose, mais elle ne peut soupçonner beaucoup. Sur ces questions, il y aura des avis divers, toujours du vague, mais jamais rien de certain. Du reste, si vous êtes curieux, votre curiosité est bien placée ; elle est *grande*. Nous en avons deux types dans l'antiquité : *Prométhée* et *Phaëton* ». Ces fictions ont du sens.

Revenons à notre sujet.

Nous avons établi la division du *monde* en trois parties : l'*esprit*, l'*âme* et la *matière*.

L'*esprit* par divers degrés se transforme et devient *âme*.

L'*âme* se transforme aussi, et par divers degrés arrive à la *matière*.

L'*âme* est donc une chose complexe tenant de l'*esprit* et de la *matière*.

L'*esprit* est le réservoir général d'où découle une infinité de canaux qui tendent vers la *matière*, et qui, pour y arriver, passent par diverses modifications, que nous appelons, *degrés d'intelligence*, et dont je vais vous parler avant de traiter de l'*âme* et du *corps*.

Il y a des intelligences supérieures, ordinaires et inférieures.

Elles proviennent toutes de la *matière* et de l'*esprit*.

Dans les premières l'*esprit* domine.

Dans les secondes les quantités d'*esprit* et de *matière* sont égales.

Dans les dernières, l'*esprit* est absorbé par la *matière*.

Il y a compensation, et toujours à l'avantage des intelligences inférieures, parce que les intelligences supérieures leur donnent l'impulsion et les font par cela même avancer en les complétant.

Quand on parle des facultés des somnambules, absurdité! Qu'on parle des facultés de l'esprit! à la bonne heure.

Le somnambulisme est l'état naturel dans lequel la nature complète, réelle, se dépouille de ses voiles qu'on appelle «*corps*», pour prendre toutes les facultés, toute la science que possède l'*esprit*.

L'*esprit* ne *voit* pas, il *sait*; c'est cette science que nous appelons la science *infuse*. C'est la science *réelle*, et non de convention.

Quand on dit: «*fraternité*», on a raison. Chaque individu, comme vous l'a fort bien dit votre ami *Gauzence*, est un exemplaire de son semblable. C'est une molécule d'un même *tout* «l'esprit» et d'un autre même *tout* «la *matière essentielle*», molécules unies l'une à l'autre et fondues.

D'après cela, vous devez comprendre la transmission de la pensée, car l'*esprit* ne *voit* pas, il *sait*: il est donc d'un particulier appelé dans le *tout*, et du *tout* il voit les autres particuliers et peut être appelé sur eux.

La transposition des sens s'explique par l'appel sur une partie quelconque de lui-même.

Les prévisions que fait un somnambule sont seulement des prévisions sur l'ordre des choses possibles , car il les pressent et les aspire en quelque sorte.

Le phénomène de la sympathie peut aussi s'expliquer de la même manière.

La partie spirituelle de l'*âme* étant transportée dans son *tout* abandonne la partie matérielle de l'âme ; il y a une désunion. Or , que deviendra cette partie matérielle? Il est absurde de supposer qu'elle restera isolée dans le *monde* , car alors il y aurait une chose incomplète , ce serait une *âme* sans *esprit*. La partie matérielle va rejoindre son *tout* : « la *matière*. »

Le phénomène de la transmission de la pensée existe par ce qu'on appelle « l'*esprit*» sur une partie de lui-même.

Le phénomène de la sympathie existe par ce qu'on appelle « la *matière*» sur une partie d'elle-même.

La sensation est perçue , comprise , analysée , car l'*esprit* ne cesse pas sa surveillance.

L'*esprit* est *un* : il est *savant*.

Cette unité de l'*esprit* se subdivise ; dans chacune de ses subdivisions , qui , à proprement parler , ne sont autre chose que des émanations , il rencontre une subdivision de la *matière* , s'unit à elle et forme une *âme*.

Le somnambulisme est la faculté donnée par Dieu d'augmenter l'*âme* , c'est-à-dire , de la faire remonter vers ses *tout* en les appelant sur elle , de désunir les parties de l'*âme* en portant chaque partie vers son *tout*, tout en conservant un reflet de cette union , reflet qui empêche la désunion complète, c'est-à-dire , la *mort*.

L'esprit est *un* ; fussions-nous des millions d'hommes , le même *esprit* nous animerait tous.

De là découle le principe de l'amour du prochain : « *Aime* » *ton prochain comme toi-même , car c'est toi que tu aimes* » *en aimant ton prochain.* »

Quand un statuaire fait une statue en marbre, il commence à dégrossir son bloc avec le ciseau ; il en sort bientôt une forme , une figure quelconque , une ébauche enfin.

Quand Dieu a créé le *monde*, il a pris un grand bloc et l'a taillé ; son ébauche a duré six jours , le septième il a pris ses grandes dimensions, il a commencé le fini , et depuis son ouvrage est en train.

Quand le *monde sera fini* , il restera l'*esprit :* la *matière brute* aura disparu, il ne restera que la matière réelle , et cette *matière* sera spiritualisée ; ce sera l'*idéal*. La fusion entre la *matière* et l'*esprit* sera si intime , que la *matière* deviendra *esprit*.

Loke a dit que Dieu pouvait faire que la matière pensât. Loke avait pressenti l'idéalisation de la *matière*.

Cette idéalisation est le *but* de Dieu.

L'esprit est *un.*

Cette unité m'explique bien des choses. Vous avez un phé-nomène bien réel et bien vrai, mais unique, et que, par conséquent, vous ne pouvez oublier ni dévoiler. Je ne veux ici vous parler que d'une partie de ce phénomène, du phénomène de la bougie; il nous prouve que l'*esprit* voltige autour de nous, et par conséquent la surveillance qu'il exerce sur l'émanation que nous avons de lui. Votre phénomène complet nous prouve bien davantage ce que j'avance, mais je veux rentrer dans le silence là-dessus.

M. OLIVIER.

Me suis-je trompé en supposant que c'est à ce phénomène que je dois les révélations que vous nous faites, à l'aide des tableaux qu'il fait passer devant vos yeux?

LE SOMNAMBULE.

Non, Monsieur.

M. OLIVIER.

Pourquoi ne me l'avoir pas dit?

LE SOMNAMBULE.

J'ai gardé le silence par respect et parce que j'avais vu que vous aviez pénétré ce mystère. Je n'en aurais pas parlé si vous ne m'aviez pas interrogé; d'ailleurs je vois qu'*on* vous a écrit, il y a peu de jours, qu'*on* suivait les travaux de notre société avec intérêt. Suis-je dans l'erreur?

M. OLIVIER.

Non : ce que vous dites est parfaitement exact. Mais n'insistons point sur ce phénomène si extraordinaire; je ne puis que vous louer de votre réserve, et si je vous en ai parlé, c'est pour avoir une preuve de plus que je ne suis pas sous l'empire d'une illusion. Reprenez votre sujet.

LE SOMNAMBULE.

J'y reviens.

L'*esprit* est une chose, l'*âme* en est une autre, la *matière* aussi.

L'*âme* est une chose dépendante de l'*esprit* et de la *matière ;* c'est l'anneau qui les unit.

J'appellerai l'âme « *esprit humain.* »

Dans sa marche, l'*esprit humain* s'agrandit ; les émanations de l'*esprit* et de la *matière* franchissent continuellement les échelons qui les séparent, et deviennent plus directes, car les deux *tout* se rapprochent. Le jour où le *fini* existera, il n'y aura plus d'*âme*, que nous avons appelé « *esprit humain* », il n'y aura plus d'anneau qui réunira les émanations des deux *tout ;* il y aura une chose qui se composera de ces deux *tout* eux-mêmes, ce sera le *monde*, car alors les deux *tout* ne seront pas en contact par la fusion de leurs émanations, ils seront réunis par la fusion d'eux-mêmes l'un dans l'autre.

Telle est la marche générale de l'*âme spirituelle ;* elle tend toujours à se rapprocher de l'*esprit*, d'où elle découle.

Parlons du second travail : de l'*âme matérielle.*

L'*âme matérielle* travaille comme l'*âme spirituelle :* de même que cette partie *spirituelle* tend à remonter vers l'*esprit*, de même la partie *matérielle* tend à rapprocher la *matière*. Quand non-seulement la *matière* sera réunie à la partie *matérielle* de l'*âme*, mais qu'elle sera réunie à l'*esprit*, le *fini* existera, la fusion s'opèrera dans les deux *tout*.

La *matière* prendra les propriétés de l'*esprit*, l'*esprit* celles de la *matière*. L'ouvrage sera terminé ; il exprimera une pensée, cette pensée sera une pensée d'*amour*.

Ces idées ne sont pas neuves ; elles ont été pressenties, mais non complètement comprises par la secte des *Saints-Simoniens*. Ce qu'ils avaient de plus beau, c'était la réhabilitation de la *matière*. Ils en avaient compris l'importance, ils avaient vu que l'*esprit* était créé pour son perfectionnement, mais qu'elle avait été créée pour être le complément de l'*esprit*.

Quand l'*esprit* sera complété, nous verrons ce qu'on appelle le *jugement dernier*. Ce ne sera pas le *jugement* des fautes, mais bien le *jugement* que Dieu portera sur son ouvrage.

La réunion des *âmes* à leur corps est une bien triste image, et cependant elle nous donne, malgré sa faiblesse, une idée de la réunion des *tout*. Les trompettes ne sonneront pas le réveil, elles sonneront l'allégresse.

Le septième jour arrivera.

Alors s'ouvrira l'*éternité* : *éternité d'amour et de protection* de la part de Dieu sur son ouvrage, *éternité de contemplation suprême* vers son Dieu, de la part du *monde*.

« *Hosanna in excelsis.* »

La réunion de l'*esprit* à la *matière essentielle*, vous ai-je dit, est le but de Dieu. Autrefois on avait cherché à idéaliser, on a cherché à faire penser la *forme matérielle* , à lui donner une expression. Autrefois on s'était trompé , car on avait voulu matérialiser la divinité , lui donner une idée belle et correcte. Aujourd'hui on a reconnu l'impossibilité de ce travail.

Autrefois on croyait à une hiérarchie des dieux. Pure bêtise : L'Olympe est une absurdité. Qui dit : « *Dieu* » dit : « *être parfait.* » La perfection n'a pas deux degrés. Deux *êtres* ne peuvent pas être également parfaits.

Cependant il y a deux espèces de perfections : l'une *essence, principe* , l'autre *dérivé* , *conséquence.*

La première , c'est *Dieu* ; c'est la perfection.

La seconde , c'est le *monde* , qui sera toujours moins parfait que Dieu.

La première existe d'elle-même ; elle a toujours été aussi parfaite qu'elle l'est. Jamais de progrès chez elle , jamais de décadence.

La seconde se perfectionne ; elle a besoin de travail. Chez elle toujours du progrès , jamais de décadence ; mais elle arrivera à la station : c'est la *perfectibilité.*

Vous comprenez la différence !

C'est celle qui existe entre l'*essence* et le *nécessaire* , celle qui existe entre le *principe* et la *conséquence.*

Je comprends que cette question de la *population* , dont je vais vous parler , ait arrêté tous ceux qui s'occupaient du dogme de la *perfectibilité.* C'est en effet une question très-haute, très-grande et que l'on ne pouvait entrevoir que sur des conjectures. Moi je la vois par des réalités.

Cette question n'a jamais pu être résolue, parce qu'on n'a pas fait attention au point de départ *«la mort»* et parce que l'on n'a considéré qu'un *monde*, au lieu de les considérer tous ; de plus, parce qu'on n'a parlé que relativement aux *individus* et non relativement aux *êtres*.

Je vous expliquerai la différence qui existe entre ces deux mots.

Quel est le phénomène qui s'opère dans la *mort*? C'est le *renouvellement*.

Qu'est-ce que la vie? C'est un travail continuel, c'est un moyen de perfectionnement, c'est un ustensile de Dieu.

La marche de l'*humanité* étant une marche ascendante, le progrès arrive de jour en jour. Or, quand le progrès, qui est limité, sera moindre à parcourir l'on aura moins de travail à faire ; il faudra moins de temps pour faire ce travail. La vie, qui est la machine qui fait ce travail, machine qui fonctionne continuellement fonctionnera moins longtemps, car le terme de sa fonction arrivera plus tôt ; elle diminuera de durée.

Elle a déjà beaucoup diminué.

Autrefois elle était à peu près de cent à cent dix ans ; elle a été de bien davantage. Aujourd'hui elle est, en moyenne, de soixante et dix à soixante et quinze ans. Nous arriverons à un temps où elle sera de vingt-cinq, de quinze, de dix, de cinq ans. Elle décroîtra successivement jusqu'à ce que nous n'ayons plus besoin d'être perfectionnés.

Notre vie n'est pas notre état *normal* ; nous n'y entrons qu'après la *mort* ; c'est tout bonnement la préparation à entrer dans cet état naturel. Quand nous sommes assez préparés , nous mourons, parce qu'alors le *renouvellement* peut arriver, attendu que la porte lui est ouverte.

Nous avons , me dira-t-on , des morts violentes !

Il y en a de deux espèces : la mort violente *naturelle* et la mort violente *provoquée*.

La mort violente ordinaire rentre dans les règles , parce qu'elle n'arrive jamais sans cause. Je veux parler , sous l'expression de *naturelle* , de celle qui arrive par maladie ou par accident. Cette mort est regrettée chez les hommes.

La mort violente , *provoquée* , est mauvaise , car elle brusque le *renouvellement*. Elle arrive ou par le suicide ou par le châtiment des hommes. Elle est flétrie chez les hommes.

La mort violente *naturelle* , arrivant par maladie , n'est autre chose qu'une mort tout-à-fait ordinaire.

La mort violente, arrivée par accident, est dans les vues de Dieu. C'est un moyen de perfectionnement pour le *monde supérieur* au nôtre , car alors constituant , par le *renouvellement* qui a opéré incomplètement , un *être* incomplet , il forme un contraste entre lui et les *êtres* qui sont *finis*. Or , ce contraste est laid, il représente un *mal* , et ce *mal* est un moyen de perfectionnement pour le *monde supérieur* , qui , quoique déjà perfectionné , tend à se perfectionner encore davantage.

Heureux ceux qui meurent de cette mort-là , car c'est Dieu lui-même qui les choisit pour perfectionner leurs semblables.

Cette imperfection, dans laquelle ils restent, n'est que passagère.

La mort violente provoquée, le suicide, est mauvaise. Pourquoi? Elle fausse l'ordre naturel, en ce qu'elle veut faire que la *purification*, le *renouvellement*, arrive plus vite, puisqu'elle accélère la mort, moment où il doit arriver, en ce qu'elle veut le faire venir avant qu'on ne soit préparé à le recevoir; aussi n'atteint-elle pas son effet.

En effet : ici le *renouvellement* dégénère; du rang de *purification* il descend au rang de *préparation* à cette *purification*, car il est obligé de suppléer à cette *préparation* interrompue et laissée inachevée par le fait du suicide. Il reste alors aux yeux du *monde supérieur* un *être* non *fini*, et qui se *finissant* dans son insuffisance, représente, non un *mal*, comme la mort par accident, mais une hideuse énormité qui dégoûte ce *monde supérieur*, tout en le faisant avancer.

Malheureux ceux qui se suicident, car ils sont un moyen de perfectionnement pour le *monde supérieur*; mais ce moyen n'est pas donné par Dieu; il dérive d'un fait humain déplorable.

Cette imperfection est longue!... c'est une *peine*.

La mort violente, infligée par le jugement des hommes, jugement que je ne leur reconnais nullement le droit de rendre, car c'est une véritable usurpation des droits de Dieu, cette mort, dis-je, rentre dans le cas de suicide et non d'accident.

En effet, dans la société, organisée telle qu'elle est, tout

15

individu qui commet un crime est passible de la mort. Or, tout individu qui commet un crime joue sa vie ; il tente une chance, il conçoit son suicide. Cette conception est aussi déplorable que la naissance, l'enfantement du suicide, puisque la mort est la conséquence de son fait.

Le fait du suicide ordinaire est le coup que l'on se porte ; le fait de la mort infligée est le coup que porte le bourreau par suite du coup que l'on a porté. C'est ce retentissement, ce contre-coup qui fait rentrer cette mort dans le cas de suicide.

De plus, la mort infligée est un *mal*, car c'est la punition d'une faute. Elle est présentée comme une hideuse énormité pour le *monde supérieur*, car ici il y a non-seulement faute individuelle, mais il y a souffrance étrangère. En effet, elle accélère le *renouvellement* chez un autre et le fait dégénérer.

Elle est repoussée complètement par le *monde supérieur*.

Dans la mort par accident, lorsque cet accident est un assassinat, la victime est retardée dans sa marche et son *renouvellement* dégénère. Mais comme son meurtrier doit être puni, et comme la victime ne doit pas être victime une seconde fois, doit au contraire être soulagée, le travail de *préparation* du meurtrier sert à la victime, et comme cela sa *préparation* étant plus grande, son *renouvellement* ne dégénère pas aussi fortement.

Continuons notre sujet et pour cela revenons à notre point de départ.

Un de vos somnambules vous a dit, que plus l'on vieillissait

plus on devenait enfant. Je ne vous développerai pas complètement cette pensée, mais tout ce que je puis vous dire là-
dessus a rapport avec ce qui nous occupe.

L'enfance est bien près de l'état de nature. Par diverses
modifications, la vieillesse y revient. Par son raccourcisse-
ment, notre vie aura moins de temps à courir pour revenir
à son point de départ, ce qui n'empêchera pas que la *préparation* ne s'opère aussi complètement.

Je ne considère pas ici les *bons* d'un côté et les *méchants*
de l'autre, c'est-à-dire, je ne considère pas la *préparation
individuelle*; je considère l'ensemble de la *préparation* de
l'*humanité*. C'est pour cela que j'établis la moyenne de cette
préparation. Plus cette moyenne diminuera, plus on aura fait
du chemin; moins il en restera par conséquent à parcourir,
moins de temps il faudra pour faire ce parcours. Ainsi aujourd'hui la *préparation* faite par nos ancêtres nous sert et
servira, augmentée par nous, à ceux qui viendront dans
deux cents ans, et ainsi de suite. Vous devez comprendre
par cela que nous arriverons à un temps où la *préparation*
étant complète, nous n'aurons plus besoin du moyen de *préparation*. Or, comme ce moyen est la vie, nous ne vivrons
plus de notre vie actuelle.

C'est ce qu'on appelle la *fin du monde*, expression vraie
dans le sens des idées reçues, mais que je trouve fausse,
puisque je l'appelle : «*fin de la préparation.*»

En effet : alors l'ouvrage de Dieu marchera et aura mis de
côté ses entraves. Or, on ne peut pas appeler extinction d'une
chose l'extinction des liens qui l'enchaînent.

La *préparation*, malgré la diminution de la vie, existera toujours dans les mêmes conditions, c'est-à-dire, que la vieillesse au lieu de commencer à soixante ans et de finir à soixante et quinze, commencera à quinze ans et finira à vingt et un, et ainsi de suite. Nous en avons déjà des exemples : Ainsi les jeunes gens précoces, les hommes de génie! ils vivent vite, mais ne vivent pas longtemps.

La *préparation* est plus rapide.

« Quand ils ont tant d'esprit les enfants vivent peu. »

Ce vers est bon dans cette acception ; il exprime les effets de la *précocité*.

Il arrivera un temps où nous serons *tous* somnambules.

Qu'est-ce qui développera en nous cette *précocité*? Ce sera le *somnambulisme*.

Vous devez le comprendre.

En effet, plus nous serons près de l'état de nature, plus il nous sera facile d'y être élevés.

Qu'est-ce qui nous y élève? Le *somnambulisme*. *Nous finirons par être tous somnambules.*

Quand arrivera la mort pour *tous*, c'est-à-dire, le *renouvellement*, fin de la vie pour *tous*, nous serons prêts à être purifiés. La partie spirituelle de notre *âme* sera dans son *monde supérieur*, la partie *matérielle* dans le sien ; il y aura tension à la fusion. La *matière* sera plus près de la spiritualisation qu'elle ne l'est aujourd'hui, car elle aura repoussé la *matière brute.*

En parlant de *matière* je ne parle pas du *corps*, je parle de l'*essence* de la *matière*, *essence réelle* qui, en se dégageant, laisse de côté la *matière brute* qui se perd et devient poussière.

L'*âme* est, avons-nous dit, *spirituelle* et *matérielle*, mais elle n'est *matérielle* que par cette *matière essentielle*. C'est cette *essence* qui se prépare à être purifiée; elle l'est par les divers *renouvellements* que je vous expliquerai.

Il nous reste à traiter la question des *bons* et des *méchants* et par conséquent la question de la répartition de la *matière essentielle*, de laquelle découle un aperçu sur les *bons* et les *méchants* et une considération, suivie d'une conclusion sur la marche de l'engendrement des individus et la limitation des *êtres*, et leur réunion successive à mesure qu'ils passent, par un *renouvellement*, d'un *monde* dans un autre.

Il n'existe précisément pas des *individus*; il existe des *êtres*.

L'*être* est un composé de *matière essentielle* à un degré égal pour tous.

L'*individu*, qui est une division de l'*être*, a un degré différent de *matière essentielle*.

Les *bons* ont une quantité plus grande que les *méchants* de cette *matière* de l'*être*.

Ainsi la division d'un *être* formera deux *bons*; la division d'un autre formera onze *méchants*.

Ces parties de *matière essentielle* tendent à se réunir dans leur degré uniforme, leurs quantités égales, c'est-à-dire, dans l'*être* d'où elles découlent.

Plus ces parties se réuniront, moins d'individus il y aura.

Plus la *préparation* sera avancée, moins d'*individus* il faudra pour la formation d'un *être*.

Or, le nombre des *individus* diminuant jusqu'à ce qu'ils soient arrivés à un seul, qui est l'*être*, l'engendrement de ces *individus* sera bien moindre et finira par ne plus exister.

Le nombre des *êtres* est limité. Cependant, dans sa limitation pour la plus grande quantité, il ne l'est pas pour la diminution de cette quantité, c'est-à-dire, qu'il peut exister trente *êtres*, pas davantage, mais que ces trente peuvent diminuer et arriver à un degré où ils formeront vingt *êtres* d'une autre espèce. Ainsi la limitation existe pour l'extension mais non pour la restriction.

L'*être* est une expression que je prends ici pour me faire comprendre ; il signifie ce qui existe dans chaque *monde supérieur* relativement à son *monde inférieur*. Ainsi :

L'animal est l'*individu* dont l'homme est l'*être*. L'homme est l'*individu* dont l'*être* du *monde supérieur* à lui est l'*être*, ainsi de suite.

Le travail de l'*esprit* est de se perfectionner lui-même et en même temps de dégager la *matière essentielle* de son enveloppe, la *matière brute*. Par ce second travail, il met à découvert cette *matière essentielle*, qui n'est pour lui qu'un terrain à cultiver. Son troisième travail, c'est la culture de ce terrain, c'est-à-dire, le perfectionnement de cette *matière*.

La vie, est la *préparation* à ce perfectionnement.

Le *renouvellement* qui suit la mort est ce perfectionnement, car il purifie.

A ce *renouvellement*, nous entrerons dans le *monde supé-rieur* au *monde humain;* nous entrerons dans le *monde* des *êtres raisonnables.*

De l'état d'*être raisonnable*, il faudra pousser plus haut, car alors l'*esprit* sera totalement libre, puisqu'il n'aura plus besoin de dégager la *matière essentielle* et de la perfectionner; il pourra se travailler lui-même sans être gêné dans son travail.

Pendant ce temps, la *matière essentielle* de ce monde remplira le même office qu'un cheval attelé derrière une charrette et suivant l'équipage qui marche.

Ce *monde*-là, quoique perfectionné, ne sera autre chose qu'une *préparation* à une *purification* plus grande. Alors arrivera le deuxième *renouvellement*, qui, de l'état d'*être raisonnable*, nous transportera dans l'état d'*être de génie*, dans le *monde supérieur.*

De l'état de *génie*, il faudra arriver à l'état d'*inspiration.*

Dans cette marche, le *génie* tend encore à arriver, non plus à un perfectionnement complet, mais à la perfection elle-même.

Ici l'*esprit* met la dernière main à la purification de la *matière* et la fait arriver à sa hauteur. Quand elle y est arrivée, survient le troisième *renouvellement*, qui nous transporte dans l'état d'*inspiration.*

De l'état d'*inspiration*, il faudra arriver au *monde pur.*

Ici tout est perfectionné; ce n'est pas un progrès qu'il faut, c'est une *fusion.* La *matière* et l'*esprit* marchent de front : comme deux aimants, ils s'attirent, et au moment propice, arrive le *renouvellement* dernier, qui n'est plus la *purification*, mais la *fusion*. Or, la fusion, c'est l'*idéal*, c'est-à-dire, la *matérialisation* de l'*esprit* et l'*idéalisation* de la *matière*.

Voilà le dernier *monde*, le *but de Dieu*.

D'après ce que nous venons de dire, pour arriver au *monde pur*, l'homme a quatre *mondes* à parcourir.

Le premier *monde*, c'est celui dans lequel nous vivons, touche à la *matière brute* et arrive au *bien*.

Le second *monde*, monde des *êtres raisonnables*, touche à la *matière essentielle* ; il part du *bien* et arrive au *bonheur*.

Le troisième *monde*, monde des *êtres de génie*, touche à la *matière essentielle* épurée ; il part du *bonheur* et arrive à la *perfection*.

Le quatrième *monde*, monde des *êtres d'inspiration*, touche à la *perfection* complète de l'*esprit* et de la *matière essentielle* ; il vit dans la *perfection* et aspire à la *fusion*.

Comment arrive cette *fusion* complète? Par le dernier *renouvellement*.

Expliquons ces gradations.

Il existe dans le *monde perfectible* cinq espèces d'*êtres* :

1° L'*homme*, existant dans le premier *monde* ;

2° L'*être raisonnable*, existant dans le *monde supérieur* ;

3° L'*être de génie*, dans un degré encore plus élevé ;

4° L'*être d'inspiration*, existant dans le quatrième *monde* ;

5° Enfin, l'*être complet*, fini, le *monde pur*, ne formant qu'un seul *être* par l'unité de pensée et de sentiment qui anime toutes ses parties.

Ces diverses espèces d'*êtres* ne sont que les *dérivés* les uns des autres, et d'un seul auteur principal, qui est le *monde pur*. Tous ces *dérivés* sont limités dans leur extension ; le seul travail qu'ils aient à faire c'est de se diminuer jusqu'à ce qu'ils arrivent à la plus grande quantité qui puisse exister dans le *monde supérieur* à eux : c'est-à-dire, cent cinquante hommes forment dix *êtres de raison ;* les cent cinquante ne peuvent jamais être plus de cent cinquante, mais ils peuvent être moins ; Ils ne peuvent jamais être moins de dix, car lorsqu'ils arriveront à dix, ils auront la *matière essentielle* de dix *êtres* et ils seront *renouvelés*, c'est-à-dire, que du *monde humain* ils passeront dans le *monde de raison*.

L'on voit qu'ils sont limités pour l'extension, ainsi que pour la diminution.

Cette diminution continue d'un *monde* dans l'autre jusqu'à ce que les *dérivés*, rentrant dans le *monde supérieur* successivement, arrivent à leur source première, leur auteur commun, le *monde pur*. Ainsi :

PREMIÈRE MARCHE.

Marche vers le *bien* : — dégrossissement de la *matière*, — travail de l'*esprit* sur lui-même, — travail de l'*esprit* sur la *matière essentielle*.

Premier *renouvellement* :

Nous sommes *êtres raisonnables*.

DEUXIÈME MARCHE.

Marche du *bien* vers le *bonheur* : *l'esprit* n'ayant plus à dégrossir la *matière*, ni à perfectionner cette *matière* dégrossie, travaille seul ; il se perfectionne lui-même, la *matière*, par attraction, s'élève avec lui.

Second *renouvellement*.

Nous sommes *êtres* de *génie*.

TROISIÈME MARCHE.

Marche du *bonheur* vers la *perfection* : *l'esprit* et la *matière* ont ici en quelque sorte fini leur travail, cependant il faut les compléter. C'est Dieu qui les pousse l'un et l'autre ; ils s'attirent.

Troisième *renouvellement*.

Nous sommes *êtres* d'*inspiration*.

L'*inspiration* nous vient directement de Dieu ; elle est égale pour tous, nous devons nécessairement être tous dans les mêmes conditions. Nous attendons ces mêmes conditions ; le quatrième *renouvellement* opère la *fusion* qui nous y met en finissant le *monde pur*.

Nous sommes *finis*.

Par ce *fini*, Dieu nous ouvre cette *éternité* dont je vous ai parlé :

Éternité d'amour de la part de Dieu.

Éternité de *contemplation* de la part du *monde*.

Pour vous faire bien comprendre cette réunion des *êtres dérivés* dans les *êtres* dont ils dérivent, et par conséquent les diminutions des *êtres* jusqu'à ce qu'ils arrivent à l'*être unique et complet*, je vais me servir d'une hypothèse tirée de la génération des *mondes*.

Supposons dans le *monde* que nous habitons soixante-quatre millions d'*individus*, et qu'il faille huit de ces *individus* pour faire un habitant du second *monde*. Lorsque cette génération de soixante-quatre millions sera *renouvelée*, c'est-à-dire que ces soixante-quatre millions se seront fondus et réunis dans le *monde supérieur*, nous aurons, non soixante-quatre millions *d'hommes*, mais huit millions *d'êtres raisonnables*.

Supposons qu'il faille une moyenne de quatre *êtres raisonnables* pour former un habitant du troisième *monde*. Lorsque les huit millions *d'êtres raisonnables* seront fondus en *êtres* du *monde* directement *supérieur* à celui des *êtres* de *raison*, ils produiront deux millions *d'êtres de ce monde supérieur*, c'est-à-dire deux millions *d'êtres de génie*.

Supposons encore qu'il faille une moyenne de deux *êtres de génie* pour former un *être* du *monde supérieur* à celui-là. Lorsque ces deux millions *d'êtres de génie* seront *renouvelés*, c'est-à-dire passeront dans leur *monde supérieur*, ils formeront un million *d'êtres* supérieurs à eux, c'est-à-dire un million *d'êtres d'inspiration*.

Ainsi, en admettant l'exemple hypothétique que nous venons de poser, nous voyons soixante-quatre millions *d'hommes* se fondant à mesure qu'ils passent dans leurs *mondes supérieurs*, et se réunissant en un million *d'êtres d'inspiration*.

Le monde d'*inspiration* est donc, disons-nous, composé d'un million d'*êtres*.

Le travail de l'*esprit* et de la *matière* constituant dans ce *monde* la préparation à la *fusion* complète, quand cette préparation est complète, le dernier *renouvellement* arrive et fond ce million d'*êtres*, composés d'*esprit* et de *matière* purs, en un *seul être*, qui est le *monde vrai* : par cela, il fond l'*esprit* et la *matière*, et les réunit.

C'est là qu'arrive la *spiritualisation* de la *matière* et la *matérialisation* de l'*esprit*.

Cette fusion constitue le dernier *être*, le *monde pur*, qui est placé au sommet de l'échelle triangulaire, dont la vision de *Jacob* n'a été que le pressentiment.

Ce *monde pur* ne forme qu'un *seul être*, c'est-à-dire, que la même pensée l'anime, la même vie le soutient : c'est l'*unité* dans la *multiplicité*.

Le *Christ* étant le modèle pour le *fini*, *Satan* étant la roue qui a porté vers ce *fini*, c'est-à-dire, étant la consolidation de ce *fini*, ces deux types existant de tout temps, seront entre le *monde* et *Dieu*.

Satan sera placé à la *tête* du *monde*, le Christ en sera le *cœur*.

Ce sera eux qui feront passer les aspirations de Dieu, ce sera eux qui transmettront les idées d'*amour* que Dieu versera sur le *monde*, et qui feront éclore cette *contemplation* que l'ouvrage doit avoir pour son créateur.

Je viens de vous parler des *mondes* qui, partant de l'*homme* vont à l'*esprit* ; je n'ai donc considéré que la partie *spirituelle* de l'âme.

Je vais vous parler de ceux qui, partant de l'*homme* vont à la *matière* ; je vais donc vous parler de ceux qui découlent de la partie *matérielle* de l'âme.

L'*âme*, avons-nous dit, est composée d'*esprit* et de *matière*. Dans la *matière*, comme dans l'*esprit*, il y a des degrés.

Nous avons d'un côté :

Les *êtres raisonnables*, ou *êtres d'intelligence*,

Les *êtres de génie*,

Les *êtres d'inspiration*.

Nous avons de l'autre :

L'*animal*,

Le *végétal*,

Le *minéral*.

Le propre de l'*homme !* c'est la pensée *raisonnable*.

Le propre de l'*animal !* c'est la pensée instinctive.

Nous avons dit que l'*esprit* et la *matière* se joignaient par une infinité de canaux, c'est-à-dire, d'émanations ; que l'endroit où ils se joignaient se nommait « *âme.* »

Or, le parcours de l'*âme* à l'*esprit* renferme :

L'*intelligence*,

Le *génie*,

L'*inspiration*.

Le parcours de l'*âme* à la *matière* renferme :

L'*animal*,

Le *végétal*,

Le *minéral*,

qui pour nous représentent :

L'instinct,

L'instinct dégénéré,

L'abrutissement.

Par le *perfectionnement* du *monde*, c'est-à-dire, par la tension à la *fusion* des *deux tout*, ces canaux se raccourcissent et deviennent plus intenses, car les *deux tout* se rapprochent. Les canaux n'existeront plus lorsque les deux *tout* seront réunis, complèteront cette *fusion*, dont la réunion dans l'*âme* n'est que l'image.

Cette *fusion* doit s'opérer en l'*âme*, c'est-à-dire, que les deux *tout* doivent se réunir eux-mêmes là où, à présent seulement, se réunissent leurs émanations.

En principe, tout converge vers l'*âme*.

Nous avons donc un progrès qui fait que le *minéral*, proprement dit, se détruira par le travail de distillation qu'il subit et sera réduit à une partie ayant un principe *végétal*, c'est-à-dire que la partie infime de *matière essentielle* qui se trouve dans le *minéral*, augmente et augmentera toujours jusqu'à ce qu'elle ait atteint le degré de quantité suffisante à la formation du *végétal*.

Ce travail s'opère dans le *végétal* pour arriver à l'*animal*, et ainsi de suite.

L'on comprend que la surveillance de l'*esprit* existe toujours, et qu'elle existe d'autant plus étendue qu'il y a plus de *matière essentielle* à surveiller.

Dans ce travail, même dans celui du *règne humain*, il y a détachement de la *matière brute* de la *matière essentielle.*

Après l'*homme*, et commençant en lui, commence le perfectionnement de la *matière essentielle*.

Fixons bien la différence qui existe entre la *matière brute* et la *matière essentielle*.

La *matière brute* n'est autre chose qu'une existence *formatique*, ayant les propriétés de la forme massive, c'est-à-dire, la *pesanteur*, l'*étendue* et l'*impénétrabilité*. C'est une chose passagère, c'est-à-dire, n'ayant qu'une durée limitée, secondaire. Je dis secondaire, car la *matière brute* ne peut exister par elle-même. Son principe! c'est la *matière essentielle*; elle n'en est que le *réservoir* : or, un réservoir n'existe que tant qu'il a quelque chose à contenir.

La *matière essentielle*, au contraire, est une existence *anti-formatique*, c'est-à-dire *impalpable*, *invisible*, que nous comprenons rarement et que nous ne pouvons comprendre que par notre *esprit*. Pourquoi? parce que c'est sur elle seule que l'*esprit* travaille, et que n'étant qu'une émanation de l'*esprit*, nous ne pouvons sentir que par cette émanation les émanations de la *matière essentielle*. On voit que, ne sentant que par des émanations, nous ne devons pas parfaitement sentir. Elle est *impalpable*, mais elle est *réelle*, c'est-à-dire, qu'elle n'est pas passagère; mais elle est *perfectible*, elle est *principe* qui tend à être *formulé*, et, par conséquent, cette tension à la *formule* prouve qu'elle est existante en elle-même et qu'elle tend à se dégager des enveloppes du *réservoir* qu'elle rend utile, et que par conséquent elle vivifie.

La *matière essentielle*, c'est le principe *vital* dans notre monde, et cette réunion de l'*esprit* à la *matière* dans l'*homme* n'est autre chose que la surveillance proportionnée de l'*esprit* sur la *matière essentielle*. C'est cette surveillance qui vient compléter l'action de cette *matière* en formulant la *sensation*, c'est-à-dire, en donnant l'*idée*, la *pensée*, le *sentiment*, et enfin la *connaissance*.

C'est cette surveillance qui contient la *matière essentielle* dans ses limites, qui dirige la vie suivant toutes les modifications nécessaires au dégagement et à l'action de perfectionnement de la *matière essentielle*.

Plus les émanations de la *matière essentielle* sont grandes, plus elles sont rapprochées de l'*esprit*; plus la surveillance qu'il exerce est directe, plus il fertilise cette émanation, plus par conséquent elle a de qualités.

Nous allons parcourir les différents *règnes* et leurs différentes propriétés.

Je considère quatre *règnes* ou *mondes* :

Le *règne humain*,

Le *règne animal*,

Le *règne végétal*,

Le *règne minéral*.

L'*homme* peut se définir :

Sentiment,

Sensation,

Connaissance.

L'*animal* peut se définir :

Sentiment,

Sensation,

Instinct.

Le *végétal* peut se définir :

Sensation ,

Sentiment.

Le *minéral* peut se définir :

Sensation.

Dans ces *mondes* il y a divers degrés. Ainsi ,

L'HOMME INTELLIGENT.

Grande connaissance ,

Grand sentiment ,

Sensation plus pure.

L'HOMME.

Répartition égale de ces trois qualités.

L'HOMME BÊTE.

Sensation très-forte et dure.

Sentiment inférieur ,

Connaissance qui ne nous représente qu'un *instinct* très-développé.

Dans le *règne animal* nous avons :

L'ANIMAL INTELLIGENT.

Instinct très-pur et développé , pas autant cependant que dans *l'imbécile.*

Sentiment médiocre ,

Sensation dure.

L'ANIMAL PROPREMENT DIT.

Instinct ordinaire ,

16

Sentiment inférieur ,
Sensation plus forte.

L'ANIMAL STUPIDE.

Lueur très-rare d'instinct ,
Sentiment très-faible ,
Sensation dominante.

Dans le *règne végétal* nous trouvons :
Un *sentiment* et une forte *sensation.*

Dans le *règne minéral* nous arrivons à l'apogée de la sensation , et cette *sensation* finit par décroître jusqu'à ce qu'elle s'éteigne entièrement.

Ce décroissement de la *sensation* provient de la petite quantité de *matière essentielle* surveillée , car ici les émanations de la *matière essentielle* sont trop directes , et celles de l'esprit trop éloignées pour que les phénomènes *spirituels* , seuls phénomènes qui donnent l'existence aux qualités de ces divers *règnes* , agissent complètement et animent en dégageant.

Le *végétal* et le *minéral* peuvent en quelque sorte être réunis , car dans l'un nous trouvons :
Sentiment percevable ,
Sensation comprise dans l'anneau qui les unit.
Dans l'autre :
Sentiment infime ,
Sensation décroissante.

Dans le *minéral pur* , nous voyons la décroissance de la *sensation.*

Ainsi en récapitulant nous avons :
En partant de la *matière* à l'*homme* ,

Règne minéral et végétal ,

Règne animal ,

HOMME. *Règne humain.*

Partant de l'homme à l'esprit ,

HOMME. *Règne humain ,*

Règne de raison ou d'intelligence ,

Règne de génie ,

Règne d'inspiration ,

Monde pur.

En tout *sept mondes* compris et vus, qui nous représentent les sept notes de musique comprises et retenues ; de plus, modifications et degrés innombrables existant d'un *monde* dans un autre, nous représentant les degrés innombrables existant entre les sept notes de musique, sept notes dont certains degrés ont été compris et nommés « *Comas.* »

Sept ! nombre connu et aimé qui faisait dire autrefois :

« NUMERO DEUS IMPARE GAUDET. »

Ce nombre vous a été rappelé par un de vos somnambules , qui vous disait qu'on représentait les *vents* avec sept têtes d'anges , que l'on avait divisé la semaine en sept jours, qu'en un mot ce nombre « *sept* » était le nombre primitif , dans les parties duquel toutes les modifications devaient rentrer.

Si cette réunion du *minéral* au *végétal* était mal comprise, ceci ne changerait rien à la théorie, car alors nous aurions *huit règnes*, et le *monde pur*, que je n'hésite pas à placer au milieu d'eux, sortirait de cette ornière et s'élèverait à la hauteur de l'*octave*, nombre qu'ici je considère comme renfermant tous ceux que l'on vient d'énumérer.

Expliquons enfin la marche du *monde* partant de la *matière* et parcourant ces divers *règnes*.

Cette marche consiste dans le passage :

Du *minéral* au *végétal*,

Du *végétal* à l'*animal*,

De l'*animal* à l'*humain*,

De l'*humain* à l'*être de raison*,

De l'*être de raison* à celui de *génie*,

Ainsi de suite jusqu'à la *fusion*.

La *matière* marche en même temps que l'*esprit*, mais sa marche est plus accélérée, car l'*esprit* ayant moins besoin de travail, va moins vite, et tout en travaillant sur lui il pousse la *matière*. Leur marche peut être comparée à celle de deux *mobiles* partant de deux points différents, qui, animés de vitesse inégale, arrivent tous les deux au même but en même temps.

Le *but*, c'est la *fusion*.

LE MAL.

Un mot m'a frappé dans la lettre de M. *Gauzence* : « les rapports *accidentels* des hommes réunis en société. »

Les rapports des hommes réunis en société sont tous *accidentels*, et tous ces *accidents* sont effrayants de nullité et de vide.

Ces *accidents* de la *vie* naissent de la lutte continuelle du *bien* et du *mal*.

Quel est le lutteur ? C'est le *mal*, qui attaque.

Le *mal* ! fantôme infime, haillon transparent et usé, qui voudrait, par sa saleté, cacher le *bien*, ce *marbre pur*, mais qui ne peut arriver à ses fins.

Le *mal*, que Dieu a créé après l'*homme*, et auquel il l'a donné comme un fil conducteur pour se diriger dans le labyrinthe montagneux de la vie, fil conducteur aimanté, qui cherche toujours à s'éloigner du pôle *moral* « la *conscience* ! »

Le somnambule paraît fixer un objet hideux ; ses traits expriment une profonde horreur.

Le *mal* ? lèpre jaunissante et hideuse que Dieu a peint dans un tableau dégoûtant et sale, tableau qu'il a placé comme une enseigne terrifiante, pour montrer à l'homme le chemin qu'il ne doit pas prendre.

Quelle belle idée ! Dieu seul pouvait l'avoir.

Le *mal* ! c'est un oiseau sans plumage ni bec, qui ne peut

embrasser ni étreindre, mais qui entraîne malheureusement quelquefois une victime dans sa chute. Quel triomphe, dira-t-on !

Oui : mais quand il se relève pour en jouir, il n'éprouve que la rage de voir le *repentir* lui enlever sa proie, et, quand il regarde autour de lui, il ne voit que le scandale qu'il cause et l'épouvante qui glace ceux qui allaient devenir ses prosélytes ; non-seulement cette épouvante les glace, mais encore elle les éloigne.

Vous voyez qu'il n'est pas puissant !

Le *mal*? c'est un moyen que Dieu a donné à l'homme pour arriver à la *perfection ;* c'est un arc sur lequel Dieu a placé l'homme, comme une flèche, et avec lequel il le lance tous les jours et lui fait faire un pas vers la *perfection*.

Le *mal*? c'est un moyen d'épuration :

C'est un moyen qui ne veut pas n'être qu'un moyen, et qui veut lutter contre le *but* pour lequel il a été créé. C'est la lutte d'un cheval dompté contre son dompteur.... lutte inutile !

Quand Dieu créa l'*homme* il dit :

« Organisons le *mal*, et le *bien* arrivera. »

Si Dieu avait seulement créé le *bien*, la marche vers la *perfectibilité* eût été plus lente.

Le *mal* fut organisé.

Alors s'abattirent les mauvais instincts, volatiles légers, éperons de l'intelligence de l'*homme*, qui l'épurent en la fatiguant ; pilotes battus par l'orage et ramenés toujours au *but* « la *perfection* » qu'ils veulent fuir. Je vous l'ai dit ! aiguillons qui épurent et qui, en épurant, développent l'intelligence.

Cette intelligence développée a fini par les voir à découvert , elle a vu leur infimité , et un jour un *homme* a résumé la parole du *Christ* ; comme lui , il s'est écrié : « *Ego sum qui tollit peccata mundi.* » — « *Le mal est une ombre.* » — C'est un moyen que Dieu nous a donné pour nous guider.

Abaissons-nous et prosternons-nous devant Dieu , car il est tout grandeur , et ses vues sont grandes.

HOSANNA IN EXCELSIS.

LE BIEN.

Je vous ai parlé du *mal* « *moyen.* »

Je vais vous parler du *but* « le *bien.* »

Je vous parle du *bien* en dernier lieu, car je l'ai gardé pour la bonne bouche.

Le *bien* ? c'est le chemin qui nous conduit à la *perfection*.

Il nous y conduit par une montée douce, que nous gravissons continuellement sans effort.

Le somnambule tombe en contemplation ; sa figure est rayonnante de béatitude.

Le *bien* ? c'est une statue colossale, qui d'une main nous montre Dieu, et nous donne l'autre pour nous porter jusqu'à lui.

C'est consolant de voir des choses pareilles !...

Le *bien* ? c'est le Magnétisme de l'âme.

La vie du corps ? c'est l'harmonie charnelle.

La maladie est l'affection, le dérangement de cette harmonie.

Le Magnétisme est le remède à cette affection.

La vie de l'âme ? c'est l'harmonie.

Le *mal*, est la lèpre qui ternit et qui ronge.

Le *bien*, est l'eau salutaire qui lave, purifie et guérit les blessures : c'est le *Magnétisme spirituel* ; c'est un baume modeste et pur, qui calme toutes les douleurs ; c'est une violette, quelquefois opprimée mais toujours renaissante, qui nous caresse de son parfum suave, qui nous pénètre et nous enivre voluptueusement.

Le *bien*? c'est le principe vital de la *conscience* ; c'est le gosier de l'âme, c'est le tube conducteur qui prend l'inspiration dans la divinité, et qui vient avec elle nourrir et vivifier l'*intelligence*.

Le *bien*? c'est un arbre dont la cime est la *perfection*, les branches le *bonheur,* et dont le tronc est une échelle soutenue par la *foi* et la *charité*, et toujours ouverte par l'*espérance*.

Le *bien*? c'est un arbre qui pousse par boutures et qui a un rejeton dans tous les cœurs.

Tous les *méchants* sont bons : le cœur le plus profondément vicié a une fibre bonne.

Le tigre, le plus féroce des animaux, aime ses petits ; il donne sa vie pour eux.

Le tyran, toujours alléché du sang de ses sujets, tremble devant son père, lui ! qui se redresse devant ses victimes, qui jouit de voir le sang ruisseler de leurs chairs vives et pantelantes ; eh bien, il devient humble et petit devant le faible vieillard qui lui a donné le jour : lui, rompu à toutes les atrocités, endurci par tous les crimes, il ne se trouve pas moins soumis aux visites du remords, et chez lui ces visites sont fréquentes et affreuses.

Le *bien* n'est pas toujours écouté ; il baisse la tête et se laisse imposer silence ; mais il se relève ensuite, armé de son fouet redoutable, et il force le *mal*, ce cheval dompté mais rétif, à ne pas s'écarter complétement et à remarquer que son maître est toujours enfourché.

Le *mal*? c'est le chêne orgueilleux.

Le *bien*? c'est le roseau qui plie.

Le *bien*? c'est le triomphateur modeste qui jouit toujours de la chute de celui qui l'attaque, et qui a l'audace de se poser en antagoniste. Quel antagoniste !....

Le *bien* est doux ; il plie.

Le *mal* l'opprime ; mais quand il est opprimé et qu'il baisse la tête, il jette un cri de douleur ; ce cri est assez long pour aller raisonner dans la *conscience* et pour y enfanter le *repentir*, et le repentir terrasse ce projet incorrect de portrait de puissance, le *mal* ! qui parce qu'il s'étend croit être puissant, le *mal* ! qui, voyant une puissance au-dessus de lui et la bonté de cette puissance, voudrait changer les empiétements qu'on lui permet en envahissements, et voudrait être puissance, lorsqu'il n'est pas même reflet de celle qu'il voit.

Le *mal* ! ce chêne orgueilleux, ne peut lutter contre le *bien*, ce roseau modeste, car le chêne est toujours foulé aux pieds de Dieu, tandis que le roseau est toujours tenu dans ses mains.

Jugez entre les deux quel est celui qui doit avoir la préférence.

Le *mal* doit périr : vous le voyez !... sa puissance est ridicule,

Il n'est qu'un *moyen*, et il n'existera qu'autant qu'on aura besoin de lui.

Le *bien*, au contraire, est un *but*, et ce *but* sera rempli, car c'est le *but* de Dieu.

MARCHE VERS LE BIEN.

La Genèse a tort de parler de l'arbre du *bien* et du *mal*, parce qu'elle établit entre eux une fausse corrélation.

Je crois vous avoir démontré l'impossibilité d'une corrélation, puisque le *bien* est le *but*, et que le *mal* est un *moyen*, *créé par Dieu*, pour l'atteindre.

Un *homme* qui ne fait pas bien ne fait pas par cela même mal. Il y a un *milieu* que vous allez comprendre.

La vie est une montagne à un seul versant ; l'autre est à pic.

Il y a deux routes :

La route par le versant ; route ordinaire qui est unie, monotone, plus douce, il est vrai, mais plus longue.

L'autre ! laide, scabreuse, allant de pic en pic, semée d'abîmes et de précipices, plus courte, il est vrai, mais bien dure.

De la route ordinaire on peut tomber dans la route difficile ; mais si Dieu nous a exposés à la chute, il nous a, dans sa justice, donné les moyens de nous relever.

Ces deux routes conduisent au même *but*, au *bien*, cet arbre sublime dont je vous ai parlé.

L'*homme* qui fait mal et qui souffre, suit la route scabreuse.

Celui qui ne fait ni bien ni mal suit la route du versant ; mais il la suit dans toute sa longueur et sa monotonie.

Celui qui est *homme de bien*, c'est-à-dire, celui qui le sent de plus près, qui l'aspire, celui-là tend à se rapprocher plus vite du *bien*. Il suit la route ordinaire, mais pour lui elle n'est pas monotone; il la franchit avec rapidité.

Vous devez voir par là le *milieu* dont je vous ai parlé.

Les voyageurs arrivent au même *but* :

L'un, *juste* et *pur*,

Le second, *calme*,

Le dernier, *triste* et *meurtri*;

Tous *croyants*, tous *espérants*.

Le *juste* aime le *bonheur*, qu'il voit.

L'homme *calme* le pressent, et y croit.

Le *malheureux* le soupçonne et l'espère.

Le *malheureux* attend la *consolation*.

La *foi* consolide cette espérance, la *charité* lui tend une main amie et le soutient dans sa marche.

alors descend, non pas un vain fantôme, mais la véritable justice de Dieu : *être* frêle mais fort, aux yeux caves et larmoyants, le regard pénétrant et doux.

Cette justice!... c'est le *repentir*. Le *repentir*, qui lui déroule son passé, qui le fait gémir sur ses fautes, qui lui déchire le cœur, qui le fait pleurer, qui le calme en le dégageant, et qui enfin s'envole après l'avoir épuré.

La route est parcourue. Le *mal* devient inutile, car le *malheureux* est purifié : il *croit*, il *espère*, et il *aime*.

L'homme *calme* est soutenu par l'*espérance*; c'est elle qui le complète en le conduisant vers la *foi*.

L'homme *juste* est soutenu par la *foi*; c'est elle qui le complète en lui montrant la *preuve*, la *certitude*.

Tous les voyageurs sont alors arrivés.

L'AMOUR ET LA VOLONTÉ.

Nous avons posé en principe que Dieu était un *esprit*.

Nous avons dit que Dieu était *parfait*.

Nous avons dit que Dieu était tout *amour* et tout *volonté*.

Qu'est-ce qu'un *esprit* ?

C'est une *intelligence* :

Qui dit *intelligence*, dit *travail*, car il y a action de l'*intelligence*, et cette action de l'*intelligence*, c'est la *volonté*.

Qu'est Dieu ?

Il est *parfait* ; il est tout *amour*.

Comment doit s'exercer cette action de l'intelligence ?

Elle doit s'exercer *amoureusement*.

Nous avons les principes :

Tirons les *conséquences*, et par les *conséquences* remontons aux *principes* eux-mêmes.

Quand Dieu fait son ouvrage, il pétrit son argile ; chez lui l'*amour* est l'eau qui mouille la terre du statuaire.

La *volonté* ? c'est l'instrument qui vient tracer les lignes de l'ouvrage.

Non-seulement l'*amour* lui facilite le travail, mais encore l'*amour* le lui embellit.

L'*homme*, point culminant du *monde*, est formé à l'image de Dieu, c'est-à-dire que l'*homme* doit devenir *parfait*.

Cette *perfection*, que j'ai nommée « *perfectibilité* », n'est que le reflet de la *perfection* véritable de Dieu.

Voilà l'image.

Si Dieu *n'aimait* pas il ne pourrait faire un ouvrage bien fait, car la beauté d'une chose lui serait indifférente ! Nous admettrions alors que Dieu n'aimerait pas ses enfants ! que cet *amour* ne serait pas constant ! qu'il laisserait périr ce qu'il a créé ! qu'il n'écouterait ni les cris ni les prières de son fils en peine !...

Nous dirions que Dieu n'est pas *bon* : Nous lui enlèverions la *bonté*, nous le caractériserions d'*indifférence* ! nous le taxerions d'*inconstance* !...

Avec ces trois choses enlevées, ou ces défauts donnés à la divinité, nous formerions un *tout*, que nous ne pourrions appeler *parfait* !

Nous ne comprendrions donc pas un Dieu, puisque, qui dit *Dieu*, dit *perfection*.

Nous allons voir la *volonté* et l'*amour* en Dieu. Je vous développerai ensuite l'*amour* et la *volonté* en le *monde*.

Si nous nions la *volonté*, nous nions l'*intelligence*.

La *volonté* est un des attributs de la divinité, un attribut tellement intime, tellement vrai, qu'il est, en quelque sorte, rivé à la divinité.

La *volonté* ? c'est la force motrice d'une machine qui travaille.

L'*intelligence* de Dieu est la machine.

La *volonté* ? c'est la force motrice.

L'*induction* ? c'est le résultat du travail de la machine.

Une machine qui ne travaille pas, qui ne produit pas, est

une machine qui est inerte, c'est-à-dire, qui n'a pas de force motrice ; et toute machine dans ces conditions est inutile, et Dieu ne l'est pas !...

Quels sont les caractères de la *volonté* de Dieu ?

Je n'ai pas besoin de vous le dire !

Tout ce qui sort de Dieu est grand, sublime, immense, magnifique !

La *volonté* de Dieu est grande, douce, calme ; elle est infiniment divisible, c'est-à-dire, elle peut porter sur une infinité d'objets à la fois, mais, chose admirable, elle pèse sur tous avec toute sa force, toute son énergie, tout son calme et toute sa douceur.

Chez Dieu, la *volonté* ! c'est la *puissance*.

« Qui *veut*, *peut*. »

Chez Dieu, le proverbe est applicable.

Si Dieu voulait une chose impossible physiquement, Dieu ne serait pas *Dieu*, car il lui est impossible de vouloir des choses pareilles. S'il le voulait, il n'aimerait plus, et vous savez ce que serait un Dieu sans *amour*.

Il ne faut pas vous figurer que cette *volonté* de Dieu vous fasse marcher par force, comme quand une main de fer vous tire par le poignet ! Non : elle vous enlève, vous berce, vous amène, et vous ne savez pas résister.

La *volonté* de Dieu !

Mais elle ne vous traîne pas par les cheveux ; elle ne vous fait pas tomber et ne vous traîne pas dans la poussière, ou sur les pavés !... Non : elle vous enveloppe et vous caresse en vous poussant, comme un vent léger vous pousse, en caressant vos oreilles, et en vous fortifiant par son contact rafraichissant et salutaire.

Parlons de l'*amour* !....

L'*amour* est un des attributs de la divinité, tellement grand, qu'il est *loi immuable*, qu'il est *principe* de Dieu, si la divinité peut exister sur un *principe*.

C'est le *principe* du *principe*, si je puis parler ainsi.

En vous parlant du *bien*, je vous ai en quelque sorte parlé de l'*amour*, car le *bien* n'en est que le résultat.

L'*amour* chez l'homme dirige dans le *bien*.

Quand le *Christ* a dit :

« *Aimez-vous les uns les autres ; aime ton prochain comme » toi-même,* »

il a formulé la loi d'*amour* qui régit le *monde*, loi innée, qu'il nous a révélée.

Quand *Lafontaine* a dit :

« *Il faut s'entr'aider mutuellement* »,

il n'a fait que l'application de cette loi ; il l'a réduite en pré-cepte.

Quand une société, aussi mal organisée que celle des hommes d'aujourd'hui, reconnaît ce principe de droit :

« *Que le bien du plus grand nombre soit le plus grand mobile de nos actions* »,

il faut que cette société ait été écrasée par la puissance du *bien* ; il faut que le *bien*, cet archange Saint Michel, terrassant l'*égoïsme*, ce démon infernal, soit bien fort pour lui faire cracher une parole si discordante avec ses principes :

il faut que la voix de la vérité soit bien forte pour n'avoir pas
été étouffée, et pour amener cette société à donner une interprétation aussi complète de cette loi formulée par le *Christ*.

Cette société a pris cette loi pour base de son système.
Ce système n'en est cependant qu'un commentaire maladroit
qui, malgré ses développements diffus, ne peut cacher ces
étincelles qui brillent et qui dirigent.

Toutes les bonnes choses doivent être passées au laminoir
du *mal ;* elles doivent dégénérer, car ce n'est qu'après être
devenues très-mauvaises, qu'elles peuvent se relever. Cela
justifie le proverbe :

« *Les extrêmes se touchent.* »

Quand la corruption est tellement étendue, tellement
compacte, tellement grande, qu'elle est devenue vermine,
elle tombe et se détruit d'elle-même : elle s'évanouit, et ce
qu'elle recouvrait reparaît dans toute sa grandeur et sa
sublimité.

Nous avons trois espèces d'amour :

L'*amour grand, pur,*

L'*amour dégénéré.*

L'*amitié.*

L'*amour* grand? c'est l'image de l'*amour* de Dieu ; c'est
l'*amour véritable.*

Tous les *grands* cœurs, et rien que les *grands* cœurs
peuvent le comprendre.

C'est l'*amour* de l'*idée*, l'*amour* du *sentiment*, l'*amour*
du *cœur*, l'*amour* du *beau.*

17

L'*amour* dégénéré? c'est l'*amour* de la *forme*, l'*amour* du *joli*.

L'*amitié* est un sentiment bien au-dessus de l'*amour* dégénéré.

C'est un sentiment effilé, doux, continuel, limpide, qui se fait sentir partout.

Il a pour base le *bien*, et en cela il se rapproche de l'*amour grand*, qui a pour base le *sublime* : il n'en est que le *dérivé*.

Il faut être *bon* pour être *ami*.

L'*amitié* existe dans tous les cœurs ! c'est un aimant qui attire, qui se fait sentir : deux hommes se touchent la main pour la première fois de leur vie, ils sont amis à jamais.

L'*amour* dégénéré n'existe pas, non ! on ne peut pas appeler cela *amour* : il naît de la différence des sexes. Les anciens l'avaient bien nommé : « *Cupido* », et *Cupido* signifie *désir, caprice*.

Dans cet *amour*, celui qui croira être véritablement amoureux, qui croira reporter sur une personne toute l'affection qu'il possède, celui-là, dis-je, sera désabusé si la maladie vient ternir la beauté des traits qu'il adore.

Cet *amour* finit.

L'*amour grand* et l'*amitié* ne s'éteignent jamais : il reste toujours l'*estime*, et l'estime c'est l'*amitié*.

L'*amour* dégénéré est quelquefois mauvais : il cause du chagrin.

L'*amour grand* et l'*amitié* ne causent jamais que du plaisir et du délassement.

Dans l'*amour dégénéré*, me dira-t-on, il y a bien le dévouement?

Non : ce dévouement est irréfléchi, et tout dévouement sans réflexion n'est autre chose qu'un égarement.

L'*amour grand!* oh! celui-là repose sur la vertu.

C'est une électricité qui s'attire promptement, qui se combine : la fusion est complète.

Quand deux cœurs *élevés* s'aiment, le fond de leur pensée est toujours dirigé vers le *bien*, vers le même *but*.

Savez-vous la *Trinité seule* que je connais? C'est *Lamenais*, *George Sand*, *Bérenger*; véritable *tout* en trois personnes, *tout* formé par le lien que la religion *naturelle* a rivé autour d'eux, et au moyen duquel elle les étreint et les unit au dernier degré.

L'*amour grand* n'existe pas entre l'*homme* et la *femme!* il existe entre tous les *êtres*.

Il ne connait pas le sexe, il ne connait pas le genre.

LA FOI, L'ESPÉRANCE ET LA CHARITÉ.

La *foi*, l'*espérance* et la *charité* sont les trois vertus qu'on a appelées : « *théologales* », car ce sont des vertus émanant de Dieu. Elles en sont les émanations directes, elles sont le portrait *humain* des qualités de la divinité.

La *foi*, chez l'*homme*, c'est la *puissance* chez Dieu.

L'*espérance*, chez l'*homme*, c'est la *volonté* chez Dieu.

La *charité*, chez l'*homme*, c'est l'*amour* en Dieu.

La *puissance*, la *volonté* et l'*amour* sont de nature divine. Dieu en a doté l'*homme* à un degré inférieur.

L'*espérance* nous ouvre la marche.

La *charité* nous soutient.

La *foi* nous fortifie.

L'homme aimant, croyant et *espérant*, est un Dieu en le monde.

La *foi !* c'est le principe vital de la *conscience*.

Une *conscience* sans *foi* est une *conscience morte*. La *conscience* qui doute est celle qui cherche la mort.

Le *doute* est le suicide de l'*intelligence !* C'est l'*asphixie morale* ; et l'asphixie morale est la plus cruelle de toutes les morts.

L'*espérance*, c'est le développement de la *conscience*, c'est le germe qui devient plante, et finit par porter ses fruits.

La charité ! c'est la vie de la *conscience*, c'est l'eau qui arrose ce germe, et qui le fait pousser.

HYMNE.

Laudate Dominum omnes gentes, laudate eum omnes populi.

Gloria in excelsis Deo amanti et volenti ; et in terra pax hominibus boni cordis.

Sicut erat in principio, et nunc et semper et in secula seculorum : amen.

De profundis clamavi ad te Domine, Domine !... exaudi vocem meam.

Vide filios tuos flentes et desolatos ; miserere eorum Domine.

Consolationem nobis mitte, ò Deûs ! et laudes tuas celebrabimus in æternum.

Pax Dei intravit in cor meum ; laudabo Dominum et glorificabo eum.

Hosanna in excelsis.

RELIGION.

« L'*Esprit* de *lumière* et de *vérité* » a dit l'*Evangile*.

La *lumière* ? c'est la prescience de Dieu, la connaissance innée, dans l'*homme*, de cette divinité, connaissance active, quoique non formulée.

Je vous ai dit que le *bien* était le principe vital de la conscience.

Je vous ai dit que l'*homme* était composé d'*esprit* et de *matière*.

Je vous ai dit que l'*Esprit* engendrait l'*intelligence*.

La *lumière* ? c'est ce qui éclaire cette intelligence de l'*homme* : c'est cette connaissance de la divinité, qui s'agrandit, qui se formule.

L'*Homme* peut, et doit faire des progrès dans la *lumière*.

Quand on a parlé du *Christ*, qu'on l'a appelé « le *Fils de Dieu* », qu'on l'a par conséquent caractérisé : « *esprit de lumière* », on a indiqué, non pas le rapport immédiat qui existait entre le *Christ* et Dieu, mais l'on a pressenti les émanations directes qu'il recevait de lui.

Le *Christ* recevait en plein les rayons de Dieu.

Dieu planait sur le *Christ* comme le soleil plane sur l'équateur.

C'est le *Christ* qui, par ses paroles et par ses œuvres, nous a apporté la *lumière*, c'est-à-dire, nous a défini et résumé les idées sur la divinité, nous a montré la route qu'il nous fallait suivre pour nous rapprocher d'elle ; c'est lui qui nous a fait descendre au fond de notre cœur, et y a fait vibrer cette corde d'*amour*, de laquelle nous ne faisions que soupçonner confusément l'existence.

La loi d'*amour* est le principe de toutes choses. Cette loi n'était pas encore articulée ; elle existait à l'état de germe.

Quand Dieu nous a annoncé le *Christ*, il nous a annoncé l'eau qu'il nous donnerait pour arroser cette plante *naturelle*.

Le *Christ* était le législateur qui devait formuler cette loi sublime.

L'on voit par là que le *Christ* nous ayant montré la route qui nous rapproche de Dieu, nous a par conséquent montré la *lumière*. Il est donc bien qualifié dans l'*Evangile* :

« *Esprit de lumière et de vérité.* »

« *Vérité* » est indispensable : *lumière* sans *vérité* ! ce n'est pas une *lumière*.

On dit que Dieu est l'*esprit* de *lumière* et de *vérité*.

Le *Christ* n'est que le bras de Dieu.

Dieu planait sur le *Christ*, avons-nous dit !

Le *Christ* n'est alors que le miroir qui reflète l'*esprit* de *lumière* et de *vérité*.

La *lumière* est toujours précédée de l'étincelle. Avant que le *Christ* parût, *saint Jean* l'avait annoncé.

Saint Jean était l'étincelle.

Le *Christ* fut la *lumière*.

Saint Jean institua le Baptême.

Le Baptême est un symbole ; les symboles sont des choses sublimes.

Le Baptême est un des plus beaux sacrements ; ce n'est pas la rémission d'un péché originel ; il n'y a pas de péché :

« *Ego sum qui tollit peccata mundi* », a dit le *Christ*.

Le Baptême? c'est une invocation à l'*esprit*.

La prière qu'on devrait chanter, ce n'est pas :

« *Je crois en Dieu*, c'est *Veni creator spiritus.* »

« Viens, divin *Esprit*, féconder cette *âme* nouvelle ; viens
» la préparer à recevoir la *lumière*, viens afin que cette pré-
» paration la conduise à prier, et à *croire*, une fois que
» l'*homme* qui la renferme aura vu. »

Ce symbole des apôtres est anticipé. L'*Homme* ne peut *croire* que quand il a *vu* : Tant qu'il ne fait que *sentir*, et que l'idée conçue, la *connaissance* ne suit pas le *sentiment*, l'*homme* n'est pas éclairé.

Cette *connaissance*? c'est la *lumière*.

Qu'est-ce qui le fait préparer? C'est Dieu.

Qu'est-ce qui invoque Dieu? C'est le Baptême.

Le Baptême? c'est la lueur.

La *lumière*? c'est le flambeau.

La *lumière* entre peu à peu dans le cœur des enfants ; elle s'y développe, elle s'y complète.

La fête de *saint Jean* est ordinairement célébrée par des feux ; ces feux sont l'image de l'étincelle.

Saint Jean a précédé le *Christ* ; il a institué le Baptême.

Le *Christ* est venu !

La *lumière* a paru, et les *Mages*, guidés par elle, furent conduits à Bethléem.

Le *Christ* à institué l'*Eucharistie*. L'*Eucharistie*? c'est la *lumière* qui complète la *foi* et donne la *force* :

C'est la *lumière véritable*, *lumière impalpable*, *lumière* de l'*intelligence*, *lumière* non comprise mais *prouvée*, *lumière* qui nous attire, nous entraîne, et qui, lorsqu'on veut l'approfondir, force à tomber en admiration devant celui qui l'a formulée.

La *lumière* résumée, exposée dans notre cœur, constitue une *loi*, qui est la *loi naturelle* ; loi que chacun applique toujours, c'est-à-dire, pour laquelle chacun professe un culte.

De ce culte naît une *Religion*.

La seule vraie religion est celle de notre cœur. C'est la religion *naturelle*.

La religion naturelle est très-simple ; je vais vous la résumer.

Elle prend sa source, avons-nous dit, dans la loi d'*amour*.

« *Aimez-vous les uns les autres* » dit le *Christ*.

Cette religion se trouve résumée dans ce précepte :

La *foi*, l'*espérance* et la *charité*, sont les moyens d'application innés en nous.

Le second précepte de cette religion, est :

« *Que le bien du plus grand nombre soit le plus grand mobile de nos actions.* »

Par ce principe, l'*égoïsme* est flétri ; la loi d'*amour* est rendue universelle.

Et dire que c'est la société d'aujourd'hui qui a posé ce principe !...

Quelle force a donc l'*amour* pour faire faire des contre-sens à la société, pour lui faire poser un principe qui fait crouler le système dans lequel elle s'encroûte !

Le troisième précepte, c'est :

« *Aime ton prochain comme toi-même.* »

Ici la loi d'*amour* consacre la loi d'*égalité.*

Quant aux autres préceptes :

« *Fais à autrui ce que tu voudrais qu'il te fît ; et ne fais pas ce que tu ne voudrais pas qu'il te fût fait.* »

Ces préceptes, dis-je, sont défectueux, en ce sens qu'ils impliquent une réflexion préalable ayant trait à l'*amour personnel, amour* qui est le principe de l'*égoïsme.*

Il fallait être le *Christ*, c'est-à-dire, être vraiment inspiré de Dieu, d'une inspiration directe et immédiate, je dirai presque être demi-Dieu pour résumer en aussi peu de mots une doctrine aussi grande.

Le *Christ*, en effet, n'a dit que deux choses :

« *Aimez-vous les uns les autres* » ;

« *Aime ton prochain comme toi-même.* »

Cette religion nous est parfois mystiquement révélée.

La religion *naturelle*, vous dis-je, se traduit en dehors de notre cœur.

Ceux qui nous ont donné la doctrine du *Christ*, qui nous l'ont propagée, nous ont transmis ses symboles et nous en ont institué d'autres.

Malheureusement ces symboles ne sont plus purs.

Les symboles sont une très-belle chose ; d'autant plus belle, que chacun a la liberté de les interpréter.

Nous allons les regarder.

L'Eglise en possède sept.

Nous n'en possédons que cinq.

Sur ces cinq, deux sont sublimes, les trois autres sont magnifiques.

Les symboles sublimes sont :

« La *Pénitence* et l'*Eucharistie.* »

Les symboles magnifiques sont :

« Le *Baptême*, l'*Extrême-Oction* et le *Mariage.* »

La *Confirmation* et l'*Ordre* sont de l'invention de l'Eglise.

Ils ont un but *temporel* ; aussi ne sont-ce pas des symboles ; ce sont des *sacrements*.

Nous n'en parlerons pas.

Les autres symboles ont été rabaissés au rang de *sacrement*. C'est pour les relever que nous sommes forcés d'en parler.

Le *Baptême* est, vous ai-je dit, l'invocation à l'*Esprit*, pour que l'*Esprit* prépare à recevoir la *lumière*.

L'*Extrême-Onction* est l'invocation à l'*Esprit*, pour que l'*Esprit* prépare la *lumière* reçue à être renouvelée, c'est-à-dire, pour que l'*Esprit* prépare le *renouvellement*.

Ces deux symboles tendent à la fertilisation de l'*Être*.

Le *Mariage* est la consécration de l'union des sexes, union de la *force* et de la *douceur*, union qui nous présente l'ensemble des qualités de Dieu, réparties entre l'*homme* et la *femme*.

Le *Mariage* a été institué par Dieu.

C'est un symbole magnifique, c'est la consécration du précepte :

« *Croissez et multipliez.* »

Ce symbole est un ordre donné par Dieu.

Les deux premiers appellent la *lumière* ou le *renouvelle-ment*.

Ils s'adressent à l'*Esprit*, comme agent principal.

Les deux symboles dont je vais parler, sont sublimes en ce qu'ils perfectionnent la *lumière*. En effet :

Le premier, la *Pénitence*, redresse la lumière détournée, la rappelle lorsqu'elle s'égare.

Le second, l'*Eucharistie*, la complète, la consolide.

Dieu *seul* est le dispensateur de cette *lumière*. Ces deux symboles s'adressent tout de suite à Dieu.

La *Pénitence* nous représente la justice divine.

Vous le savez ? c'est le *repentir* qui épure, qui traîne à sa suite la *délivrance*, et la *délivrance* amène la *consolation*.

La *consolation* nous donne la *force*.

Le *Christ* a dit :

« *Tout ce que vous délierez sur la terre sera délié dans le ciel.* »

Le *Christ* parlait alors à des pécheurs animés par la *foi*, guidés par la *charité*, soutenus par l'*espérance*. Le *Christ* consacrait ce symbole, dont l'essence est le *repentir*, dont la suite est la *délivrance*, dont le résultat est la *consolation*.

Le *Christ* n'a jamais donné le pouvoir de délier ; il a donné celui de hâter le *repentir*, de le rendre plus doux, de faire arriver plus vite la *délivrance* et par conséquent la *consolation*.

L'*Eucharistie* ? c'est cette *consolation* : elle nous donne la *force*, la *vie*.

Que disaient les *Bohémiens* quand on a voulu leur enlever la *coupe*, quand on a voulu changer leur religion ? ils l'ont demandée à grands cris.

La mort, la guerre, les massacres, ont aidé ce fanatisme de la coupe, car c'était la *coupe de l'égalité*, la *coupe* de la *fraternité*, qui distribuait à tous la *force* que Dieu lui-même envoyait, *force* qui les rendait *grands*, qui les rendait *libres*, *indépendants*.

L'*Eucharistie* complète la *lumière* ; il la consolide une fois que la *Pénitence* l'a ramenée à sa place, il la fortifie : c'est une *lumière* donnée à la *lumière*.

Le *Baptême*, vous ai-je dit, c'est la lueur, c'est la *préparation*.

L'*Eucharistie* ? c'est le flambeau ; non-seulement il éclaire, mais il ranime ce qui s'éteint.

La société corrompt *tout !*

L'Église n'est autre chose qu'une société.

Ce que l'on nomme : « l'*Église militante* », est une société de démolisseurs de la *vérité*. Vain espoir !....

Tout symbole touché par l'Église devient *sacrement*, et tout sacrement est un sacrilège, est une profanation.

Quand on présente une *hostie* consacrée, celui qui la prend avale un pain à cacheter, parce que le prêtre d'aujourd'hui, ne possédant ni la *foi* ni la *charité*, ne peut faire un symbole, et ne peut par conséquent produire l'effet qui y est attaché.

Quand une conscience supérieure, ayant la *foi*, étant aimante, présente à un peuple du pain et du vin, cette conscience est *inspirée*, elle parle à tous ; cette parole est celle de Dieu, et elle vient réchauffer et soutenir les âmes !...

La *consolation* arrive.

La *consolation* arrive toujours, mais elle est impitoyable ; elle n'arrive jamais avant le moment fixé, c'est-à-dire, avant que le *repentir* n'ait opéré.

Les arrêts de Dieu sont irrévocables, c'est-à-dire irrémissibles, mais non éternels.

Par eux, Dieu punit toujours le *méchant*, et toujours la punition est complétement subie, mais elle n'est jamais éternelle. Ses arrêts sont durs et sévères, en ce qu'ils répriment fortement la faute ; ils sont justes, en ce qu'ils distribuent également, c'est-à-dire proportionnellement, équitablement, le *repentir* ; ils sont bons, en ce qu'ils ne brisent pas toute espèce de consolation ; ils ne sont jamais *éternels*, car alors dans certains la *consolation* serait barrée et enchaînée. Or, cela ne peut être, car il n'y a pas de lien qui résiste à la force de l'*expiation*.

La religion catholique s'est suicidée lorsqu'elle a créé l'*Enfer*.

APOTRES ET PRÊTRES.

L'Apostolat est une chose belle ! grande ! sublime !

L'apostolat ? c'est la propagation d'une vérité, ou d'une erreur.

Le véritable apostolat est celui de la vérité ; celui-là seul produit des effets. Sa qualité *essentielle* est la *conviction*.

Pour qu'une conviction existe, il faut que son objet soit vrai et vraisemblable. Si l'objet réunit ces qualités, la vérité triomphe.

Si l'apostolat est la propagation d'une erreur, l'objet en est faux ou invraisemblable.

Si la fausseté est palpable, il ne produit pas d'effet.

Si l'invraisemblance exige une étude pour convaincre, et si l'objet est faux, l'examen éloigne la conviction des autres, et provoque le doute chez le propagateur. Le propagateur n'est plus convaincu de ce qu'il dit, il n'a plus l'accent irrésistible de la vérité.

Le doute entre toujours par la porte de l'erreur.

Tout homme qui a une conviction vraie ou fausse doit la propager, sinon il est un lâche.

Lorsqu'il reconnait la fausseté de ce qu'il avance, il doit se taire ou se rétracter, sinon il est un sot ou un méchant.

Dieu, dans sa bonté, a fait une grande chose ! il a attaché à la vérité un caractère ineffaçable : il a voulu que cette vérité ne fût exprimée que par la conviction ; il a voulu que cette conviction cessât lorsque le doute arrive, et que par conséquent l'accent de vérité nexistât plus. Or, quel est l'effet de cet accent ? C'est la *pénétration* des âmes.

L'*Homme* convainct davantage par son accent que par ses paroles, par sa bonne foi que par la suite et l'éloquence de ses discours.

Les caractères de la conviction sont :

« L'*unité*, le *sentiment*, la *plénitude* et la *connaissance*. »

Toute conviction ne peut être bien et grandement assise que par la *connaissance* ! Or, la conviction d'une chose fausse ne peut pas exister, car la *connaissance* vous révèle une erreur et non une vérité, et si l'on dupe les autres on ne peut se duper soi-même, et, par conséquent, croire vraie une chose que l'on sait fausse.

Ce qui engendre la conviction c'est donc la connaissance d'une vérité !...

Toute conviction fausse, c'est-à-dire incomplète, naît d'une *connaissance* incomplète, ou d'une *non-connaissance* de la vérité. Dans ce cas, le *doute* est ce qui entre pour compléter le *sentiment* sur une chose. Or, cette conviction, qui comporte ou qui souffre le doute, n'est pas une conviction.

Toute conviction doit avoir pour caractère la *plénitude*.

L'apostolat ? c'est l'exposition et la propagation d'une conviction véritable.

L'apostolat ? c'est le désintéressement, c'est le dévouement, c'est la souffrance, c'est la lutte.

Mais c'est une belle et grande lutte !...

De l'apostolat n'ait la persécution.

La persécution est un grand bien, puisqu'elle nous prouve que la vérité a été redoutée, qu'on cherche à l'anéantir, car on en a découvert toutes les conséquences, et toutes les conséquences de la vérité sont contre l'égoïsme et l'intérêt.

On ne l'anéantira jamais, car la vérité est comme l'hydre de *Lerne*. Pour l'anéantir il faudrait abattre toutes ses têtes, et il n'y a pas de faux assez grande.

Les têtes coupées renaissent, et elles renaissent en plus grand nombre.

Quand on décime des apôtres, il en surgit de nouveaux.

La vérité est *grande* et *bonne*, car elle émane de Dieu. Or, toute chose qui émane de Dieu est grande et bonne.

Elle est stable, car elle a Dieu pour *principe*.

Quel abîme les intérêts matériels ont-ils creusé sous les pas des apôtres d'aujourd'hui! quel abrutissement écrase notre société!...

Aujourd'hui, avec nos idées, la lutte va s'engager contre les idées nouvelles : il faudra se tordre corps à corps, il faudra que les idées nouvelles se rapetissent, se grandissent à propos, qu'elles s'infiltrent pour pouvoir envelopper et enfin triompher.

Tout ce qui est *bien* est dans l'intérêt de l'humanité ; tout ce qui est *bien* constitue une vérité.

Tout *homme* qui, comprenant ce *bien*, finit par le connaître et le propage ensuite, est, par cette propagation, élevé au rang d'apôtre.

Pour être apôtre, il faut être dénué d'intérêt, il faut que

18

la conviction soit au fond du cœur, c'est-à-dire qu'elle naisse de l'idée de la pensée du fait qui révèle la vérité, et non qu'elle soit fondée sur des conclusions tirées de controverses.

Les véritables controverses ne sont point faites pour faire marcher vers la conviction ; elles ne sont que le développement des faits acquis, mais elles ne sont pas l'interprétation de ces faits.

L'apôtre non convaincu n'est pas apôtre, car celui-ci convainc par un regard, un geste.

L'effet de la conviction est la pénétration des âmes. C'est ce qui explique le peu d'effet produit par les prêtres. Ils jouent aujourd'hui le rôle d'apôtres, mais ils ne le sont pas.

La vérité, d'abord, ne réside pas sur des *préceptes !* Elle repose sur des *principes.*

Les *principes* de la vérité sont en très-petit nombre.

Les *préceptes* des prêtres sont en nombre illimité.

Avec les principes de la vérité, on élève, on grandit, on redresse ;

Avec les préceptes des prêtres * . . . .

Quand on élève un prêtre . . . .

---

* Le Somnambule met en parallèle la conduite des Prêtres d'aujourd'hui avec celle des Apôtres, et, cédant à l'indignation que lui inspirent les *mauvais* Prêtres, il se livre contre eux à une philippique véhémente. Je voulais d'abord supprimer quelques passages qui, à mes yeux, présentaient ce double inconvénient, que certains lecteurs y verraient une généralité dans l'exception, et pourraient faire l'application de la critique à la partie saine et respectable du Clergé, et d'autres les considérer comme une diatribe voltairienne. Cependant, dominé par mon respect pour l'exactitude des faits que je rapporte, je m'étais décidé à ne rien retrancher. Au moment où cette seconde partie de mon ouvrage allait paraître, plusieurs

. . . .

. . . .

. . . . . .

Si *l'esprit* est *médiocre*, *faible*! voilà son sort.

Si *l'esprit* est *fort* . . . .

. . . .

Les sauvages l'attendent.

O apôtre, que ton sort est digne!...

Les méchants te rehaussent à tes yeux mêmes : le *bien* que les méchants punissent est puni par un plus grand *bien*. Tu peux arriver à la gloire de la conviction libératrice, à la gloire de *l'éclaireur*, tu porteras la *lumière* à tes frères *aveugles*. Va!... que le courage te seconde; ton sort en ce *monde* est dur, ta vie est épineuse. Va!... que le ciel t'assiste : Va!... ta *préparation* marchera en proportion de tes souffrances.

Qu'est-ce que la souffrance? c'est *l'épuration*.

Le *Christ* a souffert : Le *Christ*? c'est le *libérateur* dont toutes les bouches sont pleines.

O apôtres, que votre sort doit être envié!

Quand le *Christ* a voulu propager sa doctrine, il a pris douze *pêcheurs*.

personnes graves m'ont engagé avec instance à y faire des coupures, et j'ai cédé volontiers à leur désir pour le Chapitre Apôtres et Prêtres.

Quant aux théories sur la *Société* et la *Famille*, comme leur développement et leur controverse n'offrent point les mêmes inconvénients que la question religieuse, je n'ai pas éprouvé les mêmes scrupules, et j'ai cru devoir les donner littéralement, parce que chacun peut les apprécier à son point de vue, sans heurter des croyances qui reposent sur la foi et qu'il faut toujours respecter.

Le *Christ* a été persécuté, et le *Christ*, sur sa croix, est mort en sauvant une *âme*.

Qund les apôtres étaient martyrisés, ils priaient pour leurs bourreaux.

Les prêtres d'aujourd'hui . . . . !

Les apôtres les chérissent.

Les prêtres d'aujourd'hui . . . .

. . . .

Les apôtres les donnent à ceux qui en ont le plus besoin.

Les apôtres respectent la sainteté des choses : tout ce qui a rapport à la vérité, à la religion, est sacré pour eux.

Les prêtres . . . .

. . . . !

L'apôtre va marchant nu-pieds, à toute heure du jour ou de la nuit ; il ne pense qu'à son *prochain*, il se prive pour son *prochain*.

Le prêtre . . . .

. . . .

. . . .

Le prêtre est la conséquence de la société . . . . .

. . . .

. . . . Or, l'intérêt est un *mal* qui corrompt *tout*.

Le *mal !* vous le savez, est un vernis passé sur les belles choses, et qui nous les montre toutes sous un jour hideux ou seulement rebutant, sans cependant pouvoir les cacher aux yeux éclairés par Dieu, c'est-à-dire, aux intelligences et aux consciences supérieures.

.

La société doit arriver à la civilisation.

La seule, la grande, la belle civilisation n'existera que quand l'*Homme* arrivera au *bien*, que quand la société se rencontrera avec la religion pure, c'est-à-dire, quand elle embrassera cette véritable religion.

Le Juif-Errant de M. *Eugène Sue* nous en donne une belle explication. Lisez-le et comprenez-le.

Le Juif-Errant ? c'est la marche de la société : elle erre.

La société ? c'est la famille du Juif-Errant, famille qu'il guide en lui faisant goûter de toutes les positions.

Les Jésuites ? c'est l'intérêt, qui ronge, qui mine cette société, mais duquel il faut cependant la détacher, pour qu'elle se civilise et arrive à sa jonction avec *Olympiade*, qui est la religion, cette femme qui plane et qui éblouit, en attachant par sa douceur et sa souffrance.

Cette souffrance provient de ce qu'on la méconnait.

Par la mort des membres de la famille, par la déception des Jésuites, vous voyez le détachement qui s'opérera entre la société et le *mal*.

Le *renouvellement* de la société, ce sera la civilisation pure, et, par la déception des Jésuites, vous voyez le *mal* vaincu, déçu, terrassé ; la lutte du *bien* et du *mal*, du moyen contre le *principe*, lutte inutile, vous ai-je dit.

Ce type, errant d'un membre à un autre, est beau. Ce sont les mœurs qui changent ; le type reste.

Ce type, principe ! c'est la civilisation.

Quand cette marche sera finie, que restera-t-il ?

Le *bien*, c'est-à-dire, la civilisation *pure*.

D'où proviendra ce *bien*, sur quel principe reposera-t-il ?
Sur celui-ci :

« *Aimez-vous les uns les autres.* »

Sur la religion *naturelle*.

La civilisation aura rencontré la religion.

« *Aimez-vous les uns les autres.* » telle est la doctrine du *Christ*.

De là découlent toutes les vérités.

L'apostolat ne doit donc être que le développement de ce principe, puisqu'il n'est que l'exposition des vérités qui en découlent.

Alors, vous le pensez, toutes ces ombres que l'on nomme : *grandeur*, *force*, *puissance*, *richesse*, seront évanouies ; il ne restera que le beau de tout cela : le *grand*, le *beau*, le *riche*, le *puissant du cœur*. Or, le cœur n'aspirant que le *bien*, n'aspirera que le *véritable beau*, le *véritable grand*, le *véritable fort*, les qualités en un mot du *bien*, et ces qualités fortifieront et épanouiront le cœur, la conscience de l'*Homme*, le tabernacle, vous ai-je dit, des émanations de Dieu.

Nous avons parlé des douze apôtres du *Christ*, des douze *pêcheurs*.

Mais ces pêcheurs étaient des gens de conviction, de sens droit, éblouis par une puissance extraordinaire ; humbles ! qui ont *vu* et ont *cru*, sans expliquer, car leur conscience leur a dit de *croire*, car ils ont touché la vérité : Hommes savants ! car leur enseignement a été rapide et complet, et parce que, en étudiant, ils se sont rendus aux faits sans chercher un commentaire dans la science de nos *esprits forts.*

« BEATI PAUPERES SPIRITU , BEATI HUMILES. »

c'est-à-dire : heureux ceux qui écoutent la parole d'autrui , et qui l'adoptent ou la rejettent après l'avoir pesée dans leur conscience.

La conviction des apôtres était complète ; ils ont parcouru le *Monde* , malgré les croix et les bourreaux , et la plus grande partie du genre humain a reçu la pensée chrétienne.

Les mauvais prêtres, leurs indignes successeurs , ne laveront jamais les pieds de leurs domestiques , ou de leurs disciples ; ils ne seront jamais revêtus de cette simple robe de serge , imposante dans sa simplicité , ils ne compâtiront jamais aux misères du pauvre. . . . .

. . . .

Quont fait les prêtres ? . . . .

. . . .

. . . . . .

Ce ne seront pas les prêtres qui seront les apôtres !...

. . . .

. . . . . .

Les apôtres seront : les *bons* , les *simples* , qui croient d'après leurs yeux et ceux de leur *esprit*, raconteront les faits acquis, se feront l'organe de ces faits, car ils seront éblouis par leur puissance, surnaturelle à nos yeux, quoique réelle.

La société sera agrandie par cette doctrine. La société roule aujourd'hui sur le principe de l'intérêt général ; elle est resserrée.

L'intérêt devrait être le *bien*.

Elle est mince, car cette généralité n'est pas l'humanité, ce n'est qu'une portion de cette humanité. Un jour elle roulera sur le *bonheur* de *tous*.

Puisque la société s'agrandira, le Catholicisme sera délaissé ou reparaîtra sous une autre forme. Le Catholicisme, en effet, repose, vous ai-je dit, sur de bons principes ! c'est une société, c'est un arbre en automne ; ses feuilles tombent, elles sont jaunes. Le printemps nouveau sera long à venir, car les feuilles tombent lentement ; mais quand il viendra il reverdira éternellement.

La religion catholique, apostolique et romaine est un serpent qui change de peau.

La vieille peau n'est autre chose que les mots : *catholique* et *romaine*.

Le serpent, c'est-à-dire le fond, le principe, la religion chrétienne restera, car c'est la religion de la vérité.

L'apostolique restera aussi, car c'est la religion de la vérité révélée, et une vérité révélée entraîne toujours à sa suite l'apostolat.

Les prêtres . . . .

. . . .

Le *Christ* était un grand Magnétiseur ! Dieu planait sur lui, vous ai-je dit.

L'auréole qui, dit-on, brillait autour de son front, auréole à laquelle je crois fermement, n'était autre chose que le fluide magnétique divin, dont il était un réservoir, et qu'il reflétait sur nous.

Le miracle de Cana, la résurrection de Lazare, sont des phénomènes magnétiques.

Les miracles du *Christ* sont grands et vrais, comme phénomènes.

La résurrection du *Christ* n'est autre chose que l'accomplissement de cette fiction poétique qui se trouve dans la *Bible*, à propos du prophète *Elie*.

Le *Christ* à lui seul représentait ce que sera le *monde* plus tard : « *L'esprit matérialisé, la matière faite homme et la matière spiritualisée.* »

« *Et la parole est venue parmi les siens !... L'esprit, venu dans la matière, est venu chez les siens, et il n'a pas été compris !* »

Jamais il ne le sera avant le temps.

La physionomie du somnambule se rembrunit tout-à-coup ; il fait un mouvement brusque et son accent devient bref et concentré.

Finissons-en avec les *mauvais* prêtres !...

Qu'est-ce qu'un prêtre ? *Michelet* vous l'a dit :

C'est un vieillard ! c'est celui qui nous est donné par Dieu pour nous diriger et nous redresser ; c'est celui qui a une conscience plus élevée, c'est celui qui a une expérience plus profonde.

Le prêtre adoucit nos peines par sa bonté, et nous enchaîne par la beauté de ses discours.

Sa *parole* est un baume qui nous calme, nous rafraîchit et nous restaure.

Le prêtre est toujours *grand*, *homme ou femme*; il est toujours inspiré, parce qu'il est toujours l'organe de la raison. En effet :

La *raison* a pour principe le *bien*.

Le *bien* découle de Dieu, et le prêtre, parlant au nom de la raison, nous parle au nom de Dieu.

Les intelligences supérieures, vous ai-je dit, sont les voiles qui poussent le bateau.

Les consciences supérieures, sont le gouvernail qui le dirige.

Les premières, sont les moteurs.

Les secondes, sont les directeurs.

Les intelligences élevées, sont les drapeaux que nous suivons malgré nous, ce sont des volcans magnifiques, qui nous lancent le feu sacré, ce sont des sources abondantes, qui viennent rafraîchir le *Monde*, ce voyageur trop paresseux.

Les intelligences élevées atteignent ce *but*, car allant bien avant dans la vérité, elles prennent une idée, l'étendent, la développent, l'expliquent; elles la font devenir *idée générale*, *idée du peuple*. Le peuple la proclame, la prône, la crie avec sa voix puissante, et l'idée du génie n'est autre chose que l'idée de Dieu, car il l'a puisée dans la raison, qui en découle.

La voix de Dieu, cette prédication puissante qui embrasse tout, qui incrustre chaque parole, et dont chaque parole porte fruit, c'est la prédication par la voix du peuple :

« VOX POPULI VOX DEI. »

Les idées nouvelles nous sont transmises par les prêtres *véritables*, les *consciences* élevées : ils nous les distribuent *équitablement*, *proportionnellement*.

Les qualités des consciences élevées, sont : « la *bonté*, la *douceur*, l'*humilité*, la *compassion*. »

Le but, est de *soulager*, de *consoler*, de *diriger*.

Ce sont des *anges gardiens* qui ont la *charité* pour essence.

Ce que l'on nomme «*prêtre*» aujourd'hui, est improprement nommé.

La conscience élevée mérite seule ce titre.

Le *prêtre* n'est pas celui qui prêche une religion dogmatisée ; c'est celui qui, sans faste et éloquence, mais par douceur et aménité vous ramène à la religion *naturelle*, cette religion impalpable, invisible mais réelle.

Un prêtre dogmatisant, est un mauvais tailleur qui fait de mauvais habits.

Le *dogme* est l'habit, qui couvre et gêne la religion *naturelle*, et la conscience, qui est son *tabernacle* ; et la religion *naturelle* et la conscience ne peuvent supporter de vêtements !... Tous leur vont mal.

Les prêtres *vrais*, doivent agir par *douceur*, *humilité*, *compassion*.

Présentez-vous devant un prêtre, que trouverez-vous ?

Rien : Ah, je me trompe!.... vous verrez leurs moyens.
Quels sont-ils ? . . . .

. . . .

. . . . . . Le *mauvais* prêtre combine ces trois moyens.

. . . .

. . . .

. . . . . . Voilà l'ouvrage des mauvais prêtres.

Eh bien!... à *ceux-là*, par le Seigneur je le jure! savez-
vous ce que je ferais ?...

. . . .

. . . .

. . . .

. . . .

Voilà ce que je ferais aux *mauvais* prêtres !... Les bons se relèveraient d'eux-mêmes.

. . . .

.

. . . .

Si les prêtres étaient ce qu'a dit *Michelet*, croyez-vous que tout cela arrivât?

Notre formule, à nous, c'est :

« *Liberté*, *égalité*, *fraternité* » ;

La leur, est :

Parlons de la *chasteté!*

Le *Christianisme* de *Lamenais* n'est pas encore assez avancé; il croit au célibat des prêtres et à la chasteté qui doit en résulter.

En cela il est encore un peu catholique. Mais n'importe ! c'est un *vrai* prêtre. C'est précisément pour cela que je l'ai entendu traiter de *pervers*, par un abbé pédant et sot.

Lamenais . . . .

.   .   .   .

.   .   .   .

Qu'est-ce que la *chasteté* ?

C'est le contraire de l'*impureté*.

L'impureté n'est autre chose que la violation , soit physique soit morale , des lois de la nature et de la conscience.

Quand on est chaste physiquement et moralement , tout est permis !

Quand un *homme* s'unit à une *femme* , il remplit le *but* de Dieu : « l'*engendrement*. »

S'il s'unit à elle par *amour* , *pour puiser de la consolation et pour donner du bonheur*, qu'il soit *prêtre* , *laïque* , ou *forçat* , il est *chaste*.

S'il s'unit à une femme , pour satisfaire tout simplement ses goûts et ses désirs , il est *impur !...*

La réciproque est vraie pour la *femme*.

La *chasteté* est une vertu éminemment naturelle : or , toute vertu doit être exercée *librement* !

Qu'est-il arrivé ?

On a ordonné le célibat aux prêtres , on a créé , exprès pour eux , une chasteté ; on les a forcés à la chasteté.

On a dénaturé cette vertu , puisque son essence est « la *liberté*. »

Or , tant que cette chasteté existera , les prêtres ne seront jamais chastes , car ils étoufferont le désir , ils étoufferont l'exercice de cette vertu ; ils ne la pratiqueront pas.

C'est une bien grande question , qui finira par être résolue , car les abus deviendront tellement fréquents qu'on ne

pourra plus reculer, et qu'il faudra démolir cet édifice mal
bâti.

Les doctrines nouvelles commencent à germer, témoin
celle de *saint Simon.*

C'est une graine qu'il a trouvée ; ses disciples l'ont netto-
yée et montrée au jour : on a voulu la détruire ; mais auparavant elle était semée.

Vous verrez qu'elle germera.

Toutes les nouvelles doctrines sont au même point : elles
sont lavées, nettoyées, semées ; elles germeront, et l'on
choisira la plus belle, ce sera la meilleure.

Voilà le *progrès.*

L'AUTORITÉ.

Il y en a de trois espèces, c'est-à-dire, nous devons la considérer sous trois points de vue principaux, eu égard à l'époque de chacune.

L'*autorité* d'autrefois.

L'*autorité* d'aujourd'hui.

L'*autorité* future.

L'autorité d'autrefois, comme celle d'aujourd'hui, ressort de l'organisation de la société.

Or, *en principe*, la société est mal organisée. J'en conclus que toute autorité qui en dérive est ridicule.

L'autorité d'autrefois se rapprochait plus de la vérité que l'autorité présente.

Il y a chez elle un mot qui est vrai, *en principe :* c'est le mot « *aristocratie* », pouvoir des *bons*, et non pouvoir des *riches*, pouvoir des *grands*.

Les *bons*, sont les modèles facultatifs que chacun voit, et que chacun suit à sa guise.

Les *bons!* sont les *intelligences supérieures* et les *consciences supérieures*, dans la voie de la vérité.

Les intelligences supérieures existent chez les *hommes* que l'*esprit* anime à un plus haut degré.

Ce sont les *modèles*, les *seuls*, les *vrais modèles !...*

Les consciences supérieures existent chez les *hommes* qui ont dans le cœur une balance plus juste, plus exacte

19

Ce sont les *maîtres*, les *seuls*, les *vrais maîtres* !...

En fait d'autorité, il n'y a qu'une chose réelle, qui découle du *bien* et qui trouve un écho dans notre nature.

Cette chose? c'est le plus bel attribut de l'*homme* :

C'est la *raison*.

Les intelligences supérieures et les consciences supérieures, ayant reçu une raison développée, sont les seuls modèles et les seuls maîtres, car ce sont les seuls dispensateurs et les seuls modérateurs de la *raison générale*.

Ils sont la source, où la *raison ordinaire* vient se rafraîchir.

Toute autorité héréditaire est stupide !

Quelque grand que l'on soit par sa naissance, par sa position, on a parfaitement le droit d'être un imbécile.

Je dirai même plus ! l'hérédité amène souvent à la méchanceté ou à la bêtise.

Les sentiments ne se transmettent pas ! c'est Dieu qui les donne.

Le père ne peut composer le corps de son fils d'une partie *spirituelle* plus forte que la partie *matérielle*.

C'est Dieu qui fait la distribution de ces *tout*.

L'hérédité ne donne pas le *génie*, si l'âme est composée de plus de *matière* que d'*esprit*.

D'après l'organisation de notre société et avec le principe de l'hérédité, on est quelquefois obligé, et cela arrive presque toujours, de se modéler sur des imbéciles ou sur des méchants.

Que doivent être les copies !...

La seule autorité, vous dis-je, c'est l'autorité de la *raison*.

En parlant de Dieu, nous avons dit que c'était un *esprit*, et que, qui disait «*esprit*», en Dieu, disait «*intelligence.*»

Nous avons dit : que l'âme était composée d'*esprit* et de *matière*.

Qui dit «*esprit*» en l'âme, ne dit pas «*intelligence*» mais dit «*raison.*»

Ainsi :

La *raison* est à l'*esprit* du *monde*, ce que l'*intelligence* est à l'*esprit* de Dieu.

Pour simplifier :

La *raison* est au *monde*, ce que l'*esprit* est à Dieu.

Or, l'*esprit* étant l'*essence* de Dieu, la *raison* est l'*essence* du *monde*.

Voilà l'*autorité* que je reconnais ! c'est la *seule*.

Plus la *raison* est grande, plus on doit se soumettre ; cela doit être l'autorité la plus *forte*. C'est celle d'ailleurs que nous nous trouvons obligés de suivre.

Ceux qui ont le plus de raison sont les *grands* hommes, les hommes de *bien*.

On doit suivre le torrent qu'ils font couler, et qu'ils alimentent sans cesse.

La Marche vers la *perfection* est un fleuve !...

Les *grands* hommes en sont les affluents.

Vous avez un proverbe qui dit :

«VOX POPULI VOX DEI.»

C'est la *raison générale*, qui est la voix de Dieu, car la

raison générale, la *raison* du *monde*, c'est l'*émanation* de l'*intelligence divine.*

Gardez-vous bien de confondre la *raison générale* et la *raison représentative*, tant que cette *raison représentative* n'est pas formée par ces *grands* hommes de *bien* et de *sens.*

La *raison* générale marche dans une plaine ; sa marche est sûre.

La *raison* représentative marche sur un sentier, ayant à sa droite une montagne couverte de neiges et sujette aux avalanches.

C'est la *corruption*, qui entraîne et précipite dans ce gouffre toujours béant.

Dans notre siècle, nous sommes obligés de nous soumettre à la *raison représentative.*

Le malheur pour celle-ci est, que la *raison* générale la contrôle sans cesse.

La *raison* générale contrebalance la loi : elle empêche, par son contrôle, que celle-ci n'empiète sur elle, et ne nous opprime, de même que l'*amour grand* et l'*amitié* empêchent que l'*amour dégénéré* ne nous énerve et ne nous abrutisse.

Qui dit : « *force* », dit : « *absence de raison.* »

La *force coercitive!* c'est la *force* sanctionnée par la *raison représentative*, c'est la *loi.*

Elle est ridicule.

La *force* est un *moyen*, et non une *autorité.*

La seule autorité, vous dis-je ! c'est celle des *bons :* celle qui anime, qui berce, qui élève, qui, sans employer la force, porte chacun à son niveau ; c'est celle qui caresse en fortifiant, qui attache sans lier, qui obtient sans force, qui enveloppe sans pourrir.

Décidément l'autorité d'aujourd'hui est mauvaise.

Celle d'autrefois est morte! celle d'aujourd'hui aura le même sort.

L'autorité future a pour base la *raison*. Comment arriver à cette autorité? Comment établir un système qui lui convienne? Il faut pour cela du temps, beaucoup de temps!....

Nous y arriverons par la *science*. Le système ne doit pas être posé : il existe, il se développe.

Nous y arriverons par les *grands hommes!*... mais entendons-nous sur ce mot : « *grands hommes!* »

Je ne vous parle pas par là de *Victor Hugo*, *Alexandre Dumas*, en un mot de tous ces *romantiques chevelus*, qui ne sont pas poëtes, qui ne sont pas savants de cœur, mais qui ne sont poëtes et savants que de tête, c'est-à-dire, d'imagination.

Ce sont des gens d'une *imagination* étendue, bizarre, mais non des gens d'une *raison supérieure*.

Il est ici nécessaire d'établir la différence entre la *raison* et l'*imagination*.

La *raison* provient de Dieu : elle est une conséquence de la partie *spirituelle* de l'âme.

L'*imagination* prend sa source dans la *matière* : elle dépend de l'*organisme*; elle existe par le contact de la *matière* et de l'*esprit*, mais elle n'est pas une conséquence nécessaire de l'un de ces *tout*.

La *raison* est toujours *grande* et *belle*.

L'*imagination* est toujours *jolie*, et il y a souvent en elle un côté *mesquin* qui prête au ridicule.

Cela n'arrive jamais dans la *raison*, ni dans la véritable poésie.

La *raison* a pour *principe*, le *beau*.

L'*imagination* a pour *principe*, le *joli*.

L'imagination supérieure pressent le *beau*, mais elle le détériore en l'enjolivant.

Partant : le *beau* est chez elle voisin du *laid*, car elle enjolive le *laid* comme le *beau!*....

Elle les dépeint et les confond.

L'*imagination* est susceptible de déviation.

La *raison* est toujours au contraire dans le droit chemin : elle est dans le *beau pur*.

Chez elle, celui-ci n'a pas de voisin : il est *seul maître*, et *maître absolu*.

Un *homme* qui a une *imagination supérieure*, l'exploite pour lui-même : il la travaille ! comment ?....

En égoïste.

Un homme qui a une *raison supérieure*, l'exploite pour *tous* : il la travaille ! comment ?....

En *homme de bien*, en *homme humanitaire*.

La *raison* est un diamant pur, qui ne ternit jamais : quand on l'exploite, ou la développe.

L'*imagination* est un morceau de *Stras*, dont l'éclat n'est que passager : quand on le tripote, il se salit. Quand on exploite son imagination, on l'affaiblit.

Arago, *Michelet*, *Quinet*, voilà des *raisons* supérieures, *raisons* dirigées vers diverses branches, mais toujours vers le même but, « la science », et toujours dans le même but, « l'*humanité*. »

Victor Hugo, *Alexandre Dumas*, ne sont que des *imaginations* supérieures, *imaginations* dont le seul guide est l'*égoïsme* et l'*intérêt*.

Ces *hommes* ne sont que des lampions fumants, qui éclairent mal et qui appartiennent à celui qui les alimente.

Tous ces gens-là, vous les voyez courir après les priviléges ou les honneurs.

L'un, fait de l'*art* une marchandise, une exploitation.

L'autre, va s'enterrer dans un catafalque poudreux et sali.

Tous marchent dans le même bourbier, « la *corruption* »; tous, selon cette belle expression d'un homme du peuple, *entassent bassesses sur bassesses*, *et vont mendier une pièce d'or ou une dignité*. Ils vont se brûler au brasier de la corruption, puis ils viennent vous jeter à la face un livre fort bien *payé*, et qu'ils ont volé au travail de gens de cœur, soumis à la direction, au plan d'un *Esprit* qui n'a de force et de poids que dans la longueur de ses cheveux et dans la pesanteur de ses lunettes.

Michelet, *Arago*, n'entreront jamais dans cet ossuaire, ou bien cet ossuaire aura perdu ses qualités sépulchrales.

Il faut pour cela que les *démolisseurs* arrivent et qu'ils opèrent une refonte, qui sera pour moi un *renouvellement*.

Ces *raisons*-là sont des *lumières*; ce ne sont pas des *lampions*.

Ils n'ont pas besoin qu'on les alimente! ils possèdent la vie.

J'ai dit que nous viendrions à un temps où la seule *autorité* serait celle de la *raison*.

Alors arrivera le règne du *Christ*, c'est-à-dire, alors arriveront la prédication et la pratique *pure* de sa doctrine, qui n'est autre chose que celle de la *religion naturelle*, religion que le *Christ* lui-même a pu résumer d'une manière complète, et à laquelle il a dû ajouter des règles appropriées aux usages de son temps.

Voilà une défectuosité de la doctrine du *Christ*, défectuosité utile, provenant du *Christ* lui-même, défectuosité qui n'existe que dans l'application de sa doctrine au temps où il a paru, défectuosité bien faible, car si le *Christ* a un peu modifié les conséquences d'application de la religion naturelle en faveur et à cause de son époque, il a tellement fait faire de progrès à cette époque, il l'a tellement faite avancer, qu'il l'a mise dans la nécessité de recevoir la religion naturelle infiniment peu dénaturée.

Cette époque a tellement plié sous sa *volonté*, qu'il a posé les bases qu'il a voulu, et qu'il n'a fait que les détails de son ouvrage, dans le style du temps.

Or, ces détails n'anéantissent pas la base; elle existe toujours, et elle est toujours admirable et complète.

Cette base, qui est le principe de sa doctrine, est la cause de tous les progrès existants, et elle contient le germe de tous les progrès futurs.

Le vice de la doctrine du *Christ*, vice infime mais cependant regrettable, ne constitue chez lui qu'une défectuosité.

Mais il existe un vice véritable, vice déplorable.

Celui-là provient de l'interprétation que l'on a donné à sa doctrine, interprétation inutile, perdue dans une masse de commentaires, obscurcie par des controverses, qui ne sont et ne peuvent être que des discussions de mots, commentaires qui masquent le *principe* et qui empêchent de le comprendre.

Mais ces vices doivent crouler, car la *connaissance* et la *compréhension* du *principe* les broieront ; tandis que les défectuosités se rectifient d'elles-mêmes : Le temps en est le seul modificateur.

Quels seront alors les *aristocrates* ?

La question n'est pas difficile à résoudre !

Les *aristocrates* ! seront : les *raisons supérieures*, c'est-à-dire, les hommes de cœur.

Celui qui sera le meilleur, sera le *maître*, le *directeur*.

Ces moyens seront « *la bonté.* »

La *religion naturelle* est le droit chemin.

La doctrine du *Christ* nous apprend à marcher dans ce chemin.

Les *raisons supérieures*, ou bien les *intelligences supérieures* et les *consciences supérieures*, que je comprends dans la dénomination de « *raisons supérieures* », ouvrent et tracent la route.

On se rallie naturellement à leur drapeau.

Vous voyez par ce mot : « *naturellement* », que c'est une *autorité obligée*, c'est-à-dire, que l'on suit *spontanément*, et non pas une *autorité imposée*.

Ces *autorités*, venant du cœur, ont pour pratique la *charité*.

Elles s'abaissent vers tous, elles relèvent le malheureux en compatissant à ses peines, elles guérissent l'orgueilleux par une exhortation, douce en ce qu'elle l'émeut, et grande en ce qu'elle l'oblige à se rabaisser; elles épurent sans que le travail d'épuration soit pénible, elles attachent sans lier, elles sont fortes par nécessité.

Cette force, est la *force morale*.

Les qualités de ces autorités sont :

« *Amour, grandeur, force morale.* »

Leur moyen de conviction, est :

« La *raison.* »

Je vous ai dit qu'on prêcherait dans des temples! Nous y verrons, non pas un abbé chamarré d'or, mais un prêtre *grand et inspiré*, non pas un autel enjolivé, mais une statue sublime « la *statue de la raison* »

Point de censure! point de tribune honteuse!... Rien qu'un *oracle*. Cet oracle! sera le prêtre inspiré par Dieu, qui parlera par sa bouche.

Point de cris! point de huées!...

Rien qu'un murmure, un bien doux murmure :

Le *murmure* de l'*amour*.

SOCIÉTÉ ET FAMILLE.

Dans la question du *mal*, je vous ai parlé d'un mot de votre ami *Gauzence*. C'est le mot : «*rapports accidentels des hommes*» : *accidentels* ! mot bien placé, juste dans toutes ses acceptions, donnant la mesure de la fragilité humaine, lorsque les faits qui existent ne découlent que de l'*égoïsme*, lorsqu'ils n'ont pas pour devise :

« *Liberté*, *égalité*, *fraternité*. »

Lorsqu'ils n'ont pas pour *principe* «l'amour. »

Amour !... Théorie invraisemblable au dix-neuvième siècle! théorie qui es cependant sublime et réelle ! ô toi, sans lequel l'*Homme* est assimilé à la pierre sourde et muette, au ver le plus abject et le plus dégoûtant, au monstre le plus faux, et le plus inexistable, si je puis m'exprimer ainsi ; toi ! *principe* de *tout* et de *tous*, corollaire de l'idée que tu as fait naître, *amour* ! toi, qui es l'*Alpha* et l'*Oméga* de l'*Écriture*, le point de *départ* et le *but* : Que dis-je, le point de départ et le but !... non : car tu es *tout* ! et le *tout* n'a pas de point : *Amour* ! tu es Dieu.

Quand te verrons-nous, ô *Créateur* ! t'abattre plus efficacement sur nous? quand ta *grandeur* voudra-t-elle se révéler à nous, agrandir nos yeux en les éblouissant et nous forcer à te regarder et à t'imiter? Quand est-ce que ce lien de *fraternité*, que tu as posé dans ta *famille*, sera-t-il complet et accepté?...

« *Attendez !...* »

Attendre, grand Dieu ! mais pressons le moment, ou bien donne-nous la force de le presser !... indique-nous ce qui doit résulter du travail de tous les jours.

« *Espérez !...* »

Espérer !... mais nous espérons toujours ! mais cette espérance, qui est en quelque sorte toujours maintenue en nous par les résultats des faits, restera-t-elle toujours *espérance ?* Ces faits !... qu'en résultera-t-il ? à quoi nous avanceront-ils ? Si ce sont des faits à voir, à contempler, ne faudra-t-il pas une force nouvelle pour nous les faire examiner, scruter ?...

« *Croyez !...* »

La *foi !...* mais nous l'avons ! notre *âme* les voit, les croit et les admire. Mais cette *foi !* je le sens ; si elle existe, elle n'agit pas. Si nous l'avons, nous ne pouvons la montrer, la propager, la verser !... si nous l'avons, comment la dirigerons-nous ?

« *Aimez !...* »

L'amour !... sainte et belle pensée, toi qui conduis *tout !* inspire-moi !... que je puisse, malgré mes emportements, dévoiler les mystères ignobles, et garder assez de douceur pour ne pas éloigner de moi en voulant apprendre à les redresser !...

Parlons de la société.

La société est fausse, elle est stupide, parce qu'elle est basée sur un *principe* faux et stupide.

Elle n'est pas basée sur l'*amour*; elle n'est pas basée sur la religion naturelle *pure*, c'est-à-dire, que, quoique s'appuyant sur ces principes de religion naturelle, elle n'a pas suivi toutes les conséquences de cette religion.

La religion naturelle est le développement de la loi organique du *monde* : la loi de l'*amour*.

Cette loi existe en *tout*, *partout*; elle porte sur *tout*.

Cette loi ! c'est le fondement de toutes les institutions humaines.

Ce fondement a été jeté par Dieu.

L'*Homme* a été créé pour bâtir un édifice sur ce fondement.

Cet édifice ! il a voulu le bâtir.

C'est la *société* qui est son ouvrage !

L'*Homme* est un mauvais architecte ; il est mauvais architecte, parce qu'il est imprévoyant.

Pour bâtir son édifice, il a oublié l'instrument le plus essentiel de tous «le *fil à plomb*. »

Il a cru qu'il pouvait créer à sa guise : qu'une fois l'inspiration reçue, il pouvait se passer de la surveillance et que son ouvrage serait complet, et il a posé des pierres sur le fondement ; mais il n'a pas suivi les lignes droites !

Cet édifice s'écroulera.

Le seul Créateur ? c'est Dieu.

La société ? c'est l'ouvrage des hommes.

L'ouvrage des hommes ? c'est la tour de *Babel*.

La démolition de cet édifice arrivera insensiblement : ce sera une modification complète.

Toutes les fois que l'*Homme* bâtira et qu'il ne suivra pas le plan de Dieu, son ouvrage ne sera qu'un essai.

La Tour de *Babel* est une fiction prophétique qui reçoit tous les jours son application.

Ces essais ont un avantage : c'est que chacun se sert de ce qui a été fait auparavant, et par conséquent l'inspiration est plus longue, et le progrès existe.

Lorsque l'*Homme* aura fait un essai véritable, c'est-à-dire, lorsque, après avoir ajouté instrument à instrument, il sera arrivé a se servir de tous ceux qui lui sont nécessaires, lorsque, en un moment il usera de ce *fil à plomb* délaissé, son ouvrage sera *ouvrage* et non *essai*.

Avant cela il aura un moment de découragement ; il s'affaissera, et cette apathie sera heureuse et bonne, car il aura dans cet état l'inspiration, qui lui ouvrira la voie du *vrai*.

Cette *inspiration* ! ce sera la voix de l'*esprit*, qui lui indiquera l'instrument à prendre, la marche à suivre pour bâtir sur le fondement.

Le *fil à plomb* ? c'est le cœur de l'*homme*.

Le fondement ? c'est la religion naturelle.

Elle se trouve dans le cœur de tous.

Quand l'*homme* suivra les inspirations de son cœur, l'*homme* deviendra bon ouvrier maçon, et son ouvrage se complétera.

Socrate avait pressenti la *création*, car c'est lui qui a dit :

« *Celui qui connaîtra son cœur en connaîtra les propriétés,*
» *connaîtra les opérations auxquelles il peut et doit arriver.* »

Celui-là, par son cœur, connaîtra le cœur des hommes, et par là, le cœur du *monde* et de Dieu.

Aussi, dit-il :

« *Connais-toi toi-même.* »

Socrate, vous l'ai-je dit, est le premier *grand homme.*

Quand tous les hommes connaîtront leur cœur, la loi d'*amour* sera observée ; cette devise :

« *Liberté, égalité, fraternité,* »

ne sera plus un vain mot, elle sera burinée dans le cœur de tous les hommes.

Cette devise, ce grain précieux, semé par le *Christ*, a germé.

A la Révolution Française, le germe est sorti : on l'a formulée plus tard.

La formule ! C'est le nom que l'on donne à la plante qui n'est pas encore classée ; c'est le classement des idées.

Avant que la plante devienne arbre, il faudra longtemps ! mais en attendant la plante grandit, la fleur se forme, le fruit se fait pressentir.

Quand ce fruit sera porté, il ne sera pas encore complétement visible, car il est semblable à une amande recouverte de la cosse.

La cosse empêche que le fruit ne soit visible, mais elle en fait deviner la qualité.

Toute cosse doit tomber !....

Quand une société a pour principe l'*égalité*, elle existe d'après les lois de la nature, d'après les lois de Dieu

La *liberté*? vous l'ai-je dit, c'est le droit que Dieu a donné à tous les *êtres*.

L'égalité! c'est la juste répartition de ce droit. Juste dans le fond! ce qui ne signifie pas que chacun a été pesé dans la même balance, mais ce qui signifie que chacun a été pesé proportionnellement au travail qu'il doit faire.

Quant à la *liberté* « *principe* »? tout *être* la possède au même degré.

Toute *inégalité* est un empiétement sur la puissance de Dieu, car alors le législateur qui la consacre partage une chose que Dieu seul possède, et dont il est le seul dispensateur.

S'il y a une *parole* dans les cérémonies de l'Eglise qui est vraie, non pas dans le sens de l'Eglise, c'est-à-dire, dans le sens *terroriste*, mais en ce qu'elle indique ce qu'est l'*homme*, non pas dans sa nature particulière, mais vis-à-vis de tous les autres, c'est celle-ci :

« *Souviens-toi, homme, que tu n'es que poussière, et* » *que tu redeviendras poussière.* »

La beauté de cette *parole* résulte de son *unité* et de sa *généralité*.

Elle est bonne sous un autre rapport : sous le rapport de la fragilité des faits de l'*Homme*, relativement à ce qu'est l'*Homme isolé*, à la petitesse et à la nullité de ses moyens, quand il est seul ou qu'il veut agir seul.

Un *Père* de l'Église l'a complétée, en disant :

« *Vanité des vanités, et tout n'est que vanité.* »

La société, ouvrage de Dieu, c'est l'*association*! l'asso-

ciation naturelle! Je m'entends : association pressentie, de-
vinée. Pourquoi ?

Parce que, je vous l'ai dit, le *mal* est un haillon déchiré
et troué, qui ne peut empêcher de voir ce qu'il recouvre et
qui laisse toujours pressentir le *bien*, qu'il veut cacher.

Le *bien* ? c'est l'*association*.

Association!... idée magnifique et belle, vers laquelle on
marche par des théories incomplètes, il est vrai, mais qui
n'en font pas moins avancer.

Ces théories, celle de *Fourrier* par exemple, sont bonnes
en ce qu'elles partent du *principe* ; elles sont incomplètes en
ce qu'elles ne considèrent le *principe* que sous un point de
vue.

Laissez aux hommes, *esprits forts*, nommer ces théories
«*utopie*» ; l'aissez-les imprimer au mot de «*Socialistes*» une
idée ridicule.

Le ridicule est bien faible quand la chose existe, et que c'est
Dieu qui veut que la chose arrive.

Parlons un peu de la société, ouvrage des hommes, et
nous verrons la différence de ces deux sociétés : la *présente*,
et la *future*, qui ne sera que la *présente* modifiée et refaite.

La *société*, vous ai-je dit, a pour base l'*égoïsme*.

La marche de cette société doit donc être le contentement
de cet égoïsme.

Ce contentement se nomme «le *bien-être*, la *considération.*»

20

Le *bien-être* a rapport à la *matière*.

La *considération* a rapport à la *matière*.

La *société* a rapport à la *matière*.

Cette *matière*, d'où elle découle, c'est la *brute !...* *matière* ignoble, qui devient excrément, *matière* qui, par conséquent a pour *principe* le vil, et pour *fin* un égout, *matière* semblable à la vase soulevée par une drague, qui monte et est précipitée ; *considération* de l'*Homme*, qui grandit et qui est foudroyée, éclair qui passe et se perd enfin dans les nuages, chose plate et nulle, vanité enfin, et vanité des vanités, tout n'est que vanité !... et la vanité dont nous avons parlé jusqu'ici est un voile troué, voile qui n'a plus d'usage, voile qui court à sa destination, chiffon en un mot, comme dit *Félix Pyat*, qui est sorti de la hotte et qui doit retourner à la hotte.

Ceci est tout bonnement une expression différente pour rendre la pensée ci-dessus exprimée :

« *Souviens-toi, Homme, que tu es poussière et que tu retourneras à la poussière.* »

Autre point de vue sous lequel doit être considérée cette *parole* des *Pères* de l'Église.

Je vous ai parlé de la *marche* vers le *bien*.

Cette marche n'est pas la marche *individuelle*, c'est la marche de l'*humanité*.

Elle n'est pas visible sensiblement pour tous :

Elle arrive *individuellement* ou *partiellement*.

Individuellement, quand elle est sentie par un *homme seul !*

Partiellement, quand elle est sentie par une communauté, par un peuple, par une nation !

La marche individuelle prépare la marche partielle, de même que la marche partielle, en donnant l'exemple, prépare la marche générale.

La marche partielle se traduit par des *révolutions* : Les unes sont *politiques*, les autres sont *sociales*.

Toute révolution est une conquête, a dit *Schiller*.

Ce mot est vrai, mais expliquons-le en montrant la nature de ces révolutions diverses.

La *révolution sociale* provient d'une pensée naturelle.

La *révolution politique* n'est qu'un corollaire de la pensée qui a guidé la révolution sociale, et elle est quelquefois un germe de la révolution sociale future.

La révolution *politique* est minime dans ses effets immédiats, car l'intrigue s'en empare.

Alors c'est une révolution *sociétaire*. On la fait dégénérer en lui faisant servir un projet particulier, et par conséquent *égoïste*.

Les révolutions *sociales* sont l'œuvre d'une amélioration, procurée par une pensée *humanitaire*, et par conséquent une pensée d'*amour*.

Les premières sont des coups de foudre !

Les dernières sont préparées et élaborées ; elles n'éclatent qu'à la longue. L'enfantement est pénible, mais la vie est en raison de la peine : elles vivent bien, bien longtemps !...

Les révolutions *sociales*, disons-nous, sont longuement élaborées ! ce sont des germes qui poussent et se développent, germes qui produisent une plante qui féconde la nation qui la fait vivre, et dont l'odeur pénétrante s'étend jusque chez les autres peuples.

Il est rare qu'une révolution *sociale* ne fasse pas avancer vers le *bien* ; cela ne peut même jamais arriver, car, si cela pouvait être, le caractère de *révolution sociale* ne pourrait plus s'appliquer à ce mouvement populaire, parce que alors on serait indubitablement parti d'un principe faux ou incomplet, ou bien d'une pensée *partielle*, que la société aurait fait dégénérer.

Les révolutions *politiques* en un mot sont une préparation, ou une suite, mais elles produisent pour effet direct un *bien-être* individuel, à cause de la *société*.

Les révolutions *sociales* au contraire sont la chose elle-même : elles proviennent des idées, et elles tendent au bonheur *général*.

Je dirai plus que *Schiller* ! Je parlerai dans le même style que *Young* ; il dit :

« *Chaque instant de la vie est un pas vers la mort.* »

Je dirai :

« *Chaque jour, chaque instant de la vie est un pas vers le progrès, est une conquête ; c'est un pas vers le renouvellement, c'est un pas vers la purification.* »

Les idées en effet arrivent tous les jours. Les seules bonnes natures, il est vrai, les saisissent ; elles en sont dépositaires, mais ce dépôt est livré à l'admiration de tous : il est placé chez ces natures, car tout ce qu'elles ont est du domaine public.

Les bonnes natures prennent l'idée, la sèment, arrosent ce semis ; elles le font germer.

Ce travail est imperceptible ; il n'en est pas moins réel.

Les révolutions, éclatant par les idées, éclatent sur toutes les branches d'idées.

Puisque je vous ai parlé de *Félix Pyat*, je vais vous en citer un exemple, à propos de révolution dans les branches d'idées.

Les drames modernes sont des drames ridicules et chevelus, dans lesquels nous voyons des manoirs, des palais et des trappes, dans lesquels nous apercevons des épées, des hâches et des poignards, dans lesquels nous sommes effrayés par des yeux noirs, des barbes noires et des robes noires, dans lesquels nous sommes dégoûtés par des crimes, des orgies et des infamies, dans lesquels nous ne sentons que la présence d'une imagination ardente, sur lesquels en un mot plane ce qui s'appelle le mauvais goût et l'invraisemblance.

Dans les drames nouveaux, au contraire, nous ne voyons ni manoirs ni palais, mais la chaumière du pauvre, non pas ces yeux noirs et ces robes noires, mais des yeux tristes et des haillons, non pas des orgies et des crimes, mais des larmes et une grande misère : nous ne trouvons pas le vice et le déshonneur, nous sommes éblouis par la *vertu* et la *probité*.

Tout cela est en opposition avec un mauvais *principe*.

Aussi, au lieu de vide, trouvons-nous une question, question du *bien* et du *mal*, qui donne pour résultat la démonstration de la puissance du *bien*.

Le *bien !...* il est représenté par un *pauvre honnête*, sans appui, sans moyens, sans protecteur.

Le *mal* y est représenté par un homme vil, riche, puissant et honoré, s'appuyant toujours sur l'égoïsme et sur le crime, faisant jouer tous les ressorts de l'intrigue pour entraver la marche du *bien*.

Mais quel est le vainqueur?...

C'est le *bien*, car *Félix Pyat* vous le dit :

« *L'honnêteté est la meilleure de toutes les roueries.* »

Et moi, je vous ai dit que le *bien* était le roseau tenu par Dieu, tandis que le *mal* est le chêne qu'il repousse toujours du pied.

Il n'y a pas en effet de statue plus colossale, de rempart plus inexpugnable que le *bien*.

Que toutes les passions se déchaînent contre lui, qu'elles se réunissent pour saper ses fondements, elles seront obligées de creuser si profond, que l'éboulement deviendra nécessaire et arrivera pour les écraser en les engloutissant.

Revenons à notre article et parlons de la *société future*.

La société future a les bases que je vous ai indiquées.

Quand l'*amour* sera un *principe* suivi, quand l'*amour* sera un code universel, la *propriété* sera abolie, car la propriété est une institution éminemment *sociétaire*.

Or, la propriété divise les hommes en *classes* ; il n'y a pas de rapports entre eux.

Dans l'*amour*, au contraire, le rapprochement est immédiat. Le *riche* sera uni au *pauvre*, car il n'y aura plus de *riches* et il n'y aura plus de *pauvres*.

Il n'y aura de *riche* que les *raisons supérieures :*

Or, celles-ci sont du *domaine public.*

Pour arriver à ce point, nous avons la science.

Dieu nous l'a donnée pour arriver à l'état de *nature.*

En effet : par la science on découvrira le moyen de faire l'or et l'argent, de détruire en un mot toute espèce de valeurs représentatives.

Or, alors quelle richesse pourra-t-il exister ?

La richesse du sol !...

Mais comment payera-t-on des travailleurs millionnaires ?

On leur refusera du pain ! du fruit !...

Mais la *faim* chasse le loup des bois, et la faim entraine l'avilissement de la propriété.

Tout le monde travaillera alors par *amour*, par *service.*

Le travail sera moins pénible, car la science, avec ses machines, le simplifie beaucoup.

La Genèse parle de travailler à la sueur de son front.

La Genèse ecclésiastique croit que c'est une punition.

Moi, je dis que c'est un moyen de faire avancer.

L'*Homme* a été créé à l'image de Dieu.

Dieu lui a donné, par délégation, quelques idées nécessaires.

Dans ces idées, il y a celle de *travail*, car l'*Homme* est l'image de Dieu, quant à l'*activité* et à l'*intelligence.*

L'*Homme* doit travailler, attendu que toute intelligence active suppose un travail, puisqu'elle complique une idée d'invention, de résultat.

L'*Homme* n'a pu être créé inutilement !

Il faut qu'il se prépare à être *purifié* :

Cette *préparation* est un *perfectionnement* ; il faut qu'il se prépare tous les jours !

Or, quand la préparation sera presque finie, il se reposera : son travail sera moins long ; il sera aussi moins pénible.

Alors chacun aura sa place, selon ses moyens et sa vocation : chacun remplira sa tâche avec plaisir, parce que, *rendre service est un bonheur*, et que le mot « *intérêt* » sera rayé de toutes les langues.

L'association générale existera.

Le mot « *intérêt* » étant rayé, le mot de « *propriété* » le sera aussi.

La *communauté naturelle* consacrera l'*égalité*.

La *richesse* et la *pauvreté* seront de vains mots, car alors nous serons tous *riches* et tous *gueux* ; et vous savez que les gueux sont les gens les plus riches ! ils n'ont rien, et ils ont *tout* : ils sont heureux.

Vous connaissez la chanson :

> Les gueux, les gueux
> Sont des gens heureux,
> Ils *s'aiment* entr'eux,
> Vive les gueux !

Le *Communisme ?* c'est l'état de nature en ce *monde*, et le commencement par conséquent la *transition* en les *autres*.

C'est l'état de *propriété*, appartenant à Dieu, propriété dont il laisse la jouissance à tous les *Etres*.

Le *Communisme ?* Ce n'est pas le *partage*, car le *partage* suppose la propriété, et le partage est la *mort* pour le plus grand nombre, tandis que la *communauté* est la *vie* pour *tous*.

Si je voulais le faire arriver demain, je le ferais : je n'aurais qu'à vous dévoiler la composition de l'or, de l'argent et du diamant.

Mais chaque chose a son temps! Dieu ne veut pas qu'il arrive ; et si j'avais envie de vous le montrer, ma langue serait sur-le-champ paralysée.

Si Dieu voulait qu'il arrivât aujourd'hui, ce ne serait pas une révolution qu'il ferait! *il détruirait son ouvrage.*

L'impossibilité des valeurs réprésentatives briserait aujourd'hui l'*humanité*. Ce serait une chose bien plus forte que le *Déluge* dont parle la *Genèse*.

Si Dieu le veut, il n'a qu'à prendre son marteau et briser le marbre qu'il façonne.

Les vues de Dieu sont *grandes!*...

Il est essentiellement prévoyant : chaque progrès est pesé dans sa balance.

L'*Homme* peut le hâter, mais non le faire arriver avant son temps, car chaque progrès *prématuré* est *nuisible*, n'est plus un progrès, et qui dit : «*progrès*» dit : *chose amenée doucement*, mais *solidement*.

Le pivot sur lequel roulera l'humanité, sera le précepte de Lafontaine :

«*Il faut s'entr'aider mutuellement.*»

L'union fait la force.

L'union? c'est la vie, c'est la rosée qui vient tous les jours au matin, rafraîchir le cœur de l'*Homme*, c'est le soleil qui vient le réchauffer.

L'amour? c'est l'extinction de l'*égoïsme*.

L'égoïsme est le principe de la *propriété*.

Le *Communisme* est l'opposé de la *propriété*.

L'amour est l'opposé de l'*égoïsme*.

L'amour est le principe du *Communisme*.

Voyez les diverses interprétations et les opinions portées sur le *Communisme !*...

Toutes les *bonnes natures* le comprennent bien : elles veulent la gueuserie pour tous, parce qu'elles voient, dans le *Communisme*, non le *partage* de la propriété chez les hommes, mais la *propriété* de Dieu et la jouissance *universelle* de l'*Homme*.

Le *partage !* c'est la répartition de la propriété.

Le *partage* emporte idée de propriété ; c'est une conséquence nécessaire.

La propriété a pour principe l'égoïsme, car la propriété peut exister sans donner droit à une jouissance particulière.

Or, la loi qui consacre ce droit est éminemment *sociétaire*, elle est éminemment contraire à la loi de la *nature*.

Quand Dieu a créé le *Monde*, il s'est servi de ce que nous appelons « les *éléments*. »

Les *éléments* sont également nécessaires à notre vie.

A qui appartiennent-ils ?

A Dieu *seul*.

Quel est celui qui osera s'approprier l'*air*, l'*eau*, le *soleil*, le *jour*, la *nuit ?*...

A qui sont donnés tous les *éléments* ?

A tous les Êtres.

Or, tous doivent en jouir également, car ils ont tous la même nature, et par conséquent ils ont tous à peu près les mêmes besoins.

Dieu a donné à chacun en particulier la part de jouissance qui lui était nécessaire.

Pourquoi la société est-elle revenue sur cette division ? pourquoi a-t-elle voulu y mettre du sien ? pourquoi a-t-elle donné du superflu à l'un et a-t-elle restreint la part de l'autre ? Pourquoi, si les *éléments naturels* ne suffisent pas pour quelques-uns, d'après sa division à elle, a-t-elle encore fourni aux *riches* les moyens de se procurer artificiellement les *éléments* que Dieu a donné aux *pauvres* ?...

Pourquoi, ayant restreint les *éléments naturels* pour ceux-ci, a-t-elle encore resserré leurs moyens de se procurer les *éléments artificiels !*...

Pourquoi, si la chaleur du soleil est insuffisante pour celui qui n'a pas de feu, lui enlever les moyens d'en faire ?

Pourquoi, si la chaleur est suffisante pour l'un, lui donner les moyens de la rendre plus forte, soit par ses habits, soit par son bois, soit par ses tapis ?...

Répondez, *grands de la terre !*....

Qu'est-ce qu'un homme ?

C'est un composé d'*âme* et de *corps*, dites-vous ! il a de la *chair*, des *os* et du *sang* :

Voyez la couleur du *vôtre !*...

Voyez la couleur du sang du *pauvre !*....

«*Comparez !*... »

Pourquoi, me demanderai-je, la *société* a-t-elle fait cela ?...

Parce que toutes les choses doivent être faites et refaites au *laminoir* du mal !

Parce que le *mal* provient de l'*égoïsme* et de la *bêtise !*

Parce que les lois ont été faites par de grands égoïstes qui se sont élevés, et qu'elle a été faite pour ces grands égoïstes !

Parce qu'elle a pesé sur des dupes qui se sont laissées abaisser, et qu'elle les a étreint de son joug implacable !....

Le joug heureusement commence à être rongé.

Si cette répartition venait de Dieu, le *Monde* n'existerait pas sur le principe de l'*amour*.

Dieu aurait permis aux uns d'être heureux, et aurait condamné les autres à la souffrance :

En vérité ! alors Dieu aurait eu pour *principe l'injustice* et non l'*amour*.

Qu'est-ce qu'un Dieu sans *perfection?*

Qu'est-ce que la *perfection* sans l'*amour* et sans la *justice ?*

Le vice qui existe dans la propriété est tellement grand, qu'il en démontre la nullité et la fausseté.

Puisqu'un *élément* a été divisé *sociétairement*, puisque la société, qui s'est élevée au rang de *créateur* pour certaines choses, est entrée dans une marche, pourquoi ne poursuivrait-elle pas sa route, et, après avoir enlevé à certains individus le nécessaire d'un de ces *éléments*, ne leur enlèverait-elle pas le nécessaire des autres ?

C'est que la société est un *créateur imparfait*, qui ne peut jamais créer que des exceptions temporaires, tandis que Dieu est un *Créateur parfait*, qui ne crée que des règles générales, complètes, c'est-à-dire, règles générales dans lesquelles rentrent les exceptions temporaires créées par la *société*, ce fantôme de *Créateur*.

En résumé, l'*amour* est le grand principe de toutes choses : c'est un mot que je ne cesserai jamais de vous répéter.

Toute société non organisée sur ce principe sera mauvaise.

Elle aura cependant cela de *bon* qu'elle sera un moyen d'arriver à la société *naturelle*.

Toute *communauté* par partage, c'est-à-dire impliquant le principe de la propriété, sera fausse, parce qu'elle rentrera dans le principe de la société. Cependant, ce sera un pas de plus !...

On peut, il est vrai, se passer de le faire, car il sort de la route tout en avançant.

Le *seul* propriétaire ? c'est Dieu, qui nous donne la jouissance.

La seule pensée qui doit nous animer !... c'est la pensée d'*utilisation* de cette jouissance.

Toutes les fois que les hommes voudront utiliser et bien jouir, l'*association* sera le résultat de cette volonté.

Dès que l'*association* existera, la *fraternité* verra arriver son *règne*, et le règne de la *fraternité* aura pour trône l'*amour*.

La seule *association belle*, quant à la *forme*, mais non quant aux idées reçues aujourd'hui, *belle*, quant à la compréhension possible d'elle chez les bonnes natures qui cherchent l'idée qui se trouve au fond des choses, lors même que ces idées n'ont pas guidé dans l'organisation, cette *belle association*, dis-je, est celle des *Francs-Maçons*.

Là, tous sont frères et tous deviennent frères par l'épreuve, épreuve tellement belle, tellement grande, qu'elle a pour résultat le *bien*, l'*association*, la *fraternité*, épreuve complète, en ce qu'elle emploie le *mal*, comme moyen pour faire arriver à ce résultat :

Et ce n'est qu'en employant le *mal*, en le faisant toucher du doigt qu'on en montre l'horreur, et qu'on force à aller se réfugier dans le *bien*, qui vous tend des bras d'*ami* et de *frère*.

Dieu chaque jour nous donne notre nourriture.

Il nous a fourni les moyens de nous la procurer.

Pour compléter la découverte de ces moyens, il nous donne la *science*.

Ces moyens seront mis en exécution par le travail.

Nous aurons pour guide, notre *vocation*.

Nous aurons pour directeur, l'*amour*.

Ce travail sera *général*, *universel*.

Il sera distribué à chacun, non par la position sociale, il n'y en aura plus ; par les moyens, les goûts, la position de chacun.

Voilà le *principe* de la *production* :

Le travail guidé par la *vocation* ; et le résultat est généralisé par l'*amour*.

Pour la *distribution* : l'amour est encore le grand principe.

Nous mangerons tous, et tous selon notre appétit ; nous travaillerons tous, et tous selon nos forces physiques ou intellectuelles ; en un mot, nous vivrons tous, et tous également dans la proportion de nos besoins, et le monde ne sera qu'une grande *communauté* dans laquelle chacun s'agitera, *librement*, *également* et *fraternellement*.

L'ouvrage de Dieu aura pris tournure.

La première question de la société est ici terminée.

Nous allons nous entretenir de la *famille*.

Je vous ai parlé de la *communauté des biens* : je vais vous parler de la *communauté des femmes*, et ceci nous servira de transition, et en même temps d'introduction à la deuxième partie de cette question, à la partie qui parle de la *famille*.

La question de la communauté des femmes est une grande question ! question *impossible*, *inadmissible* avec la société *d'aujourd'hui*, parce que c'est elle qui a posé le *principe ;* question *inévitable plus tard*, parce que le *principe* étant *faux*, est un *mal* qui ne peut cacher tout-à-fait ce qu'il couvre, et qu'à mesure que cette belle question se découvrira, elle se formulera et sera mise en solution.

La société a consacré l'union de l'*homme* et de la *femme*, pour perpétuer leur *espèce* « *principe naturel* », et pour supporter leur *commune destinée* « *principe naturel encore.* »

Mais ce mot de « *contrat civil* », est-il un principe naturel ?

Ah !... non.

Or, qu'arrive-t-il par ce mot ?....

Que le mariage est établi ! que la loi vient se mêler à la nature, et de plus privilégie ce qui est posé par la loi, quand elle flétrit le *concubinat*.

Qu'est-ce que le *concubinat ?*

Union de l'*homme* et de la *femme pour perpétuer leur espèce, pour s'entr'aider mutuellement en supportant leur destinée commune pendant tout le temps que durera une union, existant par l'amitié augmentée par l'amour, et laissant libre de ses sentiments tout individu qui convole en union avec l'autre sexe, en permettant à tout Être d'appliquer, à propos, la loi organique du Monde, quant à l'article qui le regarde.*

Or, ce *contrat civil privilégie* une chose *civile*, qui enlève la *liberté* et qui a pour guide l'*intérêt*, au préjudice d'une chose qui a pour *principe l'amour, principe toujours escorté par la liberté.*

L'*Homme* est une image de tous les sentiments de Dieu dans leur force. Ainsi :

« La *volonté*, la *puissance*, la *fermeté*, l'*intelligence*. »

La *Femme* est l'image de tous les sentiments de Dieu dans leur délicatesse. Ainsi :

« La *bonté*, l'*amour*, la *douceur*, la *compassion*, l'*imagination*. »

Deux images distinctes quoique fondues, c'est-à-dire, qui sont plus marquées chez l'un que chez l'autre : images d'une seule et même chose, qui est Dieu.

Or, ces images sont incomplètes, puisqu'elles sont obligées d'être doubles pour représenter Dieu.

Elles seront finies lorsque l'union de l'*homme* et de la *femme* sera *naturelle*, c'est-à-dire, lorsque ce sera par la *nature*, et non par le *droit*, que *l'union des sentiments des deux sexes sera totalement cimentée.*

Or, ce n'est pas le droit qui crée à l'image de Dieu : c'est Dieu lui-même.

Ce que fait Dieu est naturel, car son grand code c'est la nature.

Ce que fait l'Homme est *sociétaire*, est *civil*, car son grand code c'est la loi privée.

Vous comprenez que cette image individuelle est encore trop resserrée !

Puisque Dieu est *tout*, et que l'union, à son image, doit renfermer le *tout*, elle ne sera complète que quand elle existera sur la *généralité* et la *totalité* des sexes !

La société n'a pas seulement fait que resserrer les individus ; par le mariage, elle les a liés.

Elle a établi un lien *civil* là où le lien de la *nature* devait *seul* exister.

Le lien du sang, le lien de la *nature*, est le lien *universel*.

Or, la société en établissant un lien individuel, a cru établir un lien complet !...

Evidemment nous voyons que cela ne peut pas être, car il est clair qu'une *universalité* ne peut jamais être réduite en une *individualité*.

Aurait-elle voulu nous donner un exemple de l'*universalité !*....

Elle se serait alors grandement écartée de la voie exemplaire, puisqu'elle prescrit le mariage comme un lien universel, et qu'elle lui donne par conséquent une idée de généralité que ne comporte nécessairement pas l'exemple.

21

Le lien civil engendre la famille, et la famille donne prise à l'égoïsme.

L'égoïsme de famille, me dira-t-on, n'est pas un égoïsme puisqu'il repose sur *l'amour !*

S'il y a un proverbe vrai, répondrai-je, c'est celui-ci :

« *Les extrêmes se touchent.* »

L'*égoïsme* a plusieurs degrés !

L'*amour grand* existe *seul !* mais dans l'intelligence des grands hommes : il n'existe même pas dans son entier ! il existe sous diverses modifications dans les intelligences des autres hommes, et ces modifications sont les degrés de ce que j'appelle «*égoïsme.*»

L'*égoïsme pur*, degré le plus bas, c'est l'*amour per-sonnel.*

L'*amour* de la famille ! c'est un degré plus haut.

Amour de la *cité !* il est supérieur à la famille.

Amour de la *contrée :* égoïsme qui donne un soupçon for-mulé d'*amour,* et chez lequel l'égoïsme commence à ne plus paraître que dans le lointain.

Amour de la *nation :* c'est l'*amour* qui se rapproche le plus de l'*amour grand.*

Amour de l'*humanité !* c'est le principe de la *fraternité* dans sa plénitude, c'est l'égoïsme *sublime,* qui n'est que le *grand amour.*

Il faudra abattre ces cinq ou six premières branches et laisser subsister la dernière. C'est au reste la seule qui ait en elle un germe complet de vie.

On me dira, peut-être, qu'en abolissant l'égoïsme de la

famille j'abolis l'*amour paternel* et l'*amour maternel*, ce sentiment reconnu par tout le monde !

Je répondrai que, quand je parle de l'*amour grand*, je parle de l'*amour* en lui-même et non des qualités-modes de cet *amour* ; je ne parle pas des sentiments qui en font partie.

Je n'abolis l'*amour* paternel que tant que je le considère comme causé par le lien du sang, en regardant ce dernier sous le point de vue de la *parenté*. Si je considère au contraire le lien du sang sous le point de vue de *paternité* ou de *fraternité*, je l'étendrai et je l'élèverai jusqu'aux nues, car alors je dirai que ce lien du sang renferme la cause *essentielle* de l'*amour*.

Alors cet *amour paternel*, en tout semblable au saint *amour* que Dieu verse sur nous tous, sera l'image complète de cet *amour universel* qu'il nous donne ; ce lien *fraternel* sera l'image de l'union que Dieu a voulu mettre dans son ouvrage.

Cet *amour fraternel*, nous tenant enlacés les uns aux autres, représentera la force attractive que Dieu a donné à toutes les molécules de son ouvrage, afin qu'elles restent toutes dans leur milieu, et qu'elles établissent l'harmonie, sans laquelle rien ne peut exister, pas même Dieu.

Dieu est notre *Père* : l'amour qu'il nous donne est *paternel*.

Les générations doivent aimer les générations suivantes, car c'est là l'image de l'*amour* de Dieu envers le *Monde*.

Les générations doivent s'aimer entr'elles pour établir l'harmonie que Dieu met dans son œuvre.

Je ne parle pas encore de l'*amour* de la génération nou-

velle pour la génération , sa *mère* ; vous comprenez que cet *amour* ne doit être que la *reconnaissance*, en retour de l'amour *paternel*.

L'amour *paternel* et *maternel*, vous dis-je , n'a pas son origine dans la *parenté !*

Son origine est dans la différence des âges , cette loi naturelle.

Nous pensons tous que l'expérience est un grand maître ! L'expérience en effet est un guide.

Ce guide est mis en jeu par l'*amour* paternel et maternel.

Cet *amour* réside dans la génération supérieure , qui est le mentor de la génération suivante. Par ce guide il la protége.

C'est ce sentiment de protection qui découle de l'*amour grand* et du lien du sang , envisagé sous le point de vue de *paternité*.

Puisque l'expérience est un grand maître , tout le monde doit la chercher !

Les générations présentes la cherchent chez la génération qui leur est antérieure ; elles suivent ses conseils , elles les méditent et les appliquent : de cette méditation et de l'application de ces conseils naît l'expérience pour la nouvelle génération , qui en retour ressent nécessairement un sentiment unanime. Quel est-il ?

C'est la confiance.

De la confiance naît le *respect*.

C'est ce sentiment de *respect* qui découle de l'*amour grand* et du lien du sang , envisagé sous le rapport de la *filiation*.

A ce sentiment vient s'ajouter la *reconnaissance*, qui complète le lien du sang.

Comment unirons-nous ces générations entre elles? quel sera le moteur pour en rapprocher les individus? que trouverez-vous?

« L'*aide*, l'*appui*, l'*union! Il faut s'entr'aider mutuellement!* « L'*amour fraternel.* »

Otez l'*amour paternel*, *filial* et *fraternel*, que restera-t-il? *Néant :* pas même Dieu!...

La *protection*, le *respect* et l'*union*, sont les qualités essentielles de l'*amour grand*; il les traîne toujours à sa suite.

Ce sera ces qualités qu'il opposera, comme un rempart, au *mal* qui voudrait le vicier.

Quand l'*amour grand* existera, ces qualités existeront chez toutes les générations. Les unions n'existeront que par l'*amour* des deux sexes et ne seront jamais disproportionnées.

L'*amour* des deux sexes au lieu d'être un mariage de raison, un mariage d'inclination passagère, deviendra une union sympathique et amicale, dans le but de faire avancer les individus, de maintenir les deux sexes à un état égal pour l'un et pour l'autre.

L'*homme* deviendra amoureux de sa *femme* dans ce cas, parce que si l'*homme* est complet, c'est-à-dire s'il possède toutes les qualités de son sexe et une part assez grande des qualités de la *femme*, il s'unira à une femme incomplète, c'est-à-dire n'ayant pas assez de qualités féminines, ou ayant une part trop grande des qualités masculines. Par ce contact ils se compléteront, et lors de ce complément chacun aspirera à un avancement nouveau.

De là, désunion, pour aller s'allier à des individus plus complets qu'eux.

Au lieu des séparations de corps et de biens, dans l'intérêt particulier dicté par le libertinage ou par la haine, on aura des séparations dictées par *l'amour grand*, mutuel, et par l'intérêt du prochain et l'intérêt du plus grand nombre.

Qu'est-ce qui fait qu'un *homme* et une *femme* s'aiment? C'est qu'il y a entre eux une attraction magnétique, c'est que l'un est formé que l'autre ne l'est pas, et que l'un sent la misère de l'autre et veut la soulager et l'anéantir!

Qu'est-ce qui fait que *l'amour* s'éteint? C'est que l'individu non formé, malade par conséquent, finit par être en bonne santé et n'a plus besoin de son Magnétiseur, qui de son côté cherche à utiliser ses soins, à porter secours ailleurs, ou à aller en demander lui-même.

De même que la différence des âges, mettant en jeu la *protection* et le *respect*, sera l'empêchement porté à ces unions disproportionnées, de même *l'amour* pur et *l'amitié* entre les sexes sera un stimulant pour mettre à nu cette attraction chez les individus des mêmes âges.

La *chasteté* sanctifiera ces unions.

L'amour *dégénéré* dont je vous ai parlé, c'est-à-dire, l'amour de la *forme*, n'existera pas, car nous serons tous également beaux, et de plus parce que la *chasteté* en est l'ennemie invincible.

Alors le but du mariage, c'est-à-dire l'*engendrement*, sera rempli communément par *tous* et *partout*.

Le but du mariage, c'est-à-dire, de l'union des sexes, c'est la *procréation*, non pour engendrer l'*amour paternel* tel que nous le comprenons, mais pour donner lieu à l'alimentation continuelle de la *protection*, du *respect* et de la *fraternité*.

Comparons avec la société.

Le lien du sang chez elle est remplacé totalement, ou presque totalement par le lien *civil*.

Le lien civil confère des droits, et ces droits abrogent complétement ceux que donne l'*amour*, ceux que confère le lien *naturel*.

Tout individu qui ne naît pas avec les droits donnés par le lien *civil* est un *paria*.

Les enfants *naturels* sont sacrés, aux yeux de Dieu! ils sont honnis aux yeux des hommes.

Pourquoi?....

Demandez aux lois positives des peuples, soi-disant *civilisés*!....

Chez eux les individus sont divisés en deux grandes classes:

« Les hommes *naturels* et les hommes *civils*. »

L'homme *naturel*, qui, selon le but de Dieu, est *délaissé*.

L'*homme civil*, qui est détérioré et sali parce qu'il est soutenu par les principes *sociétaires*, est *privilégié*.

La société a aboli l'*égalité* entre les hommes, comme *individus!*

Jugez par là si elle ne devait pas abolir l'*égalité* entre les hommes, comme *personnes*, c'est ainsi qu'elle les appelle !

Elle a encore divisé les hommes *naturels* en deux grandes classes :

L'enfant *naturel*, et l'enfant *adultérin* et *incestueux*.

Je ne suis point ici pour justifier l'adultère et l'inceste ; je ne veux pas les excuser, loin de là ! Je les flétris, car l'adultère est le résultat d'une trahison, et l'inceste celui de la dépravation et du dévergondage. Or, l'adultère et l'inceste, c'est-à-dire, la trahison et le dévergondage, sont incompatibles avec l'*amour grand* et la *chasteté*, qui en est le résultat immédiat. Mais je suis ici pour réhabiliter le fruit de cet *amour* coupable.

« *Heureux ceux qui souffrent* » a dit le *Christ*.

Tous les enfants *naturels* souffrent : ils sont la proie du crime et de la dépravation, ils sont toujours victimes de la misère, physique ou morale, peu m'importe !

La première est hideuse ; la seconde est désespérante !

S'ils ne sont pas sales, déguenillés, voraces, car la faim les pousse, ils ne peuvent lever la tête sans que le passant le plus criminel n'ait le droit de lui jeter dédaigneusement à la face l'ignoble épithète de « *bâtard*. »

Est-ce donc là la conséquence du principe sociétaire ? Oui !... Eh bien, tout principe qui a pour conséquence la démolition de la *fraternité* et de l'*égalité* doit être renversé complétement.

Quand un arbre est mauvais on le coupe.

Quand la société roulera sur le principe de l'*amour*, de

l'*égalité*, de la *fraternité*, oh alors ! ne craignez ni adultère ni inceste. Il y aura la *liberté*, la *protection*, le *respect*, qui empêcheront ces aberrations monstrueuses et dégoûtantes.

Un *principe pur*, appliqué *purement*, ne peut conduire à de fausses ou à de mauvaises conséquences.

Arrivons à un autre ordre de faits, et, en considérant le *principe* de la *procréation* combiné avec le principe de la *propriété individuelle*, nous verrons que l'un de ces deux principes gêne continuellement l'autre.

Il y a entre eux incompatibilité.

Dans l'ordre des choses d'aujourd'hui l'égoïsme de famille est accrédité. Avec la propriété individuelle, le père qui a une fortune assez grande est riche avec un fils, est aisé avec deux, est gêné avec trois, est pauvre avec quatre. Il pense à ses enfants ! il se prive d'en avoir.

Procréation gênée !...

S'il en a beaucoup, la propriété est démantelée, démolie. Son principe est mauvais ! puisque dans cette application il est incomplet, car il est insuffisant.

Or, alors il faut recourir à la misère ; mais la misère conduit au crime !....

Les uns sont *infanticides* ! ils ont encore le courage du crime qu'ils commettent : ils courent des chances.

Les autres sont infanticides déguisés ! ils sont lâches, car ils se cachent.

La société a pour eux le mot flétrissant : « d'*avortement*. » Ce mot, la conscience seule peut le leur crier.

Mais ceux qui possèdent l'*amour paternel*, en un mot les pères et les mères qui, possédant une admiration pour la créature, ne veulent pas tuer leurs enfants nés ou conçus, et qui, pratiquant le principe de la propriété soutenue par l'égoïsme de famille, ne veulent pas avoir des enfants malheureux, ceux-là, dis-je, s'abstiennent de procréer : ils tronquent le but du mariage ; ils violent non-seulement la loi de Dieu, mais encore la loi des hommes.

Or, cette loi ! combien de fois est-elle tronquée, combien de fois est-elle remplie ?

Comparez ! vous trouverez que la grande majorité la viole.

Quelle est donc l'inconséquence des hommes d'adopter et de consacrer un principe *naturel* en opposition avec les principes *sociétaires* qu'ils posent eux-mêmes !....

En tronquant le but du mariage, en ne tendant plus à la *procréation* à quoi tendent-ils ?

A l'amour grand !... Oh, non : il n'y a pas de calcul dans celui-là. Ils tendent au *plaisir charnel*, à l'amour *dégénéré*, l'amour *obscène*, l'amour de la *brute*, le *caprice*, qui traîne nécessairement à sa suite l'*inconstance*.

Or, ce principe de la société qui force à l'inconstance est-il compatible avec celui qui dit que le mariage est un lien qui vous enchaîne pour la vie ?

Répondez, législateurs !...

La société, vous le voyez, roule sur un cercle vicieux, et toutes les fois qu'elle tronquera un principe de droit *naturel*, les faits résultant de ce principe naturel tronqué, seront en opposition flagrante et toujours croissante avec le principe *sociétaire* qui tronque le principe *naturel*.

Le mariage aujourd'hui nous abrutit par ce plaisir charnel. Quand la *matière* seule est en jeu, quand le *bien* n'anime pas l'*Homme*, tous les faits qui en résultent doivent être, et sont faux et déplorables.

Il faut poser d'autres principes qui ne soient que des accessoires des principes *naturels*.

Je vous ai parlé du concubinat! C'est une institution qui existait à Rome.

Aux yeux de la loi, la concubine était respectée et honorée chez le peuple romain, parce que le concubinat était honoré à Rome, car le principe de l'*amour* n'était pas encore enseveli. On passait en s'inclinant à côté d'une concubine. Aujourd'hui une concubine passera à côté de vous, la saluerez-vous?... Non : de même que vous jetez à la face du fils *naturel* l'épithète de «*bâtard*», de même vous jetterez à la face de la concubine le mot insultant de «*femme entretenue.*»

Quelle est la femme qui, se donnant par *amour*, n'est pas estimable malgré son rang de concubine!....

Si j'en rencontrais une qui eût eu en vue le bonheur de celui auquel elle se livre, si elle s'était livrée à cet *homme* pour s'unir selon les lois de la nature, que la société, qu'elle froisse dans ses lois, se permette de l'appeler «*catin*», moi! je la saluerai avec respect et j'accablerai de mon mépris celle qui a fait un mariage de raison, lorsqu'elle avait un autre *amour* dans le cœur.

Or, si la société la flétrit et la repousse, lorsque cette union d'*amour* aura cessé, où ira-t-elle, cette femme qui a suivi la loi de l'*amour grand?* Ce mot de l'Évangile sera-t-il vrai :

« *Frappez et l'on vous ouvrira.* »

Non !.... où frappera-t-elle ? Nulle part : ah, si !... après avoir été raillée, dégradée, elle arrive au mépris personnifié ; elle est ravalée au rang de marchandise.

Pour être recueillie, pour avoir du pain, un abri, elle tombe dans une maison qui ressemble à un puits dont l'eau est corrompue. La corruption la gagne ! elle se pourrit.

Voilà donc une femme belle, pure et aimante, selon Dieu, qui, parce qu'elle n'a pas aimé selon la société, est obligée de se voir flétrie et hideusement avilie. Cette femme, qui se donna par amour à un homme, va passer par les bras du premier venu qui la paie.

Mais ce n'est plus alors l'union universelle des sexes que demande la société !... l'union libre !... puisque, par les nécessités qu'elle impose, elle ordonne l'union de la débauche à la marchandise, elle abrutit l'*homme* et la *femme*, et elle force quelquefois enfin l'*amour grand*, chez l'un et chez l'autre, à se métamorphoser en *crapuleux marché !*...

L'union de l'*homme* et de la *femme* a pour principe l'*amour*.

La qualité essentielle de l'*amour*, c'est la liberté. Nous avons vu que le mariage perpétuel nuisait à cette *liberté* et la détruisait.

A quoi porte ce lien *civil* ? A l'*adultère*.

La société le flétrit, et cependant l'adultère est la conséquence de son *principe !*...

L'adultère est en contradiction avec *l'amour*, parce qu'il est la suite de la dépendance, et parce que la dépendance annule, détruit la *franchise*.

Or, la franchise est une autre qualité essentielle, non pas seulement de toute vertu, mais encore de tout sentiment.

L'amour est une fleur qui passe quand elle éclôt! elle doit prouver, démontrer son existence.

Elle doit aussi démontrer sa fin quand elle se flétrit.

L'amour de l'homme et de la *femme*, comme union individuelle, passe : or, quand il vient et quand il s'en va il doit être précédé et suivi de la franchise, qui entraîne l'aveu et le désaveu de son *amour*.

Si la franchise existe! après *l'amour* individuel ne viendra pas la haine, mais viendra *l'amour grand*, *l'amitié perfectionnée*.

Si la franchise existe! la confiance s'en suivra. Or, avec la confiance le règne de la *jalousie* est terminé.

Si la franchise existe! l'adultère ne peut et ne doit exister, car la franchise empêche la trahison, et la trahison c'est l'adultère, c'est un vice.

Pourquoi est-ce une trahison, pourquoi est-ce un vice?

Parce qu'on laisse croire à un *amour*, lorsqu'on désavoue cet *amour* au fond de son cœur.

L'adultère a été flétri par la société, mais la société étant mal organisée n'a pu que le mal flétrir.

La loi de l'adultère promulguée par Louis XIII a été portée, non dans le but de flétrir un vice général, mais dans le but de se venger de n'avoir pu tomber dans ce vice : c'est un but très-peu *chrétien*.

La société d'aujourd'hui, dans sa loi sur l'adultère, est injuste : elle avoue un crime et elle ne le punit pas également.

Une *femme* adultère est la victime de son mari : il a le droit de la tuer.

Un mari adultère peut se moquer de sa femme, qui n'a pour elle que le désespoir et la plainte.

Encore les circonstances ne sont-elles pas toujours les mêmes dans les deux cas, ce qui n'empêche pas que la femme coupable est, dit-on, plus coupable que le mari. *Stupidité !*...

Mais, dira-t-on, les conséquences du fait ? *Stupidité !*...

Que la société soit *bonne*, et vous ne verrez pas des circonstances monstrueuses, impossibles !

Le mariage est une chose stupide et fausse ! Le mariage perpétuel est ridicule. Un serment prêté pour la vie est une chose incompatible avec le *libre arbitre*.

Ce serment ne peut exister ; il sera toujours faussé.

Dès que l'un connaît aujourd'hui que l'autre a faussé son serment, qu'arrive-t-il ? Il s'ouvrira dès lors deux voies devant lui : la voie du désespoir et la voie du crime.

La première est effrayante.

La deuxième est quelquefois le résultat de la première : alors le crime est spontané.

Quelquefois aussi elle est ignoble et infâme : c'est alors que le crime est combiné. Si le crime est combiné, c'est une lâcheté ignoble !

Or, il existe beaucoup de ces crimes-là, posés par le mariage, qui les force à venir !

Voyez les empoisonnements, les meurtres, les boucheries !...

Quand le crime est spontané, ce n'est plus la lâcheté, c'est un égarement, c'est une folie.

La famille doit s'étendre à tous !

Par la communauté de *l'homme* et de la *femme*, en un mot par la réunion des sexes, nous nous comporterons en frères, créant d'autres frères.

Or, ne connaissant pas individuellement nos enfants, nous serons obligés de les connaître généralement, c'est-à-dire que nous serons obligés de ne faire aucune distinction relativement aux *Êtres procréés* par nous, ou par les autres.

Nous n'avons qu'un *Père* : ce *Père!* c'est Dieu.

Adam et *Eve* ne sont qu'une fiction représentative, qui a son accomplissement pour le temps où nous serons tous frères, et non des points isolés.

Alors la *communauté* existant, tout le monde aura un soutien. Le mariage *grand*, le mariage *véritable* sera consacré ; la perpétuation du genre humain et le bonheur seront le but atteint ; on ne pensera plus dès lors à satisfaire ses goûts charnels en s'unissant à une femme ; le but de l'union ne sera pas tronqué, car alors on ne craindra pas d'avoir beaucoup d'enfants qui n'auront qu'une partie insuffisante du domaine de leur père. Il n'y aura plus de fortune !...

Le dispensateur des biens, sera Dieu !

Le contrôleur, sera l'*humanité*.

Le père de l'un dirigera les fils des autres.

Plus de crainte de voir ses enfants mourir de faim ! Tous les pères les verront soignés et aimés ! quand ils souffriront on compatira à leurs souffrances ; et compatir, c'est guérir !

Vous êtes à même de le savoir mieux qu'un autre.

La société ne sera plus une association d'intérêts se heurtant, se choquant : ce sera une *association naturelle*, une *association de frères*, *s'aimant*, *s'entr'aidant*.

L'union de l'homme et de la femme ne sera plus un contrat, mais un échange de sentiments.

La *famille* ne sera plus une *portion* de la *société* : ce sera l'*humanité tout entière*.

La *communauté* sera *générale*.

Le bonheur *général* sera le *seul mobile* du *genre humain*.

La *protection* et le *respect* contiendront la *communauté* dans ses limites *véritables*.

La voix de l'*Homme* retentira dès lors chez tous les *peuples* ! ce sera la voix du *peuple*, cette voix *formidable* de Dieu :

«Vox populi, vox Dei.»

Et la lumière qui est venue habiter parmi nous éclairera vivement, et tous nous la comprendrons.

RÉSUMÉ.

DÉVELOPPEMENT DE L'EXTASE.

Dieu est le créateur universel, principe de lui-même et de toutes choses.

Le *Monde* est son ouvrage.

Ce qui pétrit cet ouvrage, n'est autre chose que la *volonté* de Dieu.

Ce qui fait que le *Monde* est un chef-d'œuvre, c'est que l'*amour* de Dieu a présidé à sa création.

La *perfection* est le but vers lequel nous devons marcher.

Le *progrès* et la *perfectibilité* sont donc dans les destinées de l'*humanité*.

Son but est le *bien*.

Les moyens pour y arriver sont : le *mal*, la *vie*, la *mort*, le *repentir*.

Les lois qui nous régissent dans la marche vers ce progrès, sont réunies en un code inné que l'on nomme « *religion naturelle.* »

La *religion naturelle* est une *révélation universelle* et *per-manente.*

Les lois de la *religion naturelle* sont celles qui régissent tous les *Mondes particuliers.*

Plus nous nous élevons, plus ces lois sont *visibles*, et plus l'on peut les comprendre et les résumer.

22

En les résumant on voit qu'elles découlent *toutes* de la loi *d'amour*, qui est la loi *organique*, la loi *génératrice* de toutes les autres et la loi du *Monde entier*.

Les vertus qui nous dirigent dans l'exécution de cette loi et de ses corollaires, sont :

« La *foi*, l'*espérance* et la *charité*. »

L'*autorité*? c'est une délégation du *pouvoir* de Dieu.

Il donne ce *pouvoir* aux raisons supérieures, mais loin d'être un moyen d'oppression, dans un but *égoïste*, c'est un moyen de direction, dans un but *humanitaire*.

Dieu a donné ce *pouvoir* à *tout homme*, pour faire exécuter la loi *d'amour*. Ce *pouvoir* n'existe que par les *exemples*.

Le *meilleur est le plus grand maître* : il dirige.

Qui dit «*autorité*» dit «*modèle sur lequel on doit se guider*. »

La *société*, c'est-à-dire l'*humanité*, suit une marche *une*, *simple*, *graduelle* : ce n'est qu'un *essai*. En effet :

La marche de l'*humanité* est poussée vers la *vérité* ; mais comme il faut que l'*homme* ait son *libre arbitre*, l'homme doit chercher, essayer.

Tous les *essais* sont *bons*, en ce qu'il reste toujours quelque chose.

Ces découvertes des vérités partielles forment un groupe qui reste, s'enchaîne et constitue la *civilisation*.

Tous ces *essais* tombant, la *civilisation* reste.

Or, la *civilisation* est le moyen d'arriver à cette *société morale*, animée par l'*amour* et régie par l'*autorité* la *meilleure*, c'est-à-dire, l'*autorité divine*.

Or, comment se fera sentir cette *autorité divine*? Par l'*émanation* de la divinité, par l'*autorité* de la *raison*.

Dieu nous a donc destinés à être *perfectionnés !* Notre marche est *errante*, mais elle est *une*, *simple* et *complète*.

En cas d'obstacles qui pussent nous arrêter trop longtemps, Dieu nous en a donné une autre : c'est la marche *extraordinaire*, qui nous est ouverte par lui-même, c'est-à-dire, par un *Être* qu'il inspire et choisit.

Voici la comparaison !

Tant que Dieu veille sur le *Monde*, c'est-à-dire, qu'il travaille avec ses outils, qui sont : la *vie*, la *mort*, etc... la marche est *simple*; mais quand il touche le *Monde*, c'est-à-dire, quand il le touche lui-même, quand il souffle sur lui, qu'il l'enveloppe de son haleine [je parle ici par des mots qui ne sont placés que pour l'intelligence de ceux qui liront], la marche de l'*humanité*, c'est-à-dire le travail, reçoit une impulsion nouvelle.

Cette impulsion ! le contact de Dieu nous la donne, en engendrant une intelligence éminemment supérieure.

Cette *intelligence* nous formule la révélation nouvelle, que nous découvrons difficilement, puisque c'est là l'obstacle qui nous arrête.

Après cette *formule* vient une *ère nouvelle*.

L'*esprit* et la *matière* sont deux *tout* différents qui tendent à se réunir.

La *fusion* ne s'opère à présent que sur un point : c'est l'*âme*.

Pour que la société se rapproche de cette *fusion*, qui n'est autre chose que le but de Dieu, il faut que le *genre humain* se soit totalement perfectionné.

Alors on sera arrivé à l'arbre du *bien*, dont je vous ai parlé.

La route du *bien* au *bonheur*, et du *bonheur* à la *perfection* se fera toute seule.

Quand le *Monde* sera arrivé à la *perfection*, au *Monde pur*, il n'y aura que deux sentiments :

Le sentiment d'*amour* et de *conservation*, que Dieu portera sur son ouvrage, et le sentiment de *reconnaissance* et de *contemplation* envers Dieu, de la part du *Monde*.

Le but de Dieu sera rempli.

Revenons un peu sur mon état d'extase : je vais vous en donner le développement.

Je vous ai parlé de quatre personnes :

Socrate, — *Jésus-Christ*, — *Joseph Hayden*, — *George Sand*.

Ce sont quatre étoiles brillantes, astres qui, comme les *planètes*, ont leurs satellites qui les précèdent ou qui les suivent. Ces derniers, révélateurs du second ordre, sont inspirés par le pressentiment, l'exemple et le souvenir dé ces génies.

Les génies sont inspirés par Dieu.

Quand Dieu travaille à son ouvrage avec ses mains et non avec ses outils, il forme, vous ai-je dit, par ce contact une *intelligence supérieure* qui pousse l'*humanité*, et qui lui fait franchir l'obstacle qui menaçait de l'arrêter pour longtemps.

Parlons de chacun d'eux.

Que toutes les puissances du *Monde* s'abaissent ; que tout ce qui est *grand* et *riche* s'incline ! Un *homme* est né : c'est *Socrate* !... ce philosophe inspiré, ce *révélateur général* et *succinct*, qui a *tout* trouvé et *tout* dit, qui a posé ce principe :

« *Connais-toi toi-même.* »

et qui en le posant a donné la clef de *tous les devoirs !*

C'est ton cœur, nous dit-il ! quand tu l'auras approfondi, que tu le connaîtras bien, la vie te sera ouverte.

Les disciples de *Socrate* qui ont compris sa doctrine sont : *Platon* et quelques autres, qu'il est inutile d'énumérer. Eux aussi, guidés par cette parole qu'ils avaient entendue, et pénétrés de la vérité du principe, ils ont mis celui-ci en pratique et ils lui ont fait porter ses fruits.

Ils ont préparé la marche.

Socrate avait été devancé par *Pythagore*.

Est ensuite venu *Moïse*, législateur inspiré, qui a cependant perdu son inspiration en voulant la faire descendre trop brusquement dans l'ornière de la société.

Moïse avait entrevu la *Terre promise* ; il l'avait mal dépeinte.

C'est un *homme imparfait !*

Josué, homme ordinaire, a suivi *Moïse*. A mes yeux, il n'a d'autre mérite que celui d'avoir marché à la tête d'une colonne.

Quant à la terre ? je suis persuadé qu'elle tournait toujours, malgré les désirs contraires, et que par conséquent le soleil s'est couché à son heure et pas plus tard.

Puis est arrivé le *Messie*, l'*Homme Dieu*, le *Christ*! Docteur magnifique, qui a posé les conséquences du *principe*.

Avec le *Christ* et les *Évangiles* on doit finir par tout connaître et par tout approfondir. C'est un travail d'induction qui doit nécessairement nous élever au-dessus de notre nature *brute*, et non-seulement cela, mais encore nous faire baigner dans l'*esprit*.

Le *Christ* n'est pas complétement le génie du *bien* ; il n'en a qu'une face déterminée ; chez lui brillent :

«La *charité*, la *bonté*, l'*humilité*, la *douceur*», toutes les qualités en un mot attrayantes.

Le *Christ* n'inspire pas un sentiment de crainte, car chez lui la *force* n'est pas *force*, c'est-à-dire, n'est pas représentée, formulée : il n'apparait que comme *grandeur*.

Dans la conviction de ses principes il était *fort*, mais ce n'était plus la *force vraie*, apparente : c'était la *foi!* Ce n'est plus une chose qui vous en impose, comme la *force pure* ; celle-ci apparait dans sa personne et dans sa vie.

Je vous ai dit que c'était la *foi!* Cette *force* du Christ, en effet, n'est pas la qualité elle-même!... c'est le résultat de ses autres qualités, la suite nécessaire de la grandeur de ses inspirations.

Le Dieu de la *force*? c'est *Satan*!...

Satan, que l'on a voulu mettre en lutte avec le *Christ*, n'a jamais lutté contre lui : c'est son *frère!*...

C'est lui qui est l'autre partie du génie du *bien*.

Lui ? c'est le Dieu de la *grandeur*, de la *force*, de l'*extermination!*... C'est le génie démolisseur, qui fait branler les édifices mal assis et qui , armé de sa massue impitoyable , sape les fondements de tous les *essais sociétaires* : c'est le soldat mis à l'arrière du bataillon qui part , afin de ramasser les objets utiles qu'il aurait égarés. Tel , *Satan* , ramasse les belles idées que l'on oublie , et les apporte ensuite au peuple qui en a besoin et qui les a perdues.

Le *Christ* et *Satan* ne forment qu'un même *tout*.

Le *Christ* a paru : son type a été personnifié.

Le type de *Satan* le sera : il couronnera l'œuvre sur la terre.

Le *Christ* a posé le *principe* !

Satan viendra poser les conclusions de toutes ses conséquences.

La partie attrayante du *bien* a eu son représentant , qui nous l'a montrée et nous l'a faite connaître.

Par cette connaissance nous en avons pressenti la partie *grande* , la partie *forte*. Celle-là nous sera aussi représentée. Ce sera *Satan* qui arrivera et qui en sera le type.

Satan est le frère du *Christ* : je dirai plus ! *Satan* est la moitié du *Christ*. Ils ne forment à eux deux qu'une seule personne.

Je vous comparerai *Satan* et le *Christ* à l'union de l'*homme* et de la *femme* qui , vous ai-je dit , par l'union des qualités de Dieu , c'est-à-dire , par la réunion du *beau* , du *grand* du *fort* , au *simple* , au *bon* et au *doux* , forme l'image des qualités de Dieu.

Satan se sacrifie tous les jours ! tous les jours il enlève avec des tourments atroces la robe qui le couvre , robe semblable à celle de *Déjanire* , robe empoisonnée , collée à lui !

C'est la force *brutale*, qui recouvre la vraie, la grande force, la force *morale*, dont *Satan* est le Dieu.

Tous les jours il s'efforce, tous les jours il gémit, tous les jours il se sacrifie !

Il est le Dieu de la *révolte légitime*, vous dit *George Sand* : elle a raison.

C'est lui qui combat tous les jours la mauvaise interprétation de la *force* ! C'est lui qui dévoile le *pouvoir* et excite contre lui ! C'est lui qui entre dans le cœur de *l'homme* et embrase cette étoupe sèche, en lui soufflant sa devise :

« *Liberté*, *égalité*, *fraternité*. »

C'est lui qui dit de se lever à celui qui est à genoux ! C'est lui qui brise les fers du prisonnier ; c'est lui qui lui montre son oppresseur !...

Satan est le Dieu des malheureux, des opprimés :

Satan est le Dieu des *révolutions*.

Il a été méconnu : son règne arrivera.

Il commence à se dépouiller de cette robe qui le couvre : il montre la tête aujourd'hui.

Vous le verrez dans toute sa splendeur lorsque le *mal* sera devenu vermine. Se réunissant alors à son frère, le *Christ*, ils dissiperont ce fantôme inutile et le réhabiliteront.

Cette réhabilitation du *mal* et des autres moyens de Dieu, tels que : la *matière brute*, la *vie*, la *mort* et les autres, formera l'agglomération de ces moyens. Ils ne feront point partie de l'ouvrage, mais ils le soutiendront. Ce sera un piédestal gigantesque qui nous apparaîtra à tous, et que nous admirerons dans son immense et belle sauvagerie.

Les disciples du *Christ*, sont ses *apôtres* : des *pêcheurs*, gens de conviction, simples, mais d'un jugement assez droit pour comprendre les belles vérités, d'une *foi* assez grande pour les pratiquer, et d'un cœur assez *bon* pour les propager.

Ce n'était pas des gens corruptibles : la soif de l'or ne les brûlait pas ; le *bien* seul les désaltérait :

Ils buvaient souvent.

Est venu ensuite un reflet de la lumière : *Mahomet* !

Là seule chose qu'il possédât était le principe religieux.

Mahomet puisait ses inspirations en Dieu et en la société, c'est-à-dire, que ses principes venaient de Dieu, mais étaient ternis par des émanations *humaines*.

Mahomet peut se résumer ainsi :

Principe *religieux* ! belle chose.

Principe intéressé ! gangrène.

Principe ambitieux ! décadence.

L'institution de la polygamie est ignoble ; ses caractères sont : l'*impureté* et l'*oppression*.

Les *révélateurs* commencent à baisser.

Nous allons en voir de bien plus tristes encore.

La *révélation* à présent prend le caractère *dogmatique*.

Nous trouvons des *Papes*, des *Conciles*, des *Prêtres*.

Ils consacrent une *autorité* qu'ils s'approprient : alors paraît «l'*infaillibilité*»!...

L'*infaillibilité* est une émanation de Dieu : elle n'existe que dans la *conscience*.

C'est l'*infaillibilité religieuse*, qui est donnée à tous.

L'*infaillibilité*, résultat de controverses, est un outrage à la Divinité. *Elle n'existe pas.*

Par suite de cette *autorité dogmatique* est arrivé le révolté *Satan* : il n'a pas voulu qu'on augmentât son joug.

La persécution qui existait était trop forte, alors est venu une nouvelle révélation : on l'a nommée « *hérésie* »!...

La religion est détournée, opprimée, avilie : on veut la relever, et l'on flétrit ces hommes du nom « *d'Hérétiques* »!... Ce sont des *réformateurs*.

La *révélation* alors est venue sous le nom et les apparences de la *réforme*.

Le drapeau de la *fraternité* avait été foulé aux pieds, la coupe de l'*égalité* avait volé en éclats, le lien de la *charité* avait été rompu.

Jean Huss, *Jérôme de Prague*, le relevèrent, la *refirent*, et le *relièrent*. Ils ont été persécutés, brûlés!...

Luther et Calvin sont venus. Ils ont commencé à faire vibrer la *raison* dans le cœur de l'*homme*, ils l'ont secoué de son engourdissement, ils l'ont arraché à son abrutissement complet.

Cette *réforme* n'a véritablement pas porté ses fruits, elle n'était pas véritablement éclairée.

Pendant cette révolution, la *raison* a cependant commencé à se montrer : c'est une immense conquête.

La *réforme* qui l'a suivie, *réforme* faite par les *penseurs*, les *philosophes*, les *grands hommes*, a été plus éclairée, par conséquent mieux expliquée, mieux comprise.

Ses moyens ont été : la *raison* et la *logique.* Son arme a
été : le *ridicule* ; elle a démontré par *l'absurde.*

Le *ridicule* et le *raisonnement* par *l'absurde* et par la *raison pure*, sont des armes terribles quand elles sont dans les
mains des hommes ordinaires ; jugez de leur puissance quand
elles sont maniées par des *Molière*, des *Voltaire* et des
Rousseau!

Cela a été un coup de marteau qui a ébranlé les anciens
édifices, et en même temps cela a servi de mortier pour les
fondements des nouveaux.

Pendant que cette *réforme* marchait, une nouvelle avait
commencé : c'était la réforme par l'art. *Raphaël* et *Michel
Ange* avaient montré leurs inspirations.

L'un avait levé le drapeau de la *tendresse*, de la *pitié*, de
l'*amour.*

L'autre avait arboré celui de la *grandeur*, de la *force*, de
l'*extermination.*

Ils ont parlé par la *forme*, ils ont préparé le *sentiment*,
qui ne devait arriver complet que par la musique.

Le troisième génie, est *Joseph Hayden.*

Les principes ont été posés et compris : ils ont été développés.

La controverse s'en était emparée, l'art seul pouvait faire
arriver à une interprétation dénuée de controverse.

Le *dessin*, la *peinture*, la *sculpture*, parlaient aux *yeux*,
à l'*imagination*, à l'*intelligence* : il fallait parler au cœur !

La musique seule pouvait lui adresser la *parole.*

L'*éloquence*, la *raison*, avaient parlé au cœur par la *parole*, il fallait lui parler par la *pensée*, par le *sentiment*.

L'inspiration ne devait plus être écrite, il fallait qu'elle fût pénétrante.

Elle pouvait être parlée, il fallait qu'elle fût comprise par le sentiment.

La musique est la plus forte manifestation de la pensée. Ce n'est plus borné comme un langage, c'est une langue universelle, c'est l'essence de l'harmonie de la nature. Elle est plus étendue, car elle existe chez tous les *Êtres*.

Orphée, dit-on, faisait lever les pierres :

Les instruments font chanter les oiseaux.

La *parole* n'est entendue que par l'*homme*, et n'est que son apanage exclusif.

Le grand révélateur par la musique, vous ai-je dit, c'est *Hayden*. C'est lui qui nous a formulé cette harmonie universelle, l'harmonie de la nature.

Voyez sa *création !...*

C'est une œuvre grande et complète, qui ne dépasse pas les bornes : aussi est-elle achevée.

Raphaël n'a pu finir la *Transfiguration*, car toutes les inspirations ne sont pas réalisables !

Il n'est pas permis de dire tout ce que l'on voit ; on ne peut pas parler de ce qui se passe après la mort, et surtout on ne peut pas en parler en détail.

Quant à *Hayden* ! ses inspirations sont grandes, sublimes, quoique bornées.

Voyez, vous répéterai-je, sa *création* : je ne parle pas

des beautés classiques de cet ouvrage ; elles sont toutes grandes et appréciées. Je parle de son élévation, comme *idée*. Il a fait de l'harmonie imitative de la pensée, et pour cela il a choisi la *création*, la pensée du *Monde*. Ses inspirations ont été réelles et bien rendues. La pensée du *Monde* étant la plus élevée, il a produit un chef-d'œuvre. C'est à juste titre que je l'appelle *révélateur*. Son chef-d'œuvre est le plus beau, comme *idée*.

Pour le comprendre il n'est pas besoin d'être musicien : il faut avoir du cœur, de l'âme, être artiste d'idée et d'intelligence.

Ces artistes de cœur et d'idée sont de véritables apôtres.

Hayden, lui aussi, a eu ses satellites.

Au premier rang nous placerons *Weber* : sa *dernière pensée* nous parle du *renouvellement*.

Après lui vient *Meyerber*, qui a agité la question du *bien* et du *mal*.

Weber est incomplet, car il n'a vu qu'une chose. *Meyerber* l'est aussi, car son œuvre est resserrée aux croyances accréditées : il a personnifié *Satan* « l'*Enfer* » ; le type est faux. Il aurait dû ne pas parler d'*Enfer*, ne pas dire que *Satan* est le Dieu du *mal* ; il aurait dû seulement personnifier son idée : mais il n'en a pas été le maître ; les usages et les croyances l'ont bridé.

Arrivons à cette femme sublime ; elle a été précédée par des satellites nombreux, parmi lesquels je citerai *Fourrier* et *saint Simon*.

Ils ont agité la question de l'*association* : l'*idée* était bonne, le développement portait à faux.

Saint Simon a parlé de la réhabilitation de la chair : c'était réhabiliter la *matière* fécondée par la vie, c'était commencer à combler le vide que le *Christ* avait sciemment laissé.

Fourrier a parlé du *Phalanstère* : dans ce moment il a prophétisé quant à la pensée. Cette idée était bonne, mais l'application était mauvaise. Ce ne sera pas une *association* de *capitalistes* qui sera bonne, ce sera une *association* de *frères*, une *association* fournie pour le *bien de la grande famille*, et le seul *capital* sera apporté par l'amour.

George Sand est le *révélateur* qui développe le *Monde* par ses écrits. Sa parole est la manifestation de la pensée du *Monde*.

Le *Christ* est venu réhabiliter l'*Esprit*.

George Sand vient réhabiliter la *matière*.

La réhabilitation de la *matière* est aussi importante que celle de l'*Esprit*, car la *matière* est cet autre grand *tout* qui entre pour moitié dans l'ouvrage de Dieu. Si vous réhaussez l'un, on doit réhausser l'autre. En effet, leur marche doit être égale, puisqu'ils aspirent au même but «*leur fusion*»

Quand je dis égale, j'entends proportionnelle, c'est-à-dire, suivant le travail qu'ils doivent faire.

Les œuvres de *George Sand* parlent de tout.

Horace parle de l'union de l'*homme* et de la *femme*.

Dans *Consuelo* elle nous entretient du *mariage*, de l'*association*, de la *musique*, du *magnétisme*, de la *religion*, de la *force*.

Dans *Spiridion* elle parle de la *philosophie religieuse*, du *Monde* : elle nous parle dans cet ouvrage du progrès et des moyens d'y arriver. Il y a cette phrase :

« *Je conçois qu'il y ait de ces natures fortes, animées par la gloire, en un mot des triomphateurs.* »

Elle parle ici des fléaux qui affligent l'humanité.

Ce sont des *maux*, et le *mal* est un *moyen*.

Elle fait allusion à la *force brutale*, qui se détruit peu à peu : elle a raison.

La *force morale* n'est pas assez forte aujourd'hui pour régner par elle-même. La *force brutale* est bonne, en ce qu'elle la consolide, en ce qu'elle est un acheminement à la consolidation pleine et entière de cette force réelle.

Je ne m'étendrai pas davantage sur le mérite de ses œuvres.

George Sand a été précédée, vous ai-je dit, de satellites.

Elle vit aujourd'hui dans une atmosphère d'hommes de génie qui voltigent autour d'elle. Leur marche est belle et imposante : qu'une escorte est belle quand elle est composée de *Pierre Leroux*, *Béranger*, *Lamenais*, *Michelet*, *Quinet* et autres de leurs pareils.

Lamenais a beaucoup réfléchi ; il parle d'après sa *raison* : la raison s'égare quelquefois chez l'*homme*.

Béranger parle d'après son *amour* ; il est bien grand ! son *amour* est bien étendu, mais il est à désirer que cet *amour* soit plus formulé.

Quinet parle d'après son intelligence : chez lui l'intelligence est voisine de l'imagination.

Michelet parle d'après son cœur : il pénètre assez en avant.

Pierre Leroux parle d'après ses instincts développés et réfléchis : il embrasse *tout*, mais il n'est pas permis de tout étreindre.

Prenez pour devise :

« *Liberté, égalité, fraternité.* »

Pénétrez-vous de cette maxime :

« *L'union fait la force.* »

Etudiez toutes les doctrines de ces grands hommes, rapportez-les aux doctrines posées par le *Christ*, et développées par *George Sand* ; pesez tout cela dans la balance de votre conscience, et vous serez des gens *savants*.

FIN DES PAROLES D'UN SOMNAMBULE.

NOTE. — La Révolution du 24 Février 1848 et ses conséquences donnent aux PAROLES D'UN SOMNAMBULE un caractère prophétique, qui pourrait faire supposer qu'elles ont été prononcées postérieurement à cette époque ; il est donc nécessaire de rappeler au Lecteur, que la date de la lettre des membres de la Société Magnétique de Toulouse, constate qu'elles remontent aux mois de Juin et Juillet 1847, c'est-à-dire, à neuf mois avant cette Révolution.

Toulouse, imprimerie de PH. MONTAUBIN.

TRAITEMENTS MAGNÉTIQUES.

Le vrai peut quelquefois n'être pas vraisemblable.
(BOILEAU.)

DÉBUT.

M. *Du Potet* vint ouvrir un cours de Magnétisme à Montpellier en 1836. Les jeunes Étudiants en Médecine, avides d'apprendre, et encore purs d'égoïsme et d'esprit de corps, accoururent en foule chez lui pour entendre la vérité nouvelle; bientôt aussi les malades affluèrent de toute part. Grand émoi parmi les professeurs de la célèbre Faculté. Le Doyen se chargea d'écraser l'hydre menaçante ; il intenta trois procès à M. *Du Potet*, qui se défendit lui-même, si bien, qu'il couvrit son adversaire de ridicule et les gagna tous les trois.

Je passe sous silence les lâches et odieuses tracasseries qu'on lui suscita, pour se venger de son triomphe.

Les cures et les phénomènes psychologiques et physiologiques que produisait M. *Du Potet*, et surtout les persécutions dont il avait été l'objet, répandirent rapidement son nom dans tout le département.

Je ne connaissais pas alors le Magnétisme : j'en avais bien entendu parler quelques fois, mais d'une manière si diverse, que je résolus de saisir cette occasion pour m'assurer par moi-même s'il méritait tout le bien ou tout le mal qu'on disait de lui. Je me rendis à Montpellier et me présentai chez

23

M. *Du Potet*. Il eut la bonté de m'accorder quelques entretiens et de m'exposer la doctrine magnétique, avec une simplicité qui me frappa. Il résumait toute cette doctrine dans ces deux mots magiques «*l'amour* et la *volonté*.»

Mon cœur et mon esprit furent subjugués ; puis, joignant l'exemple à ses paroles, il me rendit témoin des effets salutaires et merveilleux qu'il obtenait sur ses malades. Chose étrange ! c'est que les effets physiologiques fixèrent peut-être plus mon attention que les phénomènes du somnambulisme, et que dès ce moment j'entrevis que la propriété principale, essentielle du Magnétisme, était sa *vertu curative*, ainsi que me l'avait affirmé M. *Du Potet*. Moins méticuleux, ou si l'on veut, plus simple que nos savants et nos esprits forts, je crus à la bonne foi de sa parole et au témoignage de mes yeux, peu disposés cependant à se laisser fasciner, et je le quittai, parfaitement convaincu de l'existence et de l'efficacité *curative* du Magnétisme. Il me semblait qu'une lumière éclatante venait d'inonder de ses rayons mon cœur et mon esprit, et qu'une vie nouvelle s'ouvrait devant moi.

Je vis chez M. *Du Potet* Mlle *Pigéaire*, encore enfant, magnétisée par sa mère, et qui depuis a été si indignement calomniée par nos savants docteurs de la capitale, qui, se croyant des êtres à part, pensent avoir des yeux autrement conformés que ceux des personnes qui se flattent d'avoir du sens et de la raison, et ne veulent absolument voir qu'à travers le prisme de leur science conjecturale.

De retour chez moi, je racontais à quelques amis, avec l'ardeur d'un jeune adepte, tout ce que j'avais éprouvé et vu :

mon récit, qu'on me passe le mot, était fébrile. La maîtresse du Café où nous nous trouvions, frappée de ce qu'elle entendait, me dit, moitié sérieux moitié riant :

« Je souffre horriblement du côté gauche ; voulez-vous, Monsieur, me magnétiser ? » — « Très volontiers. »

Elle était debout à côté de moi : je lui fais des *Passes* sur la partie souffrante, et, après cinq minutes environ, je lève les yeux pour voir si elle éprouve quelques effets. Quelle est ma surprise ! *Thérésine* dormait, appuyée d'une main contre le mur. Je l'interroge :

D. Dormez-vous, *Thérésine* ?

R. Oui, Monsieur.

D. Combien de temps voulez-vous dormir ?

R. Encore dix minutes.

D. Serez-vous soulagée ?

R. Bien mieux ! je serai guérie. — *Après dix minutes,* — éveillez-moi.

Je réveille *Thérésine,* et à peine ses yeux sont ouverts qu'elle s'éloigne, et dit : « C'est singulier ! je ne souffre plus de ma douleur. »

Mon étonnement fut égal à celui des spectateurs. Pour mon premier essai et à mon insu, je venais d'obtenir une cure et le somnambulisme.

M. B..., jeune homme de dix-neuf ans, entre au même instant. On lui raconte ce qui vient de se passer ; il refuse d'y croire et me défie de l'endormir.

J'accepte ce défi, avec la légèreté qui est l'apanage de l'ignorance, car, je le confesse, je ne savais ce que je faisais.

Aux premières *Passes* M. B... se lève brusquement et veut s'échapper. Je le saisis vivement par la main, et, le forçant à se rasseoir, je lui dis :

« Vous m'avez défié ! restez là : je vous l'ordonne. »

Subjugué déjà par l'influence magnétique, dominé par mon ton impérieux, il obéit sans résistance. Quelques *Passes* suffisent pour déterminer de violents mouvements nerveux et le plonger dans le sommeil.

Satisfait de ce nouveau succès, je le réveille aussitôt.

On me presse de renouveler cette expérience ; M. B... lui-même m'en prie : sans savoir ce qui s'est passé, ce sommeil paraît lui être agréable.

Ébloui de ce second succès inattendu, avide de connaître jusqu'où peut aller cette puissance innée, extraordinaire, inexplicable même pour ceux qui l'exercent, j'ose imiter ce que j'ai vu faire à M. *Du Potet*.

Je prends une canne, et, à quatre pas de distance, j'en dirige l'extrémité vers M. B... : à l'instant il s'endort et tombe comme frappé de la foudre. Le succès m'enhardit ; après l'avoir réveillé, je magnétise une pièce de 5 francs, et à peine ai-je le temps de la déposer sur l'extrémité de son pied, que le même phénomène se reproduit. J'essaie, après cette épreuve, d'agir à distance par la pensée, car j'avais besoin de me convaincre pour ainsi dire moi-même, à mesure que les effets que j'obtenais grandissaient. Après avoir pris secrètement les précautions qu'exigeait son excessive sensibilité, afin d'éviter tout accident, je m'éloigne sans qu'il puisse soupçonner mes intentions, je mets trois vastes salles

entre nous deux, et à peine j'ai dit, *mentalement* : « M. B...,
dormez ! » qu'il tombe endormi dans les bras de ceux qui
l'entourent.

Inexpérimenté comme je l'étais, j'ignore comment je ne
fus pas effrayé de ces effets extraordinaires , que je produisais
alors machinalement et sans but utile.

Ma nuit fut sans sommeil ; mon esprit était complétement
dépaysé, je sentais en un mot que le vieil homme s'en allait
pour céder la place à un homme nouveau, et je compris les
résistances que rencontrait le Magnétisme, surtout après que
M. B... m'eut donné des preuves incontestables de clairvoyance, et dans des conditions qui ne permettaient plus aucun
doute sur les facultés de l'esprit des somnambules.

M. B... avait une clairvoyance extraordinaire ; il répondait
aux questions qu'on lui adressait, avec une rapidité et une
sûreté étonnantes. Je me bornerai à citer le premier trait de
lucidité spontanée qui me révéla ses facultés psychologiques.

Il dormait, la tête appuyée sur mes genoux, les bras
pendants, et causait amicalement avec moi. Un de ses amis
entre dans le Café où nous étions , se glisse, sans être aperçu,
parmi les nombreux spectateurs qui nous entouraient, et
saisit furtivement une de ses mains. Aussitôt M. B... s'écrie :

« Un serpent vient de me toucher la main ! c'est un faux
ami, qui ce matin a dit du mal de moi à mon oncle ; ne
souffrez plus, Monsieur, qu'il me touche. »

Son ami, interpellé, nia le fait et ajouta avec embarras
quelques plaisanteries sur le sommeil simulé, disait-il, de
M. B... On fut aux informations , et l'on apprit que M. B...

était brouillé avec son oncle, qu'il ne l'avait pas vu depuis un mois, et que le matin même son ami avait rencontré l'oncle et lui avait dit :

« Vous ne ferez jamais rien de bon de votre neveu. »

Les amis de M. B... firent si bien, qu'ils le détournèrent, au bout de quelques jours, de se faire magnétiser. Ainsi mes premières épreuves commencèrent avec mes premiers succès. Il n'y a qu'un Magnétiseur qui débute, qui puisse comprendre la peine que l'on ressent lorsqu'on se voit enlever son premier somnambule *clairvoyant*. Ne soupçonnant point alors toute la portée du Magnétisme, ce n'était pas le tort que pouvait éprouver la santé de M. B..., évidemment altérée, qui m'inspirait des regrets, mais la perte de la jouissance de sa lucidité qui m'avait donné comme une espèce de vertige.

Le temps et l'expérience ont mis un frein à cette exaltation, du reste inévitable quand on commence à magnétiser, et que l'on obtient pour la première fois des phénomènes qui confondent la raison. Que ceux qui n'ont jamais magnétisé, ou qui n'ont point opéré de guérisons et obtenu le somnambulisme ne comprennent pas que l'on puisse se consacrer à la pratique du Magnétisme, avec la défaveur qui s'y attache et l'abnégation qu'il exige, je le conçois ; mais qu'on ne soit pas son partisan zélé lorsqu'on a eu le bonheur de rendre la santé à quelques malades et de rencontrer un somnambule lucide, je ne crains pas de dire qu'il faut avoir un cœur bien sec, en un mot une mauvaise nature.

DÉFI.

Les phénomènes que présentait le jeune B..., dans ses sommeils magnétiques, faisaient l'objet de toutes les conversations. Ses amis le tourmentaient sans cesse ; ils le raillaient, se moquaient de lui et prétendaient qu'il me servait de compère, ou bien qu'il n'était qu'un imbécile qui se laissait dominer par moi. Enfin, un d'eux, M. Bi..., le chargea de me défier de l'endormir. M. B..., furieux de ce qu'on soupçonnait sa bonne foi et la mienne, lui parie que je l'endormirai et vient me prévenir de ce qui se passe.

Piqué au vif, présomptueux comme tous ceux qui ne connaissent que superficiellement une chose, ne comprenant point encore toute la portée de l'engagement que j'allais prendre, je promets à M. B... de le venger, et je l'engage à amener son ami.

Ces messieurs arrivent le soir ; après les compliments d'usage et une courte explication, j'invite M. Bi... à s'asseoir, et je commence à le magnétiser.

Me voilà dans un Café où il y avait nombreuse compagnie, au milieu des conversations bruyantes et du choc des verres et des bouteilles, magnétisant un vigoureux jeune homme de vingt ans, bien décidé à m'opposer une résistance opiniâtre. Pour un Magnétiseur novice, les conditions n'étaient pas favorables ; c'était vraiment une position désespérante. On a bien raison de dire que la foi renverse tous les obstacles !

Ma confiance dans mes forces n'est pas un instant ébranlée, j'appelle toute mon énergie à mon secours, je m'isole et me concentre tellement, que je ne vois ni n'entends plus rien de ce qui se passe autour de nous, à ce point que je me crois seul avec mon redoutable adversaire.

Je commence mes *Passes* avec l'assurance et le calme que donne la certitude de vaincre.... O surprise!... dans dix minutes les yeux de M. Bi... se troublent, ses paupières s'affaissent et vont se fermer complétement ; il va dormir : je suis vainqueur, M. B... est vengé et le Magnétisme triomphe.

Mais, ô revers!... la foule s'approche, on murmure de tout côté : il dort, il a succombé!... On ouvre, on ferme brusquement les portes, les allants et les venants font un tapage continuel, le bruit, l'amour-propre blessé, rendent les sens à M. Bi... ; il fait un effort : il m'échappe.

Cinq fois dans une heure et demie cette lutte se renouvelle, et cinq fois les mêmes causes m'enlèvent la victoire.

Enfin M. Bi..., fier de sa résistance, me dit :

« Vous le voyez, Monsieur, nous prolongerions inutilement cette lutte : vous ne réussirez pas ; — *d'un ton moqueur* : — vous serez plus heureux une autre fois. »

Il veut se lever ; je le contiens sur son siége, et lui dis :

« Doucement, Monsieur ! non, non : restez là, s'il vous plait, je ne rends pas ainsi les armes ! »

La résistance m'avait irrité ; j'avais ma bonne foi, celle de M. B... à justifier ; je voulais, et je voulais avec une volonté de fer, prouver la puissance du Magnétisme, en un mot j'étais décidé à vaincre, ou à mourir à la peine.

Je recommence à magnétiser M. Bi..., avec une ardeur qui tenait de l'exaltation, mêlée de colère, et dans dix minutes, en dépit du bruit, des rires et des mauvaises plaisanteries, qui arrivent de temps en temps jusqu'à mes oreilles malgré ma préoccupation, je le plonge dans un profond sommeil.

Alors le silence se rétablit; la stupeur est générale, on se rapproche, on nous entoure.

J'interroge M. Bi... d'un ton sévère :

D. Dormez-vous, Monsieur ?

R. — *Avec humeur* — Oui Monsieur.

D. Vous êtes vaincu, Monsieur B... ne se prête point à une coupable comédie, et le Magnétisme est une réalité. L'avouez-vous? — *Point de réponse.* — Combien de temps voulez-vous dormir ?

R. — *D'une voix sépulchrale* — Amenez-moi chez moi.

D. Répondez à ma question : combien de temps voulez-vous dormir?

— *D'un ton brusque* — Éveillez-moi de suite.

Je laisse dormir M. Bi... encore quelques minutes, et je le réveille.

A peine a-t-il ouvert les yeux, qu'il s'écrie :

« Je sors de l'Enfer. Une ceinture de fer me presse les flancs. »

Aussitôt, la figure inondée de ses longs cheveux noirs, les traits renversés, les yeux hors de leur orbite, il s'élance sur moi en grinçant des dents, comme un fou furieux, et en poussant un cri sauvage; il cherche à me mordre et à m'étreindre dans ses bras nerveux pour m'étouffer. A ce terrible réveil, tout le monde recule épouvanté jusqu'à l'extrémité de la salle : on se précipite dans la cour par les portes et les croisées ; je reste *seul* face à face avec mon redoutable adversaire.

Prompt comme la pensée, rapide comme l'éclair, joignant la force morale à la force physique, je saisis vigoureusement ses deux bras, je colle ma figure contre la sienne, je fixe mon regard ardent sur son regard égaré, et, d'une voix impérieuse et calme tout à la fois, je lui dis :

« C'est moi qui vous ai endormi, moi qui vous ai réveillé! calmez-vous, et asseyez-vous : je vous l'ordonne. »

A ces mots l'immobilité succède à la fureur, ses yeux flamboyants se ferment à demi, il recule, s'appuie un instant contre le mur, ses genoux fléchissent, son corps s'affaisse, il tombe comme une masse inerte, accoudé sur la table auprès de laquelle je l'ai endormi.

Debout devant lui je le considère en silence, les bras croisés sur ma poitrine.

Il m'est impossible de rendre ce qui se passa en moi, ni de dire où je puisai le sang-froid et l'énergie nécessaires dans un moment aussi périlleux pour un Magnétiseur inexpérimenté.

Mon attitude calme, l'immobilité de M. Bi..., rassurent tout le monde : peu à peu on se rapproche, on nous entoure de nouveau.

« M'en voulez-vous, dis-je alors à M. Bi... ? »

« Non, Monsieur, me répondit-il. »

M. B... s'approche et lui dit, en riant :

D. Eh bien ! nous voilà manche à manche ?... à la belle !

R. — *Avec douceur* — tu as raison.

D. Crois-tu au Magnétisme?

R. Oui.... à présent.

L'étonnement était à son comble ; chacun l'exprimait à sa manière.

M. R... s'approche de moi et me dit :

« J'étais du pari, et nous l'avons perdu : Cependant, Monsieur, je ne crois pas que vous puissiez m'endormir, et malgré ce qui vient de se passer, je vous défie à mon tour. »

J'accepte sans hésiter ce nouveau défi avec la confiance que donne un succès récent.

M. R... prend la place de M. Bi..., et, malgré ses efforts, et les mêmes causes qui secondent sa résistance, je parviens à l'endormir profondément, après une lutte environ d'une heure et quart.

Cette fois, le sommeil et le réveil furent calmes, comme l'avait été mon âme en magnétisant.

Enfin, M. P... se présente, et réclame une troisième épreuve sur lui. Je ne recule point : dans deux heures, il subit le même sort que ses amis, et à peine endormi, il me dit :

« C'est assez, Monsieur, je dors et je m'avoue vaincu : réveillez-moi de suite, je vous prie. »

Dès qu'il est réveillé, il fuit précipitamment du Café, sans proférer une seule parole. Je n'ai plus eu occasion de parler à ce jeune homme ; longtemps après, ses amis m'ont assuré que, depuis lors, il n'avait jamais pu supporter mon regard ni ma présence, et qu'il était obligé de sortir toutes les fois qu'il me rencontrait dans un lieu public. Eclairé alors par l'expérience, je compris cet éloignement : j'avais fait innocemment, il est vrai, un mauvais usage du Magnétisme.

Cette séance n'avait pas duré moins de cinq heures. Mon esprit était arrivé à un tel point d'exaltation que je n'éprouvais aucune fatigue, et qu'après le départ de M. P..., me retournant vers les nombreux témoins de cette lutte si acharnée, je demandai si quelqu'un voulait encore tenter l'aventure.

Personne n'osa se hasarder; je restai maître du champ de bataille.

Ce fut pour moi une grande et utile leçon : je compris que j'avais commis une imprudence heureuse, qu'il ne fallait jamais forcer au sommeil, sous peine de provoquer du désordre; je sentis que le Magnétisme devait être appliqué au rétablissement de la santé et non à des expériences inutiles, qu'il fallait attendre que la nature voulût bien accorder le somnambulisme, et qu'il importait d'en user avec réserve. Aussi, à dater de ce jour, je refusai toute nouvelle provocation de ce genre, et je ne fis plus que du Magnétisme *curatif*.

M. Bi... fut dérangé pendant deux jours, mais cette indisposition n'eut point de suites. Dès qu'il fut remis, il me proposa un nouvel essai; je ne voulus pas y consentir, parce qu'il n'était pas malade.

GASTRITE ANCIENNE. — VARICES.

M. R…, mon second provocateur, dût à notre imprudence
mutuelle le rétablissement de sa santé gravement compromise. Il revint le lendemain et me pria de le magnétiser de
nouveau. J'y consentis, parce que la veille il ne s'était point
manifesté chez lui, comme chez M. Bi…, de crise alarmante.
Une demi-heure suffit pour l'endormir ; je lui adressai quelques questions auxquelles il lui fut impossible de répondre.
Il faisait de vains efforts pour articuler quelques mots, et ce
ne fut que le cinquième jour qu'il parvint, avec beaucoup de
difficulté, à me dire que le Magnétisme lui était nécessaire,
parce que, depuis dix-huit mois, il avait une gastrite qui
ruinait complétement sa santé.

Quelques jours après, il demanda deux sommeils par jour,
de deux heures chacun. Il s'endormait alors avec une facilité
extrême ; un geste, ma pensée, suffisaient pour le plonger
en somnambulisme.

Le trente-troisième jour de son traitement, il me pria de
le laisser marcher pendant son sommeil ; je consentis à ce
que je regardais comme une fantaisie, mais je fus obligé de
le soulever de dessus son siége et de le soutenir dans sa
marche ; il ne pouvait se supporter sur ses jambes, je le
portais plutôt qu'il ne marchait ; après un tour de salle, il
demanda à s'asseoir.

Le lendemain, même demande de sa part, même complaisance de la mienne.

Le surlendemain, étonné de le voir revenir à la charge, je l'interrogeai :

D. Demandez-vous à promener par caprice ou par besoin ?

R. C'est pour moi un besoin impérieux, Monsieur. Ma gastrite est entièrement guérie, mais j'ai encore une autre maladie, dont je ne vous ai pas parlé, qui exige tous vos soins. C'est pour cette maladie que je vous demande à promener.

D. Quelle est cette maladie ?

R. D'énormes varices aux jambes, qui m'empêchent dans mon état de veille de marcher plus d'un quart d'heure sans éprouver un affaiblissement qui me force à me reposer ; c'est au point que parfois si je fatigue trop dans la journée, je suis le soir obligé de monter à ma chambre en rampant sur mes genoux.

D. Pourquoi ne m'avoir pas parlé plutôt de cette maladie ?

R. N'en soyez point surpris : il fallait d'abord guérir ma gastrite, qui était fort dangereuse à cause de son ancienneté ; le moment de parler des varices n'était pas encore venu. Je vous les montrerai à mon réveil ; vous serez effrayé de leur grosseur ; elles m'ont fait exempter de la conscription.

D. On ne vous avait rien ordonné pour tâcher de vous guérir ?

R. Pardonnez-moi : les médecins m'ont prescrit, pour prévenir la rupture des veines, de porter jour et nuit des guêtres en peau de chien, fortement lacées depuis le coude-pied jusqu'au pli du genou. Je me conforme à cette ordonnance, qui n'est bonne qu'à prévenir un accident, mais qui ne peut me guérir. Le Magnétisme seul peut me rendre l'usage de mes jambes, et dans deux mois je serai radicalement guéri.

Après son réveil, M. R... me montra ses jambes : j'en fus épouvanté ; la plus petite varice était de la grosseur du tube d'une plume.

Le cinquante-cinquième jour de son traitement, il abandonna ses guêtres, et il fut guéri, le jour même qu'il avait désigné, sans avoir pris le plus léger remède.

M. R... était employé dans l'administration des Postes ; il fut changé de Bureau seulement un an après sa guérison, et pendant tout ce temps il a pu se livrer aux exercices violents de son âge. Après son départ, j'ai saisi toutes les occasions d'avoir de ses nouvelles ; elles ont toujours été satisfaisantes. J'ignore actuellement ce qu'il est devenu, mais je souhaite que sa guérison ait été définitive, et j'en ai la confiance.

Je dois faire observer que M. R... n'avait que vingt-deux ans, qu'à cet âge la nature a des ressources immenses, et qu'il est possible, probable même, que j'aurais échoué sur une personne entièrement formée, ou avancée en âge ; mais je suis certain que j'aurais obtenu un grand soulagement.

M. R... était somnambule clairvoyant, mais la difficulté qu'il avait à s'exprimer m'empêchait d'utiliser, autant que je l'aurais désiré, ses facultés au profit des malades. La seule chose qu'il faisait avec facilité et une précision admirable, c'était d'indiquer l'heure que marquaient les montres des spectateurs, pour tant nombreux qu'ils fussent. On avait beau déplacer les aiguilles, changer les montres de poche, les cacher avec les plus grandes précautions, il désignait l'heure à une seconde près ; il en était de même pour annoncer, quelques minutes à l'avance, l'arrivée de ses amis au Café ; quand il avait dit : M. *tel* vient, un instant après on était sûr que la porte s'ouvrait, et que la personne désignée paraissait ; c'était infaillible.

Mme de N... me pria de l'amener à une de ses soirées, pour donner à sa société le spectacle d'une séance de somnambulisme. J'étais novice, je n'avais pas l'ardeur, mais bien la fièvre de la propagande du Magnétisme ; je consentis.

Arrivé avec M. R... dans un vaste salon, où se trouvaient réunies environ soixante personnes, je le fais asseoir au centre de l'appartement et je l'endors par la pensée, pendant que je cause avec la maîtresse de la maison.

Après quelques minutes de conversation, Mme de N... me demande si j'endormirai bientôt mon somnambule : je lui réponds que la chose est déjà faite.

Alors chacun s'approche de lui, on l'entoure, on le touche, on le questionne. Point d'ouïe, point de sensibilité pour d'autres que pour moi.

Je commence quelques expériences, qui toutes réussissent parfaitement. L'étonnement se peint sur toutes les figures, les plus incrédules sont ébranlés, la raillerie expire sur les lèvres de ceux qui font les esprits forts, et qui sont portés à critiquer, sans examen, tout ce qui est nouveau et inintelligible pour eux.

Pendant ce temps, M. L..., docteur de la maison, se tenait à l'écart dans un coin du salon. On allait l'accabler de questions, il ne savait à qui répondre, ni que dire, et prenait le meilleur parti en pareil cas : il s'en sortait par des plaisanteries.

« C'est fort commode, disait-il, d'un air narquois et d'un ton goguenard, de se guérir en dormant, de n'avoir pas besoin de montre pour savoir l'heure, et de pénétrer dans la pensée des autres ! Je voudrais bien posséder un tel secret. Mais à présent que j'y songe !... ceci est très-sérieux et pas du tout rassurant pour nous autres, pauvres Médecins ! Désormais nous serons tous immortels, et alors que deviendrons-nous ? On n'a plus qu'à nous signer notre congé avec une cartouche jaune. »

On presse le docteur de s'approcher du somnambule.

« Voyons, dit-il, s'il me connaîtra. »

Il avance à pas de loup par derrière, se penche à l'oreille de M. R..., et lui dit : qui suis-je ?

Mon somnambule répond avec colère :

« Retire-toi, Satan ! — *Se tournant vivement vers moi* — C'est un Médecin. »

Le pauvre Docteur s'éloigne tout penaud, et les rieurs ne furent plus de son côté ; un instant après il s'éclipse sans bruit.

Je passe sous silence les dégoûts et les mauvaises plaisanteries auxquels s'expose un Magnétiseur qui se prête à de pareilles expériences. Je reconnus dans cette soirée la vérité et la sagesse des conseils de M. *Du Potet*.

24

« N'épuisez jamais vos forces, me disait-il, en cherchant à convaincre les savants et les gens du Monde, qui presque tous ont la prétention d'être des esprits forts; ils vous abreuveront d'amertume et chercheront à vous couvrir de ridicule. »

Il aurait pu ajouter :

« Heureux, s'ils vous épargnent l'humiliation d'un sourire moqueur, et s'ils vous font grâce de l'épithète de charlatan, pour y substituer celle d'imbécile. »

Huit jours après, que dis-je, le lendemain peut-être de cette séance, la plupart des personnes qui faisaient partie de cette brillante réunion, sachant bien que je n'étais ni fou, ni idiot, ni de mauvaise foi, doutaient de ce qu'elles avaient vu, puis reniaient le témoignage de leurs yeux, et faisaient pleuvoir une grêle de sarcasmes sur le Magnétisme, le somnambule et le Magnétiseur. Je ne serais nullement surpris aujourd'hui, si mon ouvrage tombait entre leurs mains, qu'ils considérassent les faits que je viens de rapporter, comme un conte des mille et une nuits, ou un rêve de mon imagination.

Je souris actuellement au souvenir de la sainte indignation dont j'étais alors saisi, en présence des objections et des négations ridicules qu'on m'opposait; ce qui d'abord était concluant devenait douteux et finissait par ne plus exister : c'était à en perdre la tête.

Je vais terminer par un trait de clairvoyance, qui se rattache à un traitement que je faisais en même temps que celui de M. R..., et qui a rapport à une somnambule qu'il ne connaissait point, et dont il n'avait jamais entendu parler.

Un soir, dix minutes avant l'heure marquée pour son réveil, il me dit :

« Allez-vous-en, Monsieur, on vous attend. »

Je ne fis aucun cas de cet avertissement, rien ne paraissant le justifier. Un instant après il revient à la charge et ajoute :

« Est-ce que je ne vois pas mes amis quand ils viennent ici, et je ne vous préviens pas d'avance de leur arrivée ? Je vous dis que je vois qu'on vous attend, et qu'il faut que vous partiez !... »

Il n'avait pas fini de parler, que M. C... entre et demande avec empressement après moi.

« Venez vite, Monsieur, me dit-il, *Mélanie [c'était une somnambule que je traitais chez lui]* s'est endormie seule, nous ne savons comment ; elle est si agitée que nous craignons qu'elle se fasse du mal. »

Je dis à M. C... que j'allais venir quand j'aurais réveillé M. R...

A peine il est sorti, que M. R... s'écrie :

« Allez donc, Monsieur, allez donc ! cela presse : vous pouvez m'éveiller de suite sans inconvénient ; quelques minutes de sommeil de plus ou de moins ne font rien, quand la nécessité commande. »

Il n'avait pas achevé, que M. C... rentrait tout en émoi, pour me dire qu'il avait rencontré un second émissaire qui venait me prendre en toute hâte, parce qu'on ne pouvait plus contenir *Mélanie*, et qu'il était à craindre qu'elle se brisât la tête contre le manteau de la cheminée.

Je réveillai de suite M. R... et je partis.

Je rapporterai, au traitement de *Mélanie*, ce qui se passa lorsque je fus arrivé auprès d'elle.

J'endormais M. R..: et *Mélanie* aux extrémités opposées de la ville. Ils ne se connaissaient point dans leur état de veille, mais dans leur sommeil ils s'occupaient mutuellement l'un de l'autre. De la part de M. R... c'était par bienveillance, de la part de *Mélanie* c'était par jalousie. Plus tard je les endormis ensemble, et leur accord fut parfait. Ils étaient fort intéressants à voir : *Mélanie* taquinait toujours M. R..., qui se prêtait de bonne grâce à ses plaisanteries, et se plaisait surtout à reconnaître sa supériorité, parce qu'elle était en effet beaucoup plus clairvoyante que lui. Les Magnétiseurs doivent être sobres de ces expériences; elles peuvent entraîner des inconvénients, dont le moindre est l'altération de la clairvoyance des somnambules.

ACCÈS DE FIÈVRES.

Depuis plus de trois ans, Mlle *Mélanie* était en proie à des accès de fièvres, qui avaient résisté avec opiniâtreté aux remèdes les plus violents. La quinine, prise à très-hautes doses, avait corrodé son estomac, au point qu'il ne pouvait digérer qu'imparfaitement les aliments qu'il recevait avec peine ; son teint était jaunâtre, son corps privé de chaleur ; à l'âge de dix-neuf ans, elle portait tous les signes de la décrépitude et inclinait vers la tombe, enfin tout chez elle annonçait que la phthisie s'avançait à grands pas, et qu'une mort prochaine l'attendait.

Deux mois et demi de Magnétisme suffirent pour lui rendre la fraîcheur et la santé de la jeunesse. A la première séance, elle fut endormie dans dix minutes et donna quelques preuves non équivoques de clairvoyance ; sa lucidité se développa rapidement et devint fort remarquable. Elle ne prit aucun remède pendant la durée de son traitement, et ne s'ordonna qu'une saignée, à pratiquer deux jours après sa guérison, dont elle fixa l'époque d'avance, avec une précision que l'événement confirma.

Je l'endormais avec une facilité extrême. Le lendemain du jour fixé pour sa guérison on me pria de la magnétiser. Elle s'y prêta volontiers, mais elle me déclara qu'elle sentait que je ne pourrais parvenir à l'endormir. En effet, je fis de vains efforts soit par la pensée, soit par des *Passes* : elle n'éprouva absolument rien : cependant, la veille encore, je l'avais endormie dans moins d'une seconde. L'expérience m'a prouvé que cette insensibilité des malades était le signe infaillible du retour à la santé.

Mélanie répondait aux questions les plus difficiles avec une facilité et une rapidité surprenantes, qu'elles lui fussent adressées par la parole ou par la pensée : d'une humeur causeuse et d'un caractère gai, d'une nature bienveillante et sensible, je dois à ces heureuses dispositions la connaissance prématurée des facultés des somnambules et de la manière de les guider. Je pouvais avec elle, sans crainte de nuire à sa santé et d'altérer sa clairvoyance, faire toute sorte d'expériences, et apprendre jusques où pouvait aller le pouvoir d'un Magnétiseur sur un somnambule, pourvu qu'il n'en fît point un usage égoïste ou immoral.

J'avoue humblement que, séduit par ses qualités précieuses, j'étais très-complaisant pour elle, que je la gâtais même un peu, et que je l'avais rendue fort capricieuse. Mais ce défaut disparaissait dès qu'il s'agissait de sa santé ou de celle des malades, car alors toute faiblesse cessait de ma part, je prenais un ton impérieux, et elle devenait obéissante ; mais il faut en convenir, non parfois sans quelque résistance ; ainsi, ce qui eut été un vice avec tout autre somnambule, servait à mon instruction et hâtait mon expérience, sans nuire à la santé, ni à la clairvoyance de *Mélanie*, grâce à ses dispositions toutes exceptionnelles. Il faut dire aussi que la véritable cause de cet heureux résultat, tenait à ce que mon ardeur de m'instruire s'effaçait complétement devant les soins qu'exigeait sa santé et celle des malades, en un mot que chez moi la *charité* dominait la soif d'apprendre.

J'avais fait contracter à *Mélanie* l'habitude de me tendre la main pour m'annoncer qu'elle était endormie ; lorsque, par caprice, elle n'était pas disposée à m'obéir, il s'engageait entre nous une lutte, fort curieuse pour les spectateurs qui assistaient pour la première fois à ses sommeils, parce qu'ils ne pouvaient d'abord comprendre d'où provenaient ses minauderies et ses réponses vives, et quelquefois comiques, aux ordres que je lui donnais mentalement. Leur étonnement augmentait surtout lorsqu'elle portait son attention autour d'elle, de son propre mouvement ou par ma volonté muette : elle saisissait, avec une promptitude et une certitude merveilleuses, tout ce que l'on faisait ou l'on pensait à côté d'elle. Me priait-on de placer par la pensée un doigt sur une partie de son corps, que l'on me désignait, tout bas ou par écrit, je n'avais pas formulé cette pensée, qu'à l'instant elle m'indiquait le doigt et l'endroit où j'avais l'intention de le mettre, en me disant qu'elle le sentait. Ce qui ajoutait à l'étonnement qu'inspiraient ces phénomènes, c'est qu'ils se produisaient chez elle avec une subtilité dont j'ai vu depuis fort peu d'exemples.

Elle se plaignait un jour d'une violente douleur au côté gauche. Placé derrière elle, je lui fis des *Passes* à distance, dans l'intention d'attirer la douleur au dehors ; j'approchais ma main de l'endroit douloureux, sans le toucher, et puis je la retirais comme qui veut arracher quelque chose. Quand le mouvement de ma main était doux et lent, elle poussait un léger soupir ; si le mouvement était rapide et brusque, elle jetait un grand cri. J'avais un but en agissant ainsi ; je lui demandai la raison de cette différence.

« Si vous aviez une épine enfoncée dans la main, me dit-elle, et qu'on vous l'attirât progressivement au dehors, vous n'éprouveriez qu'une légère douleur bien supportable ; si au contraire on vous l'arrachait avec violence, vous pousseriez un cri ! Il en est de même de ma douleur. Imaginez-vous bien que c'est comme si vous la preniez avec la main et que vous la jetiez hors de mon corps. Croyez-vous que je ne vois pas que c'est pour vous instruire que vous procédez ainsi ? Merci ! à présent que vous êtes convaincu, allez plus doucement, je vous prie.

M. Ro..., placé en face de *Mélanie*, la contemplait en silence : tout-à-coup elle le désigne du doigt, et dit :

« Voilà Monsieur qui va sortir pour aller porter à la diligence un paquet qu'il a dans la poche. »

M. Ro..., stupéfait, déclare hautement qu'elle a parfaitement lu dans sa pensée, tire un paquet de sa poche, et affirme qu'au moment même où elle l'avait désigné, il allait partir pour se rendre au bureau de la diligence.

Je magnétisais *Mélanie* dans un Café, tenu par M. C... ; il y avait toujours de nombreux témoins de ses sommeils. Un jour elle se penche à mon oreille, et me dit en riant :

D. Voilà C... qui sort tout doucement, pour ne pas être aperçu.

R. Eh bien ! qu'y a-t-il de risible à cela ?

D. Vous ne savez pas pourquoi il sort?

R. Non : qu'importe?

D. Dans un instant je vous le dirai, et vous le lui répé-
terez dès qu'il rentrera. — *Après quelques minutes :* — il est
sorti pour aller chez moi embrasser ma sœur sur le front,
me demander ce qu'il a fait pendant son absence, et d'où il
vient. Silence, il arrive, le voici! ne lui donnez pas le temps
de m'interroger et racontez-lui tout.

Elle n'avait pas fini de parler que M. C... ouvre la porte
et s'avance vers *Mélanie* pour la questionner. Je le préviens
et lui rapporte tout ce qu'elle m'a dit. Il est tellement étonné,
qu'il reste un instant muet ; enfin sa langue se délie, et il
confirme, avec une émotion qu'il a de la peine à maîtriser,
tous les détails que *Mélanie* m'avait donnés.

Mélanie avait été passer quelques jours chez ses parents ;
j'ignorais le nom de son village, je savais seulement qu'il était
du côté de Narbonne, à trois ou quatre lieues de Beziers.
Je n'avais pas encore essayé de donner le sommeil à une si
grande distance; je profitai de cette occasion pour en faire
l'expérience. Je me recueille dix minutes, je la magnétise
par la pensée, je lui ordonne de dormir une heure, de se
rappeler ce qu'elle aura vu dans son sommeil, de me le rapporter à son retour, de me dire dans quelle position j'étais
en l'endormant, et de se réveiller toute seule.

Tout fut exécuté ponctuellement comme je l'avais désiré ;
elle ajouta qu'elle m'avait vu pendant toute la durée de son
sommeil. J'avais choisi, pour faire cette expérience, un
moment où je supposais qu'elle devait être rentrée chez elle

et libre de toute occupation ; j'avais bien réussi. On ne saurait prendre trop de précautions pour faire ces sortes d'expériences ; il pourrait en résulter des inconvénients qu'il est
inutile d'énumérer, parce que chacun peut les comprendre.
Pour obvier, dans ce cas, à tout embarras, il est indispensable de convenir d'avance, avec le somnambule, de l'heure où
l'on doit lui donner le sommeil, afin qu'il puisse prendre les
précautions nécessaires pour qu'il ne le reçoive pas dans un
moment inopportun.

Depuis quelques mois ma mère avait mal aux yeux ; rien
de ce qu'elle avait fait ne pouvait la soulager et elle ne voulait
pas se laisser magnétiser, malgré toutes les preuves qu'elle
avait de l'efficacité du Magnétisme. Il est si difficile de vaincre
d'anciens préjugés !... Je n'insistai point pour la décider à
essayer de ce remède, et je la fis consulter par *Mélanie*, sans
employer de *rapport*. Elle ordonna simplement une décoction
de fleur de mauve et de sureau, en recommandant d'en im-
biber une compresse, de la placer tiède tous les soirs sur les
yeux et de l'humecter à mesure que la chaleur de la peau la
sècherait. Dans quatre jours ma mère fut guérie.

Mélanie n'avait jamais vu ma mère ni ma maison. Après
qu'elle m'eut donné cette consultation, elle me dépeignit
parfaitement les traits et la tournure de ma mère ; elle par-
courut les appartements de haut en bas, désignant une foule
d'objets avec une précision admirable, et jusqu'à un pot
d'amandine, qui se trouvait dans mon cabinet de toilette et

dont, me dit-elle, elle ne pouvait lire le nom, qu'elle voyait écrit en lettres d'or sur la porcelaine.

Elle était extrêmement jalouse de tous mes somnambules, qu'elle ne connaissait point dans son état de veille. J'avais une somnambule, surtout qu'elle détestait cordialement, et qui le lui rendait bien. Toutes deux avaient une clairvoyance peu commune, et je faisais tourner leur jalousie au profit des malades, en leur faisant contrôler mutuellement leurs consultations. Cette rivalité les poussait à faire assaut de clairvoyance. Si je consultais *Mélanie* après *Agathe* [c'est le nom de sa rivale] je ne pouvais obtenir de réponse sans user de sévérité, et avant d'obéir elle ne manquait jamais de me dire, d'un ton railleur et boudeur tout à la fois :

« Qu'avez-vous besoin de me consulter ! n'avez-vous pas déjà l'avis de votre fameuse somnambule ? vous l'aimez tant ! elle est clairvoyante par excellence : à quoi puis-je vous être bonne ? »

Si par hasard elle apercevait quelque chose dont *Agathe* n'avait pas parlé, elle s'écriait d'un ton de triomphe :

« Votre somnambule, si fameuse, ne voit pas tout ! elle n'a pas aperçu *telle* chose. »

Un pauvre enfant de douze ans éprouvait des douleurs intolérables à la vessie ; on le disait atteint de la pierre. Ses parents me firent prier de le magnétiser pour tâcher de l'endormir, afin de lui faire l'opération pendant le sommeil magnétique. Je le magnétisai pendant vingt jours sans pouvoir l'endormir complétement ; il arrivait à une somnolence avancée, et s'éveillait tout seul après une heure de sommeil.

Je le fis consulter plusieurs fois par *Agathe* et *Mélanie*, et toutes deux furent constamment d'accord. Elles me dirent qu'elles n'apercevaient point de pierre, qu'elles ne voyaient à l'entré de la vessie qu'une boule formée par un corps gras : « les douleurs de l'enfant, ajoutaient-elles, proviennent d'une inflammation si violente, qu'il y a un intestin noir comme de l'encre ; le Magnétisme commence à calmer un peu cette inflammation, car déjà un côté de cet intestin prend la teinte d'un bleu clair. »

J'insiste, je reviens plusieurs fois à la charge, je leur fais examiner attentivement si cette boule n'est pas un corps dur. Elles persistent à déclarer l'une et l'autre que c'est un corps gras, et restent inébranlables dans leur opinion.

Que faire ? que dire ? que résoudre ? la sonde a rencontré une pierre ; le docteur l'a affirmé !... il faut se soumettre et courber la tête, douter de la clairvoyance de mes somnambules, et croire qu'elles se sont trompées. J'ai cependant tant de preuves irrécusables de leur lucidité !

Je communique aux parents de l'enfant ce qu'elles m'ont dit, mais je n'ose donner de conseil. Le cas est si délicat !...

La rigueur du froid nous oblige à suspendre la magnétisation, et à renvoyer l'opération de la taille au printemps. Il est convenu entre les parents et le Médecin que je serai prévenu quelques jours à l'avance, afin que j'essaye encore de donner le sommeil magnétique au malade.

Le printemps arrive : on opère ce malheureux enfant sans me donner l'avertissement convenu. Il succombe au milieu d'atroces douleurs, en invoquant la mort à grands cris. Le père, au désespoir, demande la triste consolation de voir la pierre qui a causé la mort de son fils. Qui peut sonder le cœur humain?

On n'avait point trouvé de pierre pendant l'opération ; on fait de larges et profondes incisions sur le cadavre : vaines recherches!...

Mes deux somnambules avaient raison. Je jette un voile sur la scène qui se passa dans ce moment de suprême désolation.

Je vais terminer par le récit de ce qui se passa entre *Mélanie* et moi le soir où elle s'était endormie toute seule.

J'avais la ville à traverser dans toute sa longueur ; je craignais qu'il ne lui survînt quelque accident et j'avais hâte d'arriver. Le froid était excessivement rigoureux, il tombait du verglas, et, malgré l'embarras de mon manteau, j'allais avec une rapidité extrême. A mesure que j'approchais de la maison où était *Mélanie* je ne marchais plus, je volais ; il me semblait que j'étais au milieu d'un tourbillon de vent qui m'emportait.

Deux cents mètres avant d'arriver, je glisse et je suis lancé à une grande distance, comme une flèche. Enveloppé de mon manteau, j'ignore comment je m'y pris pour retomber sur mes pieds sans toucher terre. Pendant cette course rapide, j'avais cherché à pénétrer d'où pouvait venir ce sommeil si imprévu, et il s'était glissé dans mon esprit un vague soupçon qu'il cachait quelque tour de la façon de *Mélanie*.

J'entre : je la vois entourée de plusieurs personnes et dormant avec un calme parfait. Rassuré, je vais droit à elle, et lui dis d'un ton sévère :

D. Je ne suis point dupe de ce sommeil : vous l'avez provoqué pour me forcer à venir auprès de vous et m'arracher à
mes autres malades ; il faut que je vous corrige de cette jalousie peu charitable. Croyez-vous donc que tout mon temps
doive vous être consacré ?

R. — *D'un ton minaudier* — Ne vous fâchez pas !...

D. Je ne me laisse pas prendre à tous ces airs là : Comment
avez-vous fait pour vous endormir ? Répondez.

Cela n'a pas été bien difficile : ce matin, après m'avoir réveillée, vous avez touché par distraction, en vous retirant,
ce carafon qui est là, sur ce meuble ; je l'ai vu, et ce soir
tout m'entraînait vers lui : j'ai été le toucher, et je me suis
endormie ! c'est bien simple !

D. Imprudente ! voyez à quoi vous vous êtes exposée ! vous
pouviez vous briser la tête.

R. Allons, Monsieur, ne soyez plus fâché et pardonnez-
moi.

D. C'est bien : que cela n'arrive plus, autrement je saurai
vous punir de manière à vous faire repentir.... Mais qu'avez-
vous donc à rire ? je vous déclare que je ne suis nullement
disposé à plaisanter.

R. Dites, Monsieur ! comme vous marchiez vite en venant :
le vent n'est pas plus rapide ; vous avez joliment manqué
vous allonger !... — *Elle pousse un grand éclat de rire.* —

J'avoue que ma colère ne put tenir devant ce trait de clairvoyance, et je pardonnai. Elle fut d'une gaîté charmante et
d'une lucidité admirable, pendant tout le temps que je la
laissai encore dormir.

Les personnes qui veillaient sur *Mélanie*, me rapportèrent ce qui suit :

Elle avait eu des crises très-violentes pendant le temps qu'on avait mis à venir me chercher. Quelques minutes avant mon arrivée, elle s'était calmée tout-à-coup, puis, de la main et en souriant, elle avait fait le geste d'attirer quelqu'un vers elle ; un instant après, elle avait poussé un si grand éclat de rire que, ne pouvant en deviner la cause, l'on avait cru qu'elle devenait folle.

Son geste attractif et son éclat de rire se trouvaient naturellement expliqués par la rapidité de ma marche et la chute à laquelle j'avais eu le bonheur d'échapper.

Mélanie avait été envoyée à Beziers par le Médecin qui l'avait traitée inutilement pour ses accès de fièvres, pendant plus de trois ans. Il venait la voir quelquefois et assistait à ses sommeils ; il ne pouvait donc ignorer qu'elle devait au Magnétisme le retour de sa santé. Deux ans environ après sa guérison, elle fut atteinte d'un rhumatisme et renvoyée de nouveau à Beziers, avec une recommandation pour deux Médecins, et la défense expresse de se faire magnétiser. Elle eut beau supplier, pleurer, gémir ; il fallut obéir, sous peine d'abandon.

Je ne l'avais plus revue depuis que je l'avais guérie. Le hasard me la fit rencontrer deux ans et demi après, et je fus surpris péniblement de la trouver boiteuse. Je la questionnai ; elle me raconta, les larmes aux yeux, ce qui s'était passé, et m'exprima ses regrets d'avoir été si obéissante.

On lui avait ankilosé le genou droit par des frictions avec des pommades irritantes.

SUPPRESSION DU FLUX MENSUEL.

Les belles Dames ont toujours en réserve une foule de petits maux qui n'ont point de nom. Proposez-leur de les soulager par le Magnétisme : la réponse obligée ne se fait pas attendre.

«Oh, non, Monsieur! je vais appeler ma femme de chambre, vous l'endormirez, et vous me ferez dire si je recevrai bientôt une lettre de mon cousin, et si mon mari m'est fidèle. »

Pauvres femmes de chambre!... vous êtes destinées par votre position à servir aux expériences magnétiques. Consolez-vous : si vous tombez dans des mains dignes et prudentes, vous guérirez de maladies réputées incurables, pendant que vos suaves maîtresses traîneront une vie languissante et flétrie par la migraine, des maux de nerfs et des faiblesses d'estomac, parce qu'elles repoussent la Médecine simple et bienfaisante de la nature, et préfèrent se faire tâter journellement le pouls, à grands frais, par leur cher Docteur; heureuses, s'il ne leur ordonne que l'innocent verre d'eau sucrée à la fleur d'orange et n'achève pas de ruiner leur constitution délicate par l'usage funeste des drogues ! Les roses de leur teint disparaissent, il est vrai. mais qu'importe? la pâleur est bonne compagnie.

J'étais chez mon ami et ancien frère d'armes, le Major P...; sa femme fit tomber la conversation sur le Magnétisme. Ce fut le signal d'un feu roulant de plaisanteries de la part de Mᵐᵉ et Mˡˡᵉ C..., qui se trouvaient chez elle.

Je laissai passer l'avalanche, et me résignai sans mot dire. Quand ces Dames m'eurent assez luliné, je m'adressai à Mᵐᵉ C...

D. Vous ne croyez donc pas au Magnétisme, Madame?

R. Certainement non, Monsieur!

D. Voulez-vous permettre que j'essaye de vous prouver son existence?

R. Je m'en garderais bien! je craindrais d'être ensorcelée.

D. Pourquoi craindre ce qui n'existe pas? — A *Mademoiselle* C... — Et vous, Mademoiselle, aurez-vous plus de courage?

R. Non pas, non pas, je vous prie : on dit que vous faites des choses si extraordinaires! et puis, on assure que dès que l'on est sous votre dépendance on ne peut plus s'en arracher.

D. C'est une erreur propagée par la mauvaise foi, ou l'ignorance; cette influence disparaît avec le mal, et souvent elle est remplacée par l'ingratitude du malade, qui, par fausse honte, n'ose quelquefois avouer qu'il doit sa santé au Magnétisme, et se joint à ceux qui tournent les Magnétiseurs en ridicule, ou les calomnient. Je puis vous en parler savamment, quoique je débute à peine dans la carrière. Vous voyez que notre lot n'est pas à envier!

Enfin je m'adresse à Mᵐᵉ P...

D. Vous souffrez depuis longtemps de maux de tête? Essayez de mon remède, Madame; si je ne vous guéris pas, je promets du moins de vous soulager.

25

La réponse de rigueur fut toute prête.

R. Non, Monsieur : je vais appeler ma femme de chambre et vous la livrer. *Agathe!... Agathe!...*

Je vois paraître une grande, grosse et fraîche Lorraine, de dix-huit ans, douée de ces conformations robustes qui paraissent aussi solidement bâties que les remparts d'une citadelle. Ce premier examen était désespérant et peu propre à me donner la confiance de pouvoir confondre l'incrédulité de ces Dames.

La femme de chambre tenait dans ses bras un enfant au maillot; Mme P... la fait asseoir. Je m'approche, et un examen plus attentif me rassure ; je crois reconnaître que cet embonpoint n'est pas de bon aloi, que ces joues rubicondes annoncent une abondance de sang à la poitrine et à la tête, et ne constituent point cette fraîcheur, image de la santé et l'apanage exclusif de la jeunesse.

Je commence à la magnétiser avec la certitude de produire des effets sensibles.

Dès les premières *Passes* ses yeux se troublent, ses paupières s'affaissent, ses bras se torpifient au point de laisser échapper l'enfant, que je reçois dans les miens et que je remets à sa mère étonnée, en lui disant :

D. Madame, voilà votre fils, car votre femme de chambre va dormir..... Elle dort.

R. Impossible, Monsieur!

D. C'est cependant vrai : approchez, Mesdames, touchez, parlez! vous le pouvez sans crainte de la déranger ; elle est sourde et insensible pour vous.

Et ces Dames, d'appeler *Agathe*, de la toucher, de la pincer même! Rien!... Personne!...

O, alors je fus un sorcier, un démon, un homme dangereux et à fuir.... que sais-je moi?...

Après dix minutes de sommeil, je réveille *Agathe*, qui, au grand étonnement de ces Dames, se lève, reprend l'enfant sans mot dire et s'éloigne paraissant ne pas se douter de ce qui vient de se passer.

Dès que je fus seul avec Mme P..., je lui dis :

D. Votre femme de chambre doit être malade : ne se plaint-elle point?

R. Depuis deux ans et demi son sang mensuel est arrêté ; elle a fait une foule de remèdes qui n'ont pu amener aucun résultat. On lui a dit qu'elle deviendrait poitrinaire, et son esprit est frappé ; pour mon compte, je vous avoue que je la crois perdue.

D. Rassurez-vous : je vous promets de la guérir, si vous permettez que je continue à la magnétiser.

R. Volontiers : que risquons-nous, puisqu'elle est sans espoir?

Le lendemain *Agathe* fut endormie dans un instant ; je l'interrogeai, après lui avoir donné quelques minutes de repos.

D. Pensez-vous que le Magnétisme puisse vous guérir?

R. — *En pleurant* — Non, Monsieur, je suis perdue.

Le second jour, elle manifesta de l'espoir ; le troisième, son espoir se changea en confiance, et le quatrième en certitude.

Le dix-huitième jour, elle eut des preuves matérielles de

sa guérison. Je continuai à la magnétiser jusqu'à sa troisième époque, et sa santé fut entièrement rétablie.

Sa clairvoyance ne se développa que le huitième jour, et, comme on le verra, d'une manière extrêmement remarquable.

Agathe n'aimait point à satisfaire une vaine curiosité, elle réservait sa clairvoyance pour des choses graves et utiles ; elle dédaignait de faire usage de ses facultés pour des futilités, et lorsque, pour satisfaire les personnes qui étaient admises à son traitement, je lui faisais deviner l'heure, ce qui se passait dans la maison, ou ailleurs, j'étais obligé de lui assurer que ce n'était point pour contenter une curiosité puérile, mais pour montrer les effets du Magnétisme, et gagner des partisans à sa cause. Alors elle obéissait, non sans laisser toujours percer quelque répugnance. Elle préférait vaincre l'incrédulité et confondre la mauvaise foi, en disant aux personnes présentes à ses sommeils, ce qu'elles pensaient du Magnétisme et des phénomènes qu'elles avaient sous les yeux.

Son bonheur était de contempler la circulation du sang. Toutes les fois qu'elle visitait un corps sain, une belle organisation, elle s'écriait :

« Ah, Monsieur, quel regret que vous ne puissiez pas voir la circulation du sang ! Comme c'est beau ! que c'est admirable !... que ne puis-je vous faire jouir de ce spectacle merveilleux !

Elle avait cependant, comme tous les somnambules, des dispositions spéciales pour certaines expériences, surtout pour la transformation de la nature, la forme, le goût et la couleur des objets.

Il n'est pas hors de propos de donner une explication sur ce phénomène ; qui s'obtient par deux moyens : la transmission de la pensée et la magnétisation d'un objet, avec l'intention de le transformer. Dans le premier cas, la transformation est psychologique, c'est-à-dire, *idéale*, et, pour le somnambule, elle se réduit à la perception de la pensée du Magnétiseur. Dans le second cas, la transformation est psychologique, physiologique et matérielle, c'est-à-dire, complète, réelle, et le somnambule en a la *connaissance*, le *sentiment*, la *sensation*. En voici un exemple :

On me remet un jour une pastille à la pomme, et, pour éviter toute surprise, on me prie, par écrit, de lui donner le goût de la rose et de la vanille. Je magnétise la pastille dans cette intention, et je la remets à *Agathe*, qui, dès qu'elle la portée à la bouche, s'écrie :

« C'est singulier, Monsieur ! je ne me trompe pas : vous ne m'avez donné qu'une pastille ? cependant on dirait que j'en ai deux, l'une à la rose, l'autre à la vanille. »

Si j'avais fait une transmission de pensée, elle aurait dit simplement :

« Voilà une pastille qui a le goût de la rose et de la vanille. »

Moins subtile et moins rapide dans ses perceptions que *Mélanie*, sa clairvoyance était aussi grande et plus sûre. S'il existait une différence entr'elles, cette différence tenait à leur caractère et non à leurs facultés, car elles les possédaient au même degré.

Agathe, d'un caractère sérieux, ne hasardait jamais une

réponse et entrait jusque dans les plus petits détails, lors-qu'elle donnait une consultation.

Mélanie, d'un caractère gai et folâtre, consultait rapide-ment, négligeait les détails et ne s'attachait qu'aux choses essentielles. Elle répondait parfois étourdiment, mais si j'ap-pelais son attention elle apercevait tout aussi bien qu'*Agathe*. Celle-ci lisait dans ma pensée avec la même facilité que *Mé-lanie*, mais elle s'y attachait moins, et son esprit était souvent occupé ailleurs. Ainsi, quand je lui adressais une question mentale, il lui arrivait fréquemment de me répondre :

« On y va, Monsieur ! — *Un instant après* — Je suis à vous. »

Et la réponse à ma demande arrivait aussitôt.

Jalouse comme *Mélanie*, si je la consultais après sa rivale, elle répondait, d'un ton grave :

« Vous avez déjà une bonne consultation ; je vois bien que vous voulez, selon votre louable habitude, me mettre en opposition avec votre somnambule chérie ; c'est prudent, mais inutile : elle a bien vu la maladie. Cependant faites ajouter *telle* chose à son ordonnance ; elle n'a pas examiné assez attentivement *telle* partie du corps. Vous pouvez le lui dire de ma part. »

Voici par quel trait sa clairvoyance se manifesta, le huitième jour de son traitement.

Je la vois fondre tout-à-coup en larmes au milieu de son sommeil : je lui en demande la cause : d'une voix entrecoupée de sanglots, elle me répond :

« Ah, Monsieur ! mon pauvre oncle se meurt de la chute d'une pierre de taille. »

Je ne pousse pas mes questions plus loin, pour ne pas augmenter son agitation ; je la calme, et je la réveille un instant après lui avoir enlevé cette idée douloureuse.

Dès qu'*Agathe* fut sortie du salon, Mme P... se prit à rire aux éclats.

D. Pourquoi rire, Madame ? il serait fort possible qu'*Agathe*, s'occupant dans cet instant de sa famille, eût vu ce tragique événement dans son sommeil, et si je l'avais interrogée, peut-être nous eût-elle donné des détails qui auraient pu ébranler votre incrédulité. Elle était trop émue, le sujet trop triste pour lui permettre de s'en occuper plus longtemps, et j'ai cru prudent d'en détourner son esprit. Je ne suis pas encore bien sûr de sa clairvoyance, cependant il n'y aurait rien d'étonnant qu'elle eût dit vrai.

R. Mais vous êtes fou, mon cher Monsieur ! les parents d'*Agathe* habitent *Épinal*, et vous voulez que de Beziers....?

D. Je ne suis point du tout fou, Madame ! je conviens que la chose doit vous paraître étrange, mais avant la fin du traitement de votre femme de chambre, vous verrez des phénomènes au moins tout aussi extraordinaires. Je n'exige pas que vous croyez ; je vous demande seulement de suspendre votre jugement pendant quelques jours. Veuillez, en attendant, prendre note de ce qu'elle vient de dire, de la date et de l'heure.

R. Il faut bien vous satisfaire, mais je crois que c'est là précaution inutile. Nous sommes au 7 janvier, et c'est à

4 heures très-précises du soir qu'*Agathe* a dit que son oncle se mourait de la chute d'une pierre de taille. Je suis bien sûre de ne pas l'oublier.

Le 14 janvier, pendant qu'*Agathe* dormait, on frappe à la porte. Le Major P... descend, et remonte quelques minutes après, l'étonnement peint sur sa figure. Je compris qu'il avait quelque nouvelle à nous communiquer, et je lui fis signe de garder le silence.

Au bout d'un instant, ma somnambule s'écrie :

« Mon pauvre oncle!... il a été tué par la chute d'une pierre de taille..., en réparant un vieil édifice. Comme il a souffert, le malheureux!... il n'est mort que deux heures après avoir été atteint. Je vois la pierre qui lui a cassé les deux cuisses.... Monsieur, vous venez de recevoir une lettre vous me la cachez, mais il faudra bien que vous me la donniez à mon réveil. »

Tout le monde écoutait en silence, et avec une espèce de terreur. Le Major, stupéfait, sort de sa poche une lettre, que le facteur venait de lui remettre, et dont il avait pris connaissance ; il la donne à lire : elle passe de main en main, et chacun peut se convaincre qu'elle renferme tous les détails qu'il vient d'entendre de la bouche d'*Agathe*.

Ce malheur était arrivé, à *Épinal*, à quatre heures moins un quart, le **7** janvier, et la somnambule l'avait vu le même jour, à Béziers, à quatre heures précises.

Jaloux de faire des prosélytes au Magnétisme, surtout parmi les Médecins [ces messieurs ont bien su me guérir de cette prétention exhorbitante |, j'amenai le docteur S... aux séances d'*Agathe*. Il l'examina avec défiance, et m'adressa force questions. A chacune de mes réponses, un sourire d'incrédulité maligne errait sur ses lèvres. Enfin je le mis en rapport avec elle, et je l'engageai à l'interroger.

D. Mademoiselle, pourriez-vous me dire ce que font en ce moment les personnes qui habitent le second étage de la maison ?

R. — *Avec un peu d'humeur* — Elles causent dans la pièce qui est au-dessus de nous. — *Le docteur sort précipitamment pour aller s'en assurer.* — Il ne les trouvera pas, elles viennent de passer dans l'autre appartement.

Le docteur rentre et dit, d'un air triomphant, que la somnambule s'est trompée, qu'il a trouvé les locataires du second dans une autre pièce que celle qu'elle avait désignée. On lui rapporte ce qu'elle a ajouté après son départ ; il fait un signe d'incrédulité, peu flatteur pour les témoins qui attestaient le fait.

Il s'adresse de nouveau à *Agathe* ; elle ne lui repond point : le rapport était rompu. Je m'amusai un instant de son embarras, et laissai un libre champ à ses interprétations, puis je le remis en rapport, et il fut entendu.

Il supposa que nous jouions la comédie.

D. Mademoiselle, pourriez-vous me dire ce que fait en ce moment la cuisinière de Mme P... ?

R. — *D'un ton d'impatience.* — Eh Monsieur ! Elle est dans sa cuisine, occupée à nettoyer un gros poisson. — *Le docteur sort vite pour vérifier le fait, et à peine est-il hors*

du salon, *qu'Agathe pousse un long éclat de rire.* — Pour
le coup, le pauvre docteur va bien dire que je n'y vois pas !
Pendant qu'il descend, la cuisinière passe dans la souil-
larde, et il ne verra que le poisson sur la table.... Ah !
la cuisinière rentre dans la cuisine. Décidément le docteur
joue de malheur ! ma foi ! tant pis pour lui : il m'impatiente
avec ses questions ridicules !...

En revenant, le docteur raconte exactement tout ce qu'a-
vait dit *Agathe.* Quant au poisson, qu'on avait réellement
commencé à nettoyer, il prétendit qu'*Agathe* devait en avoir
connaissance.

Vainement Mme P... lui affirma qu'elle était sûre du contraire, qu'elle même ignorait qu'il y en eût dans la maison,
inutilement on lui raconta ce qu'*Agathe* avait dit sur l'absence momentanée de la cuisinière, il n'en tint aucun compte.

Je le mets en rapport une troisième fois.

D. Est-ce que je ne pourrais pas magnétiser, comme M.
Olivier ?

R. Vous ! magnétiser ?... et comme M. Olivier ?... jamais
vous ne pourrez magnétiser.

D. Eh, pourquoi pas, si tout le monde a cette faculté,
comme il le prétend ?...

R. Ah ! c'est que, voyez-vous, vous voudriez croire, et
vous ne le pouvez pas.

D. Comment cela ?

R. C'est qu'il y a en vous quelque chose qui s'y oppose.
— *Le docteur avait laissé la porte du salon entr'ouverte ;*
l'attention de tout le monde était absorbée par la somnam-

bule ; la femme du docteur entre sans être aperçue et s'accoude doucement sur le dossier du fauteuil dans lequel Agathe dort, le dos tourné vers la porte. — Votre femme, c'est bien différent ! elle croit : elle est là, derrière moi, et pense dans ce moment que si elle était malade elle prierait M. Olivier de la magnétiser.

Tous les yeux se portent du côté qu'a indiqué *Agathe*, et l'on aperçoit Mme S..., qui confirme ce que dit la somnambule.

Un de mes amis était présent à cette séance ; il se tenait un peu à l'écart, et observait tout en silence. *Agathe* me dit spontanément :

« Vous avez là-bas votre ami qui se croit malade : cette idée le préoccupe dans ce moment ; dites-lui que je l'ai visité, et que son indisposition n'est rien : qu'il prenne quelques rafraîchissants. »

Mon ami convint, comme Mme S..., que la somnambule avait parfaitement vu la pensée qui le préoccupait.

Je suis persuadé que le docteur crut que c'était un entendu entre mon ami, *Agathe* et moi, et que peut-être sa femme était du complot.

Depuis quelques jours, le Major P... avait été rejoindre son régiment à Wissembourg. Il écrivit à sa femme qu'il avait trouvé la jument grise, qu'elle avait l'habitude de monter, fort malade. Mme P..., qui tenait beaucoup à cette bête, voulut consulter *Agathe* sur ce qu'il y avait à craindre ou à espérer.

D. Que pensez-vous, *Agathe*, de la jument ?... pouvez-vous la voir ?

R. Attendez un peu...., O Madame ! la pauvre grise est bien malade.

D. Vivra-t-elle ? mourra-t-elle dans l'écurie , ou sera-t-on obligé de l'abattre ?

R. Elle est bien maigre , la pauvre ! on ne la verra point mourir ; le lancier la trouvera morte le matin en arrivant à l'écurie.

Huit jours après , le Major annonçait à sa femme cette nouvelle dans les mêmes termes.

Le Major H... avait une jeune fille de onze ans , qui dé-périssait à vue d'œil ; je le décidai à la faire magnétiser , et quelques jours après , je portai une mèche de ses cheveux à *Agathe* pour la faire consulter. Voici ce qu'elle me dit :

« Cette pauvre enfant est bien malade ! je crains fort pour elle : cependant il y a encore de la ressource , et vous pouvez la guérir par le Magnétisme. Malheureusement on ne voudra pas vous laisser continuer. On a eu tort de quitter le chirur-gien-major du régiment ; il a du talent. Celui qui l'a remplacé est un à.... Pauvre enfant !... »

Je rendis compte au Major de ce que m'avait dit *Agathe* , et lui demandai s'il était vrai qu'il eût changé de Médecin. Il était certain que j'ignorais cette circonstance ; il fut très-étonné et me dit qu'en effet, obsédé par sa femme , il avait consenti à regret à prendre un nouveau docteur. Ebranlé par ce trait de clairvoyance , il aurait voulu revenir sur cette résolution , mais il n'en eut pas la force. Peu de jours après , étonné de ne pas voir sa fille courir au-devant de moi

comme elle en avait l'habitude, je lui demandai où elle était,
et lui dis de l'appeler.

Il me répondit avec embarras et tristesse, *qu'on* était parvenu à lui faire peur du Magnétisme, et qu'elle avait été se
cacher dès qu'elle m'avait aperçu. Je lui reprochai vivement
sa faiblesse, et lui prédis qu'il ne tarderait pas à s'en repentir amèrement. Le pauvre Major idolâtrait sa fille, mais
il était sans énergie contre la volonté de sa femme et ne
trouvait d'autre réponse à mes reproches que ces mots, pro-
noncés d'un air contrit :

« Tu as raison!... tu as raison!... mais que veux-tu que
je fasse contre la volonté d'une mère? »

Deux mois après, la prédiction d'*Agathe* se réalisait : La
pauvre enfant, qui donnait les plus belles espérances, était
morte.

Agathe s'était ordonné de boire du sang de bouc ; comme
on n'en trouvait point dans la ville, elle indiqua le village de
Fougères, situé à quelques lieues, et dont certainement elle
ignorait le nom, dans son état de veille, puisqu'elle était
du nord et habitait nos contrées depuis peu. Elle dit qu'il
y avait un bouc dans la première maison de ce village, en
arrivant par Beziers, et l'autre dans la dernière maison du
côté opposé. Deux jours après cette prescription, jugeant
que ce remède n'était pas indispensable, elle y renonça, à
cause de l'embarras qu'il aurait donné pour se le procurer.
Mme P..., curieuse de savoir si sa femme de chambre ne
s'était point trompée, fit prendre des informations, qui
confirmèrent tout ce que la somnambule avait dit.

Elle avait ordonné le lait de chèvre à Mme G... et lui avait indiqué une chevrière qui en avait deux. Le surlendemain Mme G... vint lui dire qu'elle ne pouvait digérer ce lait. *Agathe* l'examine un instant et s'écrie :

« Étourdie que je suis ! ce n'est pas étonnant ; j'aurais dû prévoir cela : il y a une chèvre dont le lait n'est pas bon, il faut prendre celui de la noire. »

Mme G... apprit de la chevrière qu'elle avait en effet une chèvre noire, se fit porter de son lait et s'en trouva parfaitement.

Quand *Agathe* ne voulait pas faire quelque chose, il me fallait une énergie extrême pour vaincre sa résistance, et lorsque j'étais parvenu à la faire obéir, elle ne manquait pas de s'écrier :

« Quelle tête de fer que cet homme ! »

Cette exclamation paraissait la consoler de sa soumission, et de suite elle devenait obéissante. Heureusement ses caprices étaient rares et j'avais fini par en pénétrer la cause. Pendant que sa santé n'exigeait point mes soins, je la laissais reposer tranquillement ; alors son esprit s'occupait de voir ce qui se passait dans sa famille, et surtout à Wissembourg, où était le régiment de son maître. Lorsque je l'interrogeais elle était contrariée de ce que je l'arrachais à des préoccupations chéries, et de là naissait parfois une lutte très-vive entre nous deux, lutte dans laquelle j'aurais perdu sans retour mon autorité, et *Agathe* sa précieuse clairvoyance, si j'avais faibli.

Un jour elle me refusa obstinément de consulter un malade; son opiniâtreté fut poussée au point que je fus obligé de céder et de renoncer à la vaincre, dans la crainte de lui donner une crise par trop violente, ou plutôt, car il ne pouvait en résulter rien de dangereux puisque la raison le droit et la justice étaient de mon côté, pour lui donner une leçon qui mît un terme à ses velléités d'indépendance capricieuse.

« Je n'insiste plus, lui dis-je! Vous refusez de consulter un malade sans motif raisonnable; ce retard peut lui être préjudiciable, et je vous en rends responsable, mais le châtiment sera en proportion de la faute, et la suivra de près. »

Le soir, à l'heure où je savais qu'elle était couchée, je la magnétise par la pensée, dans l'intention de lui faire passer une très-mauvaise nuit.

Le lendemain, à peine endormie, elle me dit :

« O, Monsieur, quelle horrible nuit vous m'avez fait passer !

Je promets de vous obéir à l'avenir. »

Depuis ce jour elle fut obéissante, et je n'eus plus besoin de lui demander les choses deux fois.

Elle s'était prescrit des bains de siége et des fumigations de camomille, pour le soir. Je prévins Mme P... que, pour activer l'effet de ce remède, je magnétiserais sa femme de chambre au moment où elle le prendrait, et qu'agissant à distance et par la pensée, je la priais de veiller sur elle.

Quelques minutes après qu'*Agathe* fut dans son bain, elle dit à Mme P... :

« Quelle singulière chose, Madame ! je sens la main de

mon Magnétiseur, comme s'il était là présent, et s'il me touchait. »

Une paysanne des environs se présente un jour chez Mme P... et demande a *Agathe*, qui se trouvait sur la porte, si ce n'était pas la maison où l'on devinait. Cette question paraît plaisante à la femme de chambre, qui savait bien que je la magnétisais, mais qui ignorait complétement les phéno-mènes qui en résultaient, et, croyant se moquer de cette femme, elle lui donne rendez-vous pour le lendemain. La paysanne ne manque pas de revenir, précisément au moment où je venais d'endormir *Agathe*. Elle demande après la femme de chambre ; on l'introduit dans le salon. Mme P... lui de-mande ce qu'elle désire ; elle répond, qu'on lui avait dit que l'on devinait dans cette maison, qu'elle avait été volée dans son village, et qu'elle venait pour qu'on lui découvrit le voleur.

« Je voudrais bien connaître, lui dis-je, qui a fait cette mauvaise plaisanterie. »

Je m'adresse à *Agathe*.

D. Savez-vous qui s'est permis d'envoyer cette femme ?

R. Non : il est inutile de le chercher ; je sais seulement qu'on ne l'a pas fait dans de mauvaises intentions. Ne vous fâchez pas ! Hier, j'étais sur la porte, cette femme s'est adressée à moi ; sa question m'a paru si drôle, que pour m'amuser, et sans savoir la portée de ce que je faisais, je lui ai dit de revenir aujourd'hui.

D. C'est bien : voulez-vous satisfaire ses désirs ?

R. Tout à l'heure, Monsieur. — *Après un quart d'heure de silence* — Approchez, bonne femme!... je vois bien votre maison, mais au lieu de me fatiguer à découvrir le voleur, j'ai préféré m'occuper de votre santé. — *A M. Olivier* — Vous voyez cette femme! elle est encore bien jolie ; elle a été superbe. Son mari est un misérable qui l'a mise dans un état épouvantable ; son corps est couvert, de la tête aux pieds, de pustules cachées sous la peau ; examinez-lui les mains à travers le jour, et vous les verrez. Elle est malade depuis trois ans ; elle a été se faire traiter à Carcassonne, à Montpellier, et cette maladie atroce a résisté à tous les remèdes qu'on lui a fait prendre. — *A la femme* — Ma bonne, vous êtes mise simplement, mais vous avez été riche ; votre mari a dévoré une partie de votre fortune : il vous reste cependant de quoi vivre à l'aise pour une personne de votre classe.

Pendant qu'*Agathe* parlait, cette malheureuse femme fondait en larmes. Etourdie de ce qu'elle entend, elle s'écrie :

« Ah! tout ce que vous dites est vrai : je ne pense plus au vol qu'on m'a fait. Sauvez-moi! sauvez-moi!... ou bien dites-moi si je suis perdue, pour que je fasse mon testament, afin que mon monstre de mari n'ait rien du peu qui me reste. »

Agathe ne pouvant encore surmonter son horreur pour cette maladie, ne voulut pas être mise en rapport avec elle de suite, et renvoya la consultation au lendemain.

Le jour suivant, tout le temps qu'elle tint la main de cette femme dans la sienne, elle eut des convulsions et des vomissements. Il me fallut un quart d'heure pour la dégager et la calmer assez pour qu'elle pût lui prescrire un traitement.

26

Elle lui ordonna plusieurs bains par jour jusqu'aux reins, avec la fleur et les feuilles de mauve, et l'ajourna à quinzaine.

Ce terme expiré, cette femme revint, et dit qu'elle éprouvait du soulagement. La somnambule lui prescrivit de continuer le même traitement.

Le jour suivant, *Agathe* paraissait très-absorbée pendant son sommeil ; je lui demandai ce qui la préoccupait.

« C'est cette pauvre femme, me dit-elle ; je la vois sur la route de son village : je la plains, car je ne puis que la soulager ; elle est incurable, et dans un an elle sera morte. Pauvre femme!... »

Par discrétion, je n'avais demandé à cette femme, ni son nom, ni celui de son village, et ne l'ayant pas revue depuis, j'ignore si cette lugubre prédiction s'est accomplie. Quoi qu'il en soit, je ne voudrais pas qu'un pareil arrêt, rendu spontanément par une aussi bonne somnambule, pesât sur la tête d'une personne qui me serait chère.

Vers la fin du traitement d'*Agathe*, j'avais consenti à ce que Mme P... l'endormît, en lui recommandant la plus grande prudence. Enchantée de son pouvoir, au lieu de l'employer à terminer la guérison d'*Agathe*, Mme P... en abusa bientôt. C'était des questions incessantes sur le compte de son mari et sur les affaires du régiment.

Chaque fois que Mme P... devait recevoir une lettre de son mari, elle en était avertie par la somnambule un jour à l'avance, et quand elle lui demandait comment elle pouvait le savoir, celle-ci lui répondait :

« Ce n'est pas bien difficile, Madame ! Est-ce que je ne vois pas la lettre dans la malle-poste, lorsqu'elle traverse le pont d'Avignon ?...

Mme P... était ravie et l'endormait plusieurs fois par jour.

Je donnais encore le sommeil à *Agathe* de temps en temps ; mon empire sur elle était toujours le même, et chaque fois que je devais venir, elle se promenait avec une espèce d'agitation dans le salon, mettant la tête à la fenêtre fréquemment comme quelqu'un qui attend avec impatience, et m'annonçait cinq minutes avant mon arrivée. Je ne tardai pas à m'apercevoir que sa clairvoyance diminuait, et j'en pénétrai de suite la cause.

J'avertis Mme P... que si elle continuait à agir de la sorte avec sa femme de chambre, elle détruirait sa clairvoyance, qu'*Agathe* la tromperait pour la dominer, que bientôt elle serait d'un très-mauvais service, dans son état de veille, et, ce qui était bien plus grave, que les effets salutaires du Magnétisme seraient détruits.

Mais comment résister au plaisir de savoir d'avance ce qui nous intéresse, de pénétrer certains petits secrets, surtout quand on est femme ? Mes avis ne furent point écoutés.

La femme de chambre se prêtait volontiers à un manége qui affermissait son empire, bientôt elle trompa sa maîtresse à dire d'expert, les rôles furent intervertis comme je l'avais prévu.

J'ignore ce qui se passa, mais la femme de chambre, tant aimée, ne tarda pas à être renvoyée. Heureusement elle était guérie.

TRANSPORT AU CERVEAU,

PROVOQUÉ PAR L'ABUS DU SOMNAMBULISME.

Lors de mes débuts magnétiques, M. B... se trouvait à Beziers, où son commerce l'appelait régulièrement deux fois par an. Pendant son séjour, qui était ordinairement d'un mois, il assista assidûment aux traitements que je faisais au Café. Frappé des phénomènes qu'il voyait, il me témoigna le désir d'apprendre à magnétiser, et, joignant l'exemple au précepte, je me fis un plaisir de lui enseigner de mon mieux les meilleurs procédés pour réussir ; quand il partit, il n'attendait que l'occasion de faire ses preuves.

Il revint six mois après ; sa première visite fut pour moi. En m'abordant, il me dit :

« Ah, Monsieur, que d'obligations je vous ai ! grâce à vous, je suis magnétiseur, très-fort magnétiseur, plus fort magnétiseur que vous. »

Je lui en témoignai ma satisfaction. « O, me dit-il, vous serez content de moi. » Puis il commence le récit de ce que j'appellerai ses prouesses. C'était toujours des servantes d'hôtel, quelques jeunes filles qu'il avait endormies, auxquelles il avait fait deviner l'heure, et autres balivernes, comme l'on fait des chiens savants.

« Mais, lui dis-je, vous n'avez traité aucune maladie ? « O, mon Dieu, non ! me répondit-il ; je n'y ai pas même songé. » — « Tant pis ; vous avez manqué le véritable but du Magnétisme, qui est de guérir les malades ! agir comme vous avez fait jusqu'à présent, c'est l'assimiler aux jeux de gobelets. Je vous engage a rentrer dans la bonne voie ; vous n'avez pas suivi les conseils que je vous ai donnés, ou vous ne m'avez pas compris. »

Au lieu de paraître apprécier mon observation, M. B... me répond :

« Je loge sur la citadelle à l'hôtel du Nord, j'ai endormi le cuisinier ; il devine l'heure, ce qu'ont fait les enfants du maître de l'hôtel avant d'aller au lit, etc., etc., etc... Je vous prie de venir assister à la séance : vous verrez ! vous verrez !... »

Je lui demande si le cuisinier est malade ? Il me dit qu'il n'en sait rien, qu'il ne s'occupe point de cela, que je verrai avec quelle facilité il l'endort, et qu'il le montre à tous les voyageurs qui arrivent, afin de propager le Magnétisme.

Pendant que M. B... me parlait ainsi, le regret me mordait le cœur, son langage me faisait craindre d'avoir semé dans une terre ingrate, et d'avoir fait plus de mal que de bien, en initiant au Magnétisme cette nature bonne, il est vrai, mais dépourvue du jugement nécessaire pour apprécier son importance. Je le quittai en lui recommandant la prudence.

« Soyez tranquille, me dit-il, je suis si fort ! adieu : je rentre à l'hôtel, parce que je suis certain que mon somnambule m'attend avec impatience, j'exerce un tel empire sur lui qu'il ne manquera pas d'annoncer mon arrivée. »

C'est avec une profonde tristesse dans l'âme que je regardai M. B..., pendant qu'il s'éloignait ; il semblait que je pressentais un événement fâcheux.

Quelques jours après, il vint me prier d'assister à une séance qu'il devait donner, après le spectacle, à des voyageurs qui venaient de descendre à son hôtel. Je cédai avec répugnance à son invitation, et ne me déterminai à l'accepter que pour lui donner quelques conseils, si, comme je le supposais, il y avait lieu.

Nous arrivons à l'hôtel à minuit : il appelle le cuisinier, le fait asseoir, promène un regard triomphant sur les sept à huit personnes qu'il avait réunies, et commence à le magnétiser. Dans un instant, la tête du *patient* s'incline, ses yeux se ferment, et de suite, sans lui donner le temps de se reconnaître, M. B... l'interroge.

D. Dormez-vous ?

R. Oui.

D. Qu'ont fait les enfants, ce soir, avant de se coucher?

R. Ils ont soupé, etc., etc., etc. — *Des banalités.* —

D. Quelle heure est-il ?

R. Une heure. — *Erreur d'un quart d'heure.* —

A cette réponse, je vois l'embarras de M. B..., et pour le tirer du mauvais pas où l'a mis son ignorance, je le prie de me mettre en *rapport* avec le cuisinier. Il ignore comment cela se pratique ; je le lui indique, et à mon tour, j'interroge le dormeur.

D. Etes-vous malade ?

R. Non, Monsieur, mais je souffre.

D. Vous endort-on souvent ?

R. Cinq, six fois par jour, quelquefois plus, enfin toutes les fois qu'il arrive un nouveau voyageur.

Je jette un rapide regard de reproche sur M. B..., j'adresse encore quelques questions au somnambule, pour m'assurer si mes soupçons sur son état sont fondés, puis j'engage M. B... à le réveiller.

Dès que le cuisinier fut sorti, M. B... vint à moi, d'un air satisfait.

D. Eh bien ! qu'en pensez-vous ? il s'est un peu trompé sur l'heure, mais....

R. — *L'interrompant brusquement* — Nous causerons de cela demain : je vous engage à ne pas endormir cet homme avant de m'avoir vu. Adieu : à demain.

Le lendemain, à midi, je vois arriver chez moi M. B... ; il avait l'air égaré.

D. Ah, Monsieur, venez à mon secours ! je ne sais où donner de la tête ; je suis un homme perdu.

R. Calmez-vous ! qu'y a-t-il ?

D. Le voici : je suis sorti, ce matin, fort à bonne heure de l'hôtel, je n'ai fait que passer devant la porte de la cuisine, et un quart d'heure après on est venu me chercher pour réveiller le cuisinier, qui s'était endormi, la casserole à la main, rien qu'en me voyant passer. Cela ne m'a pas étonné, connaissant l'empire que j'exerce sur lui ; mais voilà cinq fois que pareille chose arrive depuis ce matin. J'ai beau faire, je ne puis l'empêcher de se rendormir. Ce qui m'afflige surtout et m'effraie, c'est qu'il sort de temps en temps et court

comme un insensé autour de la place de la Citadelle. Ah,
que je suis malheureux d'avoir tant de puissance magnétique!

R. Dites donc, Monsieur, tant d'imprudence! Hier au
soir, je me suis retiré le cœur navré; je m'étais convaincu
que, depuis huit jours que vous faites ce manége, le malheureux cuisinier n'avait jamais été ni complétement endormi, ni entièrement réveillé. C'est pour cela que je vous
recommandai de ne pas le magnétiser avant de m'avoir parlé,
parce que je voulais vous éclairer de mes conseils; je redoutais un accident, et malheureusement je ne me suis pas
trompé. Savez-vous que vous vous êtes exposé à rendre cet
homme fou, ou à le faire périr d'une congestion cérébrale?

D. Ah, mon Dieu! que faire? que devenir?... j'en perdrai
la tête, je crois, s'il arrive malheur à cet homme!

R. Allons, rassurez-vous! tout n'est peut-être pas encore
perdu: courons à l'hôtel; il faut espérer que nous arriverons
à temps pour réparer le mal.

Nous partons en toute hâte; en arrivant nous pénétrons
dans la cuisine, et j'aperçois le pauvre cuisinier, assis sous
le manteau de la cheminée, immobile, les yeux ouverts, fixes
et hébétés. Il était environ une heure de l'après-midi, et cet
état de torpeur, mêlé de quelques moments d'exaltation,
pendant lesquels il courait comme un insensé, durait depuis
huit heures du matin.

C'était un vendredi, jour de marché, et la cuisine de
l'hôtel était encombrée de monde.

Je fais écarter la foule, je saisis la main du cuisinier, et je
la place, avec la mienne, dans celle de M. B..., en le priant

de m'autoriser à magnétiser le malade. Il y consent, sans savoir ni ce qu'il dit, ni la portée de ma demande ; sa tête est tellement troublée, qu'il agit absolument comme une machine.

Je m'assois en face du cuisinier ; je mets ses deux jambes entre les miennes, et je place mes deux mains sur ses genoux ; je fixe mes yeux sur les siens pendant quelques minutes, en ordonnant, fortement par la pensée, au sang d'évacuer la tête et de descendre rapidement aux extrémités inférieures. Dans dix minutes, de grosses larmes roulent dans ses yeux, et bientôt inondent sa figure. Alors commence dans les bras, les jambes, et enfin dans tout le corps, un léger mouvement de va et vient ; j'abandonne les genoux, je fais des *Passes* rapides, à grands courants, et le mouvement se détermine : de lent qu'il était, il devient d'une rapidité étourdissante, semblable à la vitesse de la roue d'un rémouleur. Les larmes pendant ce temps ne cessaient pas de couler ; les yeux finirent par s'éclaircir, quelques *Passes* souples et légères achevèrent de les dégager, ils se fermèrent, et le malade tomba dans un doux sommeil. Peu à peu le mouvement du corps diminue, il devient lent et mesuré, et cesse entièrement lorsque le sang a repris sa place et son cours naturel.

Je laisse dormir le cuisinier pendant une heure, puis je le réveille, parfaitement calme.

Je ne saurais rendre l'étonnement des nombreux témoins de cette scène, ni la joie immodérée de ce pauvre M. B..., qui ne cessait de me répéter que j'étais son sauveur, et que je lui avais rendu la vie.

Je revins le soir ; le malade n'avait eu qu'une légère reprise, et ne se plaignait que de la pesanteur de sa tête. Je le magnétisai ; les mêmes phénomènes se manifestèrent, mais infiniment moins forts. Le lendemain sa tête était entièrement dégagée, son sang avait repris son cours régulier ; son corps resta calme, et son sommeil fut doux.

Cet homme était de la montagne ; je l'engageai à aller respirer l'air natal pendant huit jours, et je lui recommandai surtout de ne plus se laisser magnétiser par le premier venu. Il suivit mon conseil, et revint parfaitement guéri. Il ne s'est plus ressenti de cette crise violente, et s'il n'est pas partisan du Magnétisme, quoiqu'il lui doive le retour de sa santé, je suis forcé de convenir qu'il est fort excusable. Mais aussi pour qu'un pareil accident se renouvelle, il ne faut rien moins que la rencontre d'un cuisinier si débonnaire, et d'un Magnétiseur si peu intelligent.

Que devint M. B...?

Le soir même il régla son compte à l'hôtel, fit précipitamment ses malles et ses paquets, vint me remercier, jurant ses grands Dieux qu'il ne magnétiserait plus, et partit.

Depuis oncques il n'a plus reparu dans Beziers, que je sache.

OPPRESSION,

SENSIBILITÉ EXTRÊME DU SYSTÈME NERVEUX ;
DOULEUR AU BRAS.

M. H... était d'un tempérament excessivement nerveux et sanguin, et de plus, il avait une oppression qui lui rendait la respiration courte et pénible. Son organisation était telle, qu'on pouvait la briser en employant trop d'énergie. S'étant fait magnétiser à Montpellier, il avait éprouvé une crise tellement forte, qu'il s'était précipité vers le balcon de l'appartement pour se jeter par la fenêtre ; on avait eu beaucoup de peine à le contenir, et il avait fallu à son Magnétiseur plus d'une heure pour le calmer. Depuis lors le Magnétisme lui inspirait de la terreur ; il était si impressionnable, que ses yeux se voilaient quand on en parlait devant lui ; son corps se couvrait de sueur, et sa tête s'inclinait sur sa poitrine. Pour donner une idée de cette sensibilité, je vais citer une expérience que M. *Du Potet* a répété plusieurs fois sur lui.

On ouvrait un livre, au hasard, devant M. *Du Potet*, on lui désignait une ligne sur une page, il la parcourait dans toute sa longueur avec un doigt, sans la toucher, ou portait le livre à M. H..., qui se trouvait dans un autre appartement et qui ignorait complétement ce que l'on se proposait de faire ; on le priait, sous un prétexte quelconque, de lire la page, et dès qu'il arrivait à la ligne parcourue par le doigt de M. *Du Potet*, sa vue se troublait, son corps tressaillait, il lui était impossible d'y voir et de passer outre, et enfin, ne pouvant plus supporter le contact du livre, il le jetait loin de lui.

M. H..., amené par un de ses amis pour voir ma somnambule, *Mélanie*, me rapporta ce qui lui était arrivé à Montpellier; malgré sa frayeur du Magnétisme, il me pria de le magnétiser pour s'assurer s'il avait conservé la même impressionnabilité. J'y consentis, mais à condition qu'il suivrait un traitement, dont il me paraissait avoir grand besoin.

A peine j'eus levé la main sur lui et fait une *Passe*, que tout son corps tressaillit, comme s'il avait reçu une commotion électrique; je m'éloigne jusqu'au fond de l'appartement, et de là je lui fais des *Passes* légères, à petits courants, en les adoucissant autant que possible par la pensée : peu à peu les tressaillements convulsifs tombent, et je le conduis au sommeil aussi doucement qu'un enfant que l'on berce. Son réveil fut parfaitement calme; il se trouva si bien de cette séance, qu'elle suffit pour dissiper ses répugnances pour le Magnétisme.

M. H... habitait le village de Nissan, à deux lieues de la ville; il vint régulièrement pendant environ un mois et demi, et au bout de ce temps, il cessa son traitement, parce qu'il fut obligé de transporter son domicile plus loin. Quand il partit, sa santé s'était améliorée, il était en voie de guérison.

Nous nous sommes retrouvés dernièrement à Toulouse, après une séparation de douze ans; il m'a dit que depuis que nous nous étions quittés, sa santé avait été de mieux en mieux, qu'aujourd'hui elle était excellente, et qu'il magnétisait lui-même toutes les fois que l'occasion s'en présentait, afin, a-t-il ajouté, de rendre aux autres le *bien* que le Magnétisme lui avait fait.

A l'époque où je magnétisais M. H..., il vint un jour accompagné de l'un de ses frères, qu'il me présenta comme un incrédule renforcé. Après que je l'eus magnétisé, son frère me dit que ce qu'il venait de voir n'était pas une preuve pour lui, qu'il fallait pour qu'il crût au Magnétisme qu'il en éprouvât lui-même les effets, et qu'il se mettait à ma disposition. Je lui demandai s'il était malade. Il me répondit que, depuis quelques mois, il avait, au bras droit, une douleur qui l'empêchait de s'en servir. Cette réponse m'encourage à le magnétiser, non-seulement pour le soulager, mais encore dans l'intention de produire des effets, tellement saillants, qu'il ne puisse les nier. Aux premières *Passes* son bras commence à remuer ; au bout de quelques minutes il s'agite violemment, malgré tous ses efforts pour le contenir : dans son étonnement il avoue que sa douleur se promène dans son bras d'un point à un autre ; je fais alors des frictions pour la chasser, et, après un quart d'heure, il dit qu'il ne la sent plus. Cette concession ne me suffit point ; je ne veux pas laisser de porte de derrière à son incrédulité et je mets son bras en catalepsie. Nouveaux efforts de sa part pour le remuer, aussi impuissants que ceux qu'il avait fait pour l'empêcher de s'agiter. Après cette épreuve, il convint que son incrédulité était vaincue. Quinze jours après, il écrivait à son père que sa douleur n'avait pas reparu, et celui-ci, dans notre dernière entrevue, m'a affirmé que depuis lors il ne s'en était plus ressenti.

LAIT RÉPANDU. — HYSTÉRIE.

Depuis près de deux ans Mme *** avait une pointe de côté permanente, de vives douleurs aux épaules et à la poitrine, d'abondantes pertes blanches, et des attaques hystériques si fortes, qu'elle se roulait à terre pendant plusieurs heures, de manière que sa tête allât toucher ses pieds et que son corps formât le cercle ; enfin ses douleurs étaient tellement graves, que tous les mois elle avait quelques instants de folie. C'était une femme à formes antiques ; et il avait fallu sa constitution robuste, pour résister aussi longtemps à tant de maux, qui avaient pris leur source dans des couches laborieuses.

Les Médecins, la jugeant poitrinaire, l'avaient abandonnée, et son mari, en désespoir de cause, vint me prier de la magnétiser.

Au commencement de son traitement, je m'appliquai à réchauffer fortement, par l'imposition des mains et des insufflations, ses épaules et sa poitrine. Le quatrième jour il s'échappa de son corps une émanation, dont l'odeur putride infecta tout l'appartement et souleva le cœur de toutes les personnes présentes ; c'était des émanations de lait corrompu : sa coiffe, sa robe, ses vêtements, tout, jusqu'à ses souliers, était empreint de cette odeur empestée.

A dater de ce jour elle fut soulagée, et je répondis de sa guérison à son mari. En effet : chaque nouvelle magnétisation amena une amélioration, et dans trois mois elle fut parfaitement guérie.

Mme *** devint somnambule, mais sa clairvoyance ne durait que de cinq à dix minutes pour elle, et ne s'étendait pas à d'autres. Tout ce qu'elle pouvait voir, c'était les personnes qui étaient dans l'appartement où elle dormait. Cependant j'agissais sur elle à distance avec un grand empire ; en voici une preuve.

Elle restait dans un faubourg séparé de la ville par une montée fort longue et extrêmement rapide. Un soir, à l'heure où je la magnétisais, le temps change tout-à-coup et la pluie tombe par torrents. Je ne l'attendais plus, lorsque je vis entrer son mari, qui venait m'annoncer qu'elle n'avait pas voulu venir, malgré ses instances, à cause du mauvais temps. Je lui demandai s'il regrettait beaucoup qu'elle perdît cette séance.

— « Sans doute, le Magnétisme lui fait trop bien pour que je ne la regrette pas. — Puisqu'il en est ainsi, vous allez être satisfait. »

Je me concentre, et, par la pensée, je lui ordonne impérieusement de venir, sans avoir égard au mauvais temps et à la distance qu'il faut qu'elle parcoure. Un quart d'heure s'écoule, tout le monde pense que j'ai échoué dans mon expérience, quand tout-à-coup la porte s'ouvre violemment, et Mme *** se précipite dans l'appartement.

« Te voilà, lui dit son mari, tu ne voulais pas venir !...»

« C'est vrai, répond-elle, j'y étais décidée à cause du mauvais temps et de la longueur du chemin, mais il y a dix minutes environ que j'ai senti intérieurement quelque chose que je ne puis définir encore. Je me suis levée machinalement, je me suis assise et levée de nouveau cinq à six fois, toujours sans idée arrêtée; j'étais inquiète, je ne pouvais pas rester en place : enfin je me suis avancée brusquement vers la porte, je l'ai ouverte et refermée sur moi, sans savoir ce que je faisais ni ce que je voulais faire; enfin je suis sortie, et une fois dehors, j'ai marché un instant incertaine, sans m'apercevoir qu'il pleuvait à verse et que j'étais sans parapluie, puis tout-à-coup j'ai pris le pas de course jusqu'ici; ce n'est qu'à présent que je sens que je suis trempée de la tête aux pieds. »

Nous étions en hiver; il fallut que la maîtresse de la maison où nous étions prêtât du linge à Mme ***, et la fit réchauffer.

Les attaques hystériques de Mme *** étaient affreuses; je restais quelquefois plus d'une heure pour les calmer. Quand je dirigeais mon action magnétique sur l'organe qui les provoquait, il s'agitait comme s'il avait un instinct particulier de résistance, et ce n'était qu'après une longue lutte qu'il rentrait à sa place : il tendait toujours à remonter vers le pylore; si je plaçais ma main, fermée, sur l'abdomen, il bondissait et cherchait à la franchir; si j'entrouvrais un doigt, il se glissait dans l'intervalle, et ainsi de suite, jusqu'à ce qu'il fût arrivé à l'orifice de l'estomac. Quand il était là je fermais les doigts pour l'arrêter; alors commençait un combat acharné, on eût dit un ennemi qui cherche à vaincre son adversaire et à le dompter de guerre lasse; il se débattait sous l'action magnétique , jusqu'à ce qu'enfin il fût forcé de céder à mon opiniâtreté.

Ce phénomène m'a conduit à faire des observations analogues sur tout l'organisme humain , et l'expérience m'a démontré que cet instinct de résistance existait , non-seulement chez cet organe , mais chez tous les autres , et dans tous les éléments du corps humain , lorsque le mal qui les affecte est ancien. Ainsi :

Traitez un mal de tête accidentel, occasionné par l'affluence du sang , ou une irritation nerveuse, vous le ferez disparaître dans quelques minutes , et il ne reviendra pas , à moins d'une cause nouvelle. Si le mal est chronique ou constitutionnel, vous le calmerez momentanément , mais il reviendra. Ce ne sera qu'avec la constance , et après une lutte tenace de la part du sang , ou des nerfs, comme s'ils avaient le sentiment de la résistance, que vous parviendrez à le vaincre.

Il en sera de même pour les humeurs , la bile , etc...

DOULEUR AIGUE AU BRAS.

Depuis dix-huit mois, *Malric* avait une douleur aiguë qui le privait de l'usage de son bras droit et le forçait de le porter en écharpe. Frictions jusqu'au sang, avec une brosse, flanelle, fumigations, cataplasmes, tout avait échoué. On lui conseilla de se faire magnétiser.

Un mois suffit pour le guérir complétement, sans l'emploi d'un seul remède.

Le premier jour il ressentit un grand froid à son bras, le second une grande chaleur, et jusqu'au sixième, l'un et l'autre alternativement. Le septième jour, son bras commença à s'agiter, et ce mouvement augmenta progressivement, au point que le dixième, de près comme de loin, que je fusse placé devant ou derrière le malade, son bras suivait la direction que j'indiquais avec ma main, comme s'il eût été suspendu à mes doigts par des ficelles. Cette attraction était tellement puissante, que lorsque *Malric* était assis, deux personnes ne pouvaient le contenir; il fallait qu'il se levât, entraîné par l'impulsion de son bras, et qu'il vînt me joindre soit à l'extrémité de l'appartement, soit dans la pièce voisine.

Un jour que *Malric* ne pouvait pas venir se faire magnétiser, je voulus éprouver si je pourrais exercer de loin la même influence sur un membre malade que sur un somnambule, et je le magnétisai par la pensée à l'heure ordinaire, sans savoir où il était. Il vint le lendemain, et sans me donner le temps de le questionner, il me dit que la veille il avait été travailler à une demi-heure de la ville (il commençait alors à pouvoir se servir de son bras), et que tout-à-coup son bras s'était agité, à l'heure où je le magnétisais, comme lorsqu'il était en ma présence, au point qu'il s'était vu forcé de suspendre son travail pendant un quart d'heure.

Le lendemain du jour où son traitement cessa, il passait devant la maison où je le magnétisais. Je le forçai, par la pensée, à entrer, et lorsque je lui demandai ce qu'il désirait, il me répondit :

« Rien ! Je n'avais pas même l'intention d'entrer, mais quelque chose m'a poussé à revenir sur mes pas. »

ATTAQUES D'ÉPILEPSIE.

RETARD DANS LA PREMIÈRE APPARITION DU FLUX MENSUEL. —
ATROPHIE DU BRAS ET DE LA JAMBE GAUCHE. — IDIOTISME.

A seize ans, *Jeanne* n'était pas encore grande fille ; livrée
à l'âge de sept ans aux mains impitoyables d'une marâtre,
les mauvais traitements qu'elle lui faisait subir avaient tari
chez elle les sources de la vie. La pauvre enfant était nourrie
avec des aliments insuffisants et grossiers, et, non contente
de la battre, sa marâtre allait lui tirer les pieds pendant la
nuit, en lui disant que c'était sa mère qui venait de l'autre
monde pour la chercher. Cette infortunée n'avait pas tardé à
tomber dans l'idiotisme ; le manque de nourriture avait arrêté
le développement de son corps, et les épouvantes qu'elle
recevait lui avaient donné des attaques d'épilepsie si fréquentes, qu'elles se renouvelaient sept à huit fois par jour, et
qu'on ne pouvait la perdre de vue un instant. Son bras et sa
jambe gauche étaient atrophiés par l'application de saignées
immodérées, et sa taille informe était d'une petitesse extrême pour son âge. La stupidité était peinte sur sa figure ;
quand on me l'amena, je crus voir un crétin : c'était un bloc
grossier de matière, dans lequel circulait un sang profondément vicié.

Son père, dominé par sa nouvelle femme, n'avait pas
la force d'arracher son enfant à ce martyre : enfin il parvint

à vaincre sa faiblesse et se décida à l'enlever à son bourreau :
il la confia à sa sœur, qui habitait Beziers.

Malgré toute ma confiance dans la puissance du Magnétisme, la guérison de cette infortunée me parut au-dessus
de toutes les forces humaines ; cependant, ému par le récit
de ses souffrances, je me décidai à faire un essai, que je
jugeais d'avance infructueux.

Je la magnétisai pendant trois mois sans obtenir le moindre
effet extérieur ; c'était un marbre immobile et glacé. Je ne
me décourageai point, parce que je remarquais que la malade
venait avec exactitude et une espèce d'empressement. Cependant, malgré cette insensibilité apparente, le Magnétisme
opérait intérieurement. Le quatrième mois, *Jeanne* eut son
flux mensuel, et ses attaques d'épilepsie diminuèrent sensiblement ; peu à peu elles ne furent plus journalières, puis
elles ne reparurent qu'à de longs intervalles ; enfin, l'année
expirée, elle n'en eut plus, et son bras et sa jambe reprirent
leur activité.

Quoique la guérison de *Jeanne* me parut complète, et que
j'eusse obtenu tout ce qu'on pouvait espérer d'une nature
aussi profondément délabrée, elle venait encore de son
propre mouvement se faire magnétiser deux ou trois fois
par semaine. Je supposais qu'elle était guidée par un sentiment intuitif, et je la laissai maîtresse de cesser son traitement quand elle le jugerait à propos. Ce ne fut qu'après seize
mois qu'elle ne revint plus, et depuis lors son existence a été
supportable et sa santé aussi bonne qu'on pouvait l'espérer

MORSURE D'UN CHIEN ENRAGÉ.

ACCÈS DE FIÈVRES.

Jean Puech était le berger d'un de mes amis : un jour, pendant qu'il gardait son troupeau, son chien s'élance sur lui, le mord sur le dos de la main droite et disparaît. On fit plusieurs jours de vaines recherches pour retrouver les traces du chien ; tout portait à croire qu'il était enragé. Cependant le moral de *Jean* ne s'en trouva point affecté, malgré que les plaies de sa main ne se fermassent pas, en dépit de toutes les applications de mauves, etc., etc.... Le quinzième jour, sa main s'enfla extraordinairement, et le vingtième il se forma au bras deux fortes tumeurs, l'une sous l'essaile, et l'autre à l'articulation du coude. Son maître lui conseillait depuis plusieurs jours de se faire magnétiser ; nullement inquiet à la vue des accidents qui se déclaraient, le berger se prit à rire niaisement de cet avis et n'en tint aucun compte. Pourtant le vingt-huitième jour il commença à ressentir de vives douleurs ; la peur le gagna, et, le trentième, il fut dans un village voisin trouver un *guérisseur de la rage*, qui lui pratiqua, je crois, une saignée à l'oreille, dont le résultat fut nul. De retour, ses douleurs allèrent croissant et devinrent si intolérables, que le trente-troisième jour il avait perdu le sommeil, ses yeux étaient fixes et agards, et son bras, devenu énorme, ne pouvait se soutenir qu'à l'aide d'une écharpe.

Tel était l'état de *Jean Puech*, lorsque M. G..., son maître, vint me chercher pour le magnétiser.

Jean fut endormi dans quelques minutes ; son sommeil fut paisible, mais fort court. Le lendemain il éprouva un feu intérieur, si dévorant, qu'il lui arracha cette exclamation :

« Monsieur, vous m'avez mis dans l'enfer : il semble qu'on me fait bouillir. »

Le troisième jour sa main se désenfla, le quatrième les morsures se cicatrisèrent, enfin le cinquième les tumeurs se crevèrent, et il en sortit une immense quantité d'eaux claires. Surpris de ne l'avoir pas vu arriver le sixième jour, qui était le trente-neuvième de son accident, je demandai le soir à son maître la cause de cette absence. Il me répondit :

« Comment ! cet imbécile n'est pas venu vous remercier ? il est guéri ! il a gardé son troupeau toute la journée, et il s'est servi de son bras avec autant d'adresse et de force que s'il n'avait pas été mordu. »

Un an après ce même berger prit des accès de fièvres ; au lieu d'avoir recours à moi, il s'adressa à un Médecin ; mais au bout de deux mois, voyant que ses accès s'enracinaient au lieu de disparaître, il me fit prier d'aller le magnétiser. Quinze jours suffirent pour le guérir.

Jean Puech présentait dans son somnambulisme un phénomène extrêmement remarquable.

Depuis l'âge de sept ans (alors il en avait 34) il bégayait d'une façon extraordinaire, à la suite d'un coup de tête de bélier, reçu dans le flanc gauche. Son bégaiement était si fort que, pour prononcer une syllabe, tout son corps se balançait pendant une minute d'avant en arrière, et lorsque la syllabe sortait de sa bouche il tombait en avant sur la pointe du pied, et pour la terminer l'effort était si grand qu'il reculait de deux pas en arrière et retombait sur ses talons. Rien n'est exagéré dans cette description ; du reste cet homme est assez connu dans le pays. Eh bien ! ce bégaiement, dont sans doute il y a peu d'exemples et dont l'origine est si bizarre, disparaissait complétement pendant le sommeil magnétique, et faisait place à une volubilité étourdissante de langue, à une netteté et une facilité d'élocution merveilleuses, pour reparaître dans toute son intensité au réveil.

J'ai longtemps cherché la cause de ce phénomène, vraiment extraordinaire, dans des faits magnétiques analogues, je n'en ai trouvé qu'un seul qui ait pu me la faire entrevoir par induction. J'ai eu une somnambule qui, dans quelques sommeils, ne pouvait pas parler ; lorsque je lui adressais une question d'absolue nécessité, pour sa santé par exemple, elle se donnait la parole, et voici comment elle procédait : Elle plaçait la main droite un peu au-dessous de la région inférieure du cœur précisément à l'endroit où *Jean Puech* avait été frappé, puis, se servant de ses doigts comme d'un compas, elle suivait une ligne ascendante qui passait par l'épigastre, le sternum, le larynx, et aboutissait au bord des lèvres ; arrivée là, elle sortait la langue, la touchait légèrement du doigt, et de suite elle pouvait parler. Quand elle avait répondu à ma question, elle touchait de nouveau sa langue et s'enlevait la parole en exécutant le mouvement contraire.

Je livre ces deux faits aux méditations de nos savants physiologistes.

EXPÉRIENCE SUR UN MÉDECIN.

Le docteur M... assistait assidûment depuis un mois au traitement de quelques-uns de mes malades ; les phénomènes qu'ils présentaient paraissaient ébranler son incrédulité, dissiper ses doutes et préparer sa conversion au Magnétisme. Pour que ses convictions fussent définitivement arrêtées, il me pria de le magnétiser, afin, disait-il, d'éprouver par lui-même des effets analogues à ceux qu'il avait vu se produire sur d'autres, mais à la condition que, s'il sentait arriver le sommeil, il me ferait signe de la main de cesser mon action lorsqu'il aurait perdu la faculté de définir ce qu'il éprouverait, et que je ne l'endormirais pas complétement.

Le docteur, jeune encore, avait des dispositions à l'obésité et faisait un usage immodéré d'absynthe et de liqueurs fortes ; j'étais certain que le Magnétisme lui ferait éprouver des effets très-sensibles, et je consentis à faire l'expérience qu'il me proposait.

Dès les premières *Passes*,. il ressent des suffocations et déboutonne son habit ; quelques minutes après il défait son gilet avec tant de précipitation qu'il en fait sauter les boutons ; enfin la suffocation devient tellement forte, qu'il arrache violemment sa cravatte et déchire sa chemise. Le sommeil s'avançait à grands pas, et ses efforts pour lui échapper étaient vains : ses yeux se ferment malgré lui, sa tête s'incline sur sa poitrine, et il lui reste à peine la force de me faire signe de m'arrêter.

Je le calme, je le laisse reposer un instant, puis je lui rends l'usage de ses sens en le démagnétisant.

La scène se passait au Café, en présence de plus de vingt témoins. Le docteur rend un compte exact des effets qu'il a éprouvés, et déclare hautement qu'il croit à la réalité du Magnétisme.

J'avoue que je fus heureux de cette conquête ; je pensais :

« En voilà un de gagné dans le camp ennemi, il nous en amènera d'autres. »

Je comptais sans mon hôte : depuis ce jour le docteur ne reparut plus, et je ne tardai pas à apprendre qu'il saisissait toutes les occasions de déblatérer contre le Magnétisme, avec les personnes qui ignoraient ce qui s'était passé ; quant à celles qui en avaient été témoins, il leur disait qu'il avait joué la comédie ; devant moi il se taisait.

Il est des yeux qui se ferment devant la lumière qui jaillit de la vérité, parce qu'ils ne peuvent en supporter l'éclat.

L'aigle regarde le soleil en face ; le hibou recherche les ténèbres.

CATHARRE.

Depuis plusieurs jours , M. C... éprouvait de violentes douleurs à la tête ; témoin des effets salutaires du Magnétisme , il avait envie d'en user , mais il était retenu par la crainte de devenir somnambule et d'être soumis à donner des preuves de clairvoyance. Il se décida enfin à me faire part de ses désirs et de ses craintes ; je lui promis de respecter ses répugnances. Il devint en effet somnambule , et , pendant quinze jours que dura son traitement , je remplis si fidèlement ma promesse , que je ne l'interrogeai même pas sur sa santé. Cette réserve paraîtra peut-être poussée un peu trop loin , cependant on va voir qu'il faut toujours agir envers les somnambules avec le plus grand scrupule.

L'éloignement de M. C... , en état de veille , pour donner des preuves de lucidité était tel , qu'il se reflétait sur sa figure pendant son sommeil magnétique. Si quelqu'un s'approchait un peu trop de lui lorsqu'il dormait , de suite ses traits prenaient l'empreinte de la défiance et de la mauvaise humeur.

Deux jours avant sa guérison , surpris de le voir pleurer au milieu de son sommeil , je lui demande la cause de ses larmes. Voici sa réponse :

« Je vous remercie des soins que vous m'avez donné et de la scrupuleuse exactitude avec laquelle vous vous êtes abstenu de me demander des preuves de clairvoyance , même pour ma santé. Vous avez bien fait, car si vous m'aviez interrogé vous auriez perdu ma confiance, et vous m'auriez fait plus de mal que de bien. Je connaissais ma maladie depuis le second jour que j'ai été endormi, et s'il avait fallu joindre quelque remède au Magnétisme, je vous en aurais averti. Je pleure parce que je pense à mon pauvre cousin, mort depuis un an de la même maladie que moi. Comme moi, il avait un catharre, et son Médecin l'a tué en lui faisant appliquer des sangsues à la tête ; aussi s'est-elle ouverte dès qu'il a rendu le dernier soupir. Je frémis en pensant que sans vous le même sort m'attendait. Après demain mon traitement finira et je serai complétement guéri. »

MAUX D'ESTOMAC. — BUBONS.

M. T... avait son estomac entièrement délabré par toute sorte d'excès. Fort jeune encore, un mois de Magnétisme suffit pour le rétablir complétement. Quelques mois après sa guérison, il eut le malheur de prendre une maladie qui donna naissance à deux bubons. Le préjugé était là; le Magnétisme fut laissé de côté, et il eut recours à un Médecin, qui les lui fit rentrer au moyen d'une forte compression. Ce traitement, que je n'ose qualifier, lui procura des coliques si violentes, que dans quatre jours il fut aux portes du tombeau. Alors sa famille pensa au Magnétisme, et son père vint me prier de venir à son secours.

Dans sa première maladie, il s'endormait avec une extrême facilité; mon regard, ou ma pensée suffisaient pour le plonger en somnambulisme. Cette fois ses douleurs étaient si vives, qu'il en avait perdu le sommeil naturel et qu'il se tordait sur son lit. Ce ne fut que le cinquième jour que je pus obtenir le sommeil magnétique complet. Le sixième, les douleurs se calmèrent, il parvint à examiner son état, et il se prescrivit un régime doux, qui, joint au Magnétisme, mit fin à ses coliques et le guérit de sa maladie au bout d'un mois et demi.

Somnambule peu clairvoyant pour les autres et peu disposé à s'en occuper, M. T... était très-lucide pour lui. Doreur

par état et habitué à dessiner des ornements, il avait contracté l'habitude, pendant ses sommeils, de dessiner avec
son doigt sur la table qui lui servait d'appui. Lorsqu'il paraissait mécontent de son dessin imaginaire, m'identifiant
avec sa pensée, je passais ma main sur la table, comme si
j'effaçais ce qu'il avait fait ; alors la joie reparaissait sur sa
figure, il recommençait son simulacre de dessin, et me disait :

« Je vous remercie, Monsieur, d'avoir effacé mon premier dessin ; il était bien mauvais ! Celui-ci va beaucoup
mieux ; voyez comme il est joli : Merci ! »

IVRESSE.

J'ai eu de nombreuses occasions d'éprouver l'infaillibilité du Magnétisme pour dissiper l'ivresse et prévenir les suites déplorables qu'elle peut entraîner, lorsqu'elle est poussée à l'excès. Je vais en citer quelques exemples.

L'heure de la Magnétisation de M. R..., (somnambule dont on a lu le traitement), était passée depuis longtemps et je ne comptais plus sur lui, lorsque je le vis arriver, accompagné d'un jeune homme que je ne connaissais point. Après s'être excusé de m'avoir fait attendre, il me le présenta comme son condisciple et son compatriote, et me dit qu'ils venaient de dîner ensemble. Il m'en fallut peu pour reconnaître que ces Messieurs avaient fait de fréquentes libations et qu'ils étaient *émus*.

M. R... avait dit à son ami qu'il se faisait magnétiser et l'avait engagé à venir assister à son sommeil. Celui-ci lui avait répondu :

« Allons donc ! tu es un farceur, et ton Magnétiseur aussi. A qui parles-tu Magnétisme ? Tel que tu me vois je me suis fait magnétiser deux ou trois fois à Paris; on a essayé pendant deux heures et l'on n'a pu rien obtenir. Cela me faisait comme un vésicatoire sur une jambe de bois ; c'est une vraie charge. Tu verras : je vais défier ton Magnétiseur et le confondre. »

Là dessus grande discussion, et les libations d'aller leur train.

M. R... me fait part de ce qui s'est passé, et son ami me propose, en balbutiant, de le magnétiser. Je refuse : il insiste poliment, en mêlant ses instances d'une foule de raisonnements auxquels je me garde de répondre, parce que j'ai affaire à un homme ivre ; enfin M. R... joint ses sollicitations à celles de son ami, et, prenant en pitié l'état de celui-ci, je me rends.

Dans cinq minutes, mon fier à bras fut endormi.

D. Dormez-vous, Monsieur ?

R. Oui.

D. Combien de temps vous faut-il dormir pour que les fumées du vin que vous avez pris de trop se dissipent, et que vous repreniez votre sang-froid ?

R. Un quart d'heure.

D. Vous trouvez-vous mieux ?

R. Oh !... mon ivresse se dissipe comme par enchantement. Je suis parfaitement à présent... Mille pardons, Monsieur ! je rends hommage au Magnétisme. Excusez-moi, j'étais ivre... Faites-moi rappeler, je vous prie, à mon réveil de tout ce qui m'arrive dans mon sommeil... Réveillez-moi, le quart d'heure expire.

Dès que je l'ai réveillé, il déclare qu'il est entièrement dégagé de son ivresse, qu'il part pour l'Afrique, où il va rejoindre le régiment de chasseurs dans lequel il vient de s'engager, et jure ses grands Dieux qu'il tirera le sabre avec le premier qui lui contestera l'existence et l'efficacité du Magnétisme.

Je lui fis observer, en souriant de son enthousiasme de jeune homme, que c'était un mauvais moyen de tuer les gens pour les convertir.

Il vit ensuite dormir M. R..., et partit émerveillé du Magnétisme ; nous nous quittâmes les meilleurs amis du monde.

M. C... avait bu du kirch avec excès ; comme il souffrait beaucoup il vint me trouver au spectacle, et me pria de sortir pour le magnétiser.

Après environ dix minutes de sommeil, il me dit :

« Ah, quel effet singulier ! tout le kirch que j'ai bu s'évapore par l'extrémité de mon nez. Vous ne le sentez pas ? O que c'est drôle !... mais voyez donc comme il s'échappe !... son odeur se répand partout, l'appartement en est rempli. Voyez ! Voyez !... ah !... c'est fini. Vous pouvez m'éveiller à présent ; je suis dégagé comme si je n'avais pas bu. Il n'a cependant fallu que douze minutes, et j'en tenais... Dieu sait ! L'estomac, la tête, tout était pris ; actuellement tout est libre. Réveillez-moi. »

L'appartement en effet fut un instant infecté des émanations du kirch.

La chaleur d'un bal masqué, l'agitation de la danse, jointe à un excès de boissons, avaient exalté M. M..., au point de provoquer tous ceux qui se trouvaient sur ses pas. Comme il était d'une force Herculéenne, ses amis craignant qu'il ne fît quelque malheur, vinrent me chercher pour me rendre auprès de lui et tâcher de le calmer.

28

Dès qu'il m'aperçut, il s'écria :

D. Ne m'approchez pas, **M.** Olivier! si vous me magnétisez, je ne réponds pas de ce qui arrivera : Je ne le veux pas.

R. Vous êtes donc bien méchant?

D. Je vous aime bien, mais pour cela je n'entends pas raison : je ne veux pas être magnétisé.

R. Qui vous parle de vous magnétiser? Certes vous n'en avez pas besoin ; mais je peux bien causer avec vous ?

D. Oh! tant que vous voudrez.

Je m'approche, j'entoure ses épaules avec mon bras, et, m'appuyant sur lui comme pour causer familièrement, je le magnétise par la pensée.

L'effet fut rapide comme la foudre ; dans moins d'une minute ce colosse s'affaisse : je le reçois dans mes bras, je l'enlève de la salle du bal, je le transporte sur une chaise dans une pièce voisine, et là, quelques *Passes* suffisent pour le plonger dans le sommeil magnétique. Au bout d'un quart d'heure je lui place la main sur l'estomac, et il rejette tout ce qu'il a bu. Un instant après, il me dit que c'est la première fois de sa vie qu'il a pu vomir, qu'il est entièrement soulagé, et qu'il lui faut une heure de sommeil.

Quand je l'eus réveillé il se trouva frais et dispos, comme s'il n'avait pas été ivre, et recommença à danser de plus belle.

Après avoir bu du rhum et du punch outre mesure, M. Ro... avala tout d'un trait un flacon d'absynthe pure, et tomba raide. Pendant une heure on lui prodigua des soins inutiles ; il ne donnait pas signe de vie. Enfin on se rappela que je l'avais magnétisé quelques fois, qu'il s'endormait avec une grande facilité, et l'on vint me chercher à deux heures de la nuit.

Quand j'arrivai je trouvai M. Ro... couché sur un lit, les yeux ouverts et vitrés, la figure et le corps violacés et sans chaleur. Il fallut deux heures d'une magnétisation énergique et incessante pour le plonger en somnambulisme.

Vainement je l'interrogeai ; il me faisait signe qu'il ne pouvait répondre. Enfin après une heure de sommeil, il parvint à me dire de lui laisser le souvenir de ce qu'il avait éprouvé, pour me le rapporter à son réveil.

Voici ce qu'il me dit quand je l'eus réveillé :

« Vous ne soupçonneriez jamais les effets que vous avez produit : je ne veux vous en rapporter qu'un ; l'autre, je le garde et ne sais si jamais je me déciderai à vous le communiquer. Tout ce que j'ai bu m'est tombé dans les jambes ; levez-moi et soutenez-moi, car elles ne pourraient me porter. »

« C'est phénoménal ; tout est là : l'estomac, la tête, sont aussi libres que si je n'avais rien bu ; la boisson a été précipitée en bas, comme par enchantement. Vous pouvez vous flatter de m'avoir sauvé, j'étais perdu sans ressource. »

Nous le descendîmes du lit, et en effet ses jambes, énormément enflées, ne purent le soutenir ; elles flochaient comme du coton. Il n'en retrouva l'usage que vingt-quatre heures après.

M. Ro... n'a jamais depuis voulu me dire le second effet qu'il avait ressenti.

RHUMATISME. — TUMEURS FROIDES.

ANKILOSE.

Première Séance.

En sortant de chez moi, je trouve ma domestique sur le seuil de la porte, causant avec une femme qui portait dans ses bras une jeune fille, de la figure la plus intéressante, et deux béquilles. Ému par ce spectacle affligeant, je m'arrête et je demande à ma domestique qu'elle est cette femme et cet enfant. Elle me répond, que l'une est sa belle-sœur et l'autre sa nièce.

J'interroge la mère :

D. Ma bonne, quelle maladie a votre petite ?

R. Je n'en sais rien, Monsieur, ni les Médecins non plus, car plus on lui fait des remèdes et plus elle souffre ; elle est arrivée au point de ne plus pouvoir marcher avec des crosses. Il faut actuellement que je la porte.

D. Quel âge a-t-elle ?

R. Onze ans bientôt.

D. Y a-t-il longtemps qu'elle est dans cet état ?

R. Huit mois.

D. A cet âge la nature a des ressources immenses ; il faut espérer qu'elle guérira.

R. O, Monsieur, je n'ai plus d'espoir dans les Médecins ; ils ont fait tout ce qu'ils pouvaient. Ma seule espérance est en Dieu ; aussi je viens de lui faire entendre la messe de saint Eutrope.

D. Vous avez très-bien fait : Dieu vous aura peut-être exaucée ; entrez chez moi.

Je prends l'enfant dans mes bras et je le dépose sur un canapé. La mère, étonnée, me suit sans mot dire.

Aux premières *Passes* les yeux d'*Annou Serre* (c'est le nom de la petite fille) suivirent mes doigts un instant et se fermèrent. Je lui dis avec douceur :

« Dormez, mon enfant, ce sommeil vous guérira. »

A ces mots sa tête s'incline, et l'enfant tombe en somnambulisme.

Après quelques minutes de sommeil, je lui adresse une ou deux questions ; elle fait des efforts pour me répondre, mais c'est en vain : sa langue reste liée.

Annou éprouva trois ou quatre petites crises, pendant lesquelles elle allongeait ses jambes, m'indiquait ses hanches, et me témoignait, par des signes de satisfaction, qu'elle ressentait du soulagement lorsque j'y plaçais ma main.

Après son réveil elle resta une demi heure sans pouvoir parler, et son corps passa alternativement du froid au chaud.

Deuxième Séance.

Dans la journée *Annou* a pu marcher avec le secours de ses crosses.

Pendant son sommeil les mêmes crises que la veille se sont manifestées, mais avec plus de force : elle a fait avec ses

pieds des mouvements d'adduction, d'abduction et d'extension.

Impossibilité de parler, — point de clairvoyance, — déglutition pénible.

Je lui ai demandé si elle souffrait du gosier. Elle m'a fait
un signe négatif. Sans doute, il s'opérait un travail dans les
glandes salivaires.

A son réveil elle a eu une sueur froide, une forte quinte
de toux, de la chaleur à la peau, et a conservé une demi
heure de mutisme.

Troisième Séance.

La malade est arrivée chez moi sans le secours de ses
béquilles.

Les mêmes phénomènes de la veille se sont reproduits.

La déglutition a été plus facile, et le mutisme après le
réveil moins long.

Quatrième Séance.

Les mêmes crises que la veille ont reparu, mais moins
fortes.

J'ai demandé à *Annou*, dans son sommeil, si elle me
voyait : elle m'a fait un signe négatif.

Cinquième Séance.

Les mêmes crises ont eu lieu et leur durée a été plus
courte.

J'ai interrogé la malade ; elle m'a répondu par : *Oui* et

Non. Elle n'a pu voir ce qui lui était nécessaire ; elle répondait avec beaucoup de difficulté, et sa voix était si basse qu'à peine je pouvais l'entendre.

La lumière artificielle l'incommodait.

Sixième Séance.

Dès qu'*Annou* a été endormie, elle a répondu avec facilité aux questions que je lui ai adressées.

J'ai appliqué mes mains sur ses genoux, où se trouvait le siége principal de son mal, et à l'instant elle s'est frictionnée les pieds l'un par l'autre, avec une rapidité et une adresse merveilleuses ; dès ce moment elle a cessé de répondre à mes questions ; ce travail l'absorbait entièrement.

A peine réveillée, elle a levé précipitamment ses jupes, et, sourde aux observations de sa tante sur cette manière singulière d'agir, elle a détaché avec vivacité les linges et le coton qui enveloppaient ses genoux, et les jetant avec colère au milieu de l'appartement, elle s'est écriée :

« Au diable tout cela qui me gênait ! »

Puis elle a couru à ses souliers, qu'elle quittait pour pouvoir s'étendre sur le canapé, avec autant d'agilité que si elle n'avait jamais été privée de l'usage de ses jambes.

Je lui donnais tous les jours de l'eau magnétisée, qu'elle emportait chez elle pour qu'elle lui servit de boisson ordinaire. Il était vraiment curieux de voir avec quel empressement elle saisissait la bouteille qui renfermait cette eau, et la tendresse avec laquelle elle la pressait sur son cœur. Il ne fallait pas que chez elle quelqu'un se permit d'y toucher ; elle l'aurait défendue avec l'acharnement d'une lionne à qui l'on veut enlever ses petits. On s'amusait parfois à faire semblant de vouloir boire de son eau, et ce jeu donnait lieu à des scènes intéressantes et comiques tout à la fois.

Je donnais à cette eau, par la pensée, le goût que je voulais, et, dans son état de veille, elle le reconnaissait de manière à ne jamais se méprendre.

Septième Séance.

Comment rendrai-je cette séance, qui arracha des larmes d'admiration et d'attendrissement aux personnes qui assistaient au traitement d'*Annou* !

Cette intéressante enfant tomba dans une extase dont il est impossible de décrire la grâce et l'onction.

Elle me fit signe doucement de la main de m'éloigner, puis tout-à-coup nous la vîmes envoyer des baisers vers le ciel, faire le geste d'appeler quelqu'un vers elle, et un instant après recommencer à envoyer des baisers en signe d'adieux, comme à une personne qui s'éloigne. Elle accompagnait cette scène muette, qui se renouvela plusieurs fois, de nombreux signes de croix ; sa figure était rayonnante de beauté et ses traits respiraient une béatitude céleste.

Cette extase dura environ cinq minutes.

Ensuite elle se magnétisa d'une manière admirable, m'appelant seulement pour les reins, les hanches et les genoux, parce qu'elle manquait de force pour le faire elle-même ; pas un endroit de son corps ne fut oublié : elle passa en revue toutes les articulations.

Elle commença à magnétiser les phalanges de la main droite avec les doigts correspondants de la gauche et réciproquement, avec une adresse, une grâce et une précision merveilleuses, en faisant des milliers de petits cercles et de croix, accompagnés d'un baiser à chaque phalange et à chaque phalangette ; puis elle magnétisa ses pieds l'un par l'autre, de la même manière, avec une rapidité étourdissante et en remplaçant les cercles, les croix et les baisers, par des frictions d'un pied contre l'autre ; le mouvement des doigts se distinguait parfaitement à travers les bas, et ils frappaient sur les phalanges et les phalangettes avec la même précision que les doigts des mains ; de là elle passa aux articulations de la tête, de la figure, des épaules et de la poitrine. Les coups dont elle frappait les maxillaires et le sternum étaient retentissants.

Huitième Séance.

Annou Serre s'est magnétisée comme la veille. L'état d'extase ne s'est pas reproduit ; il a été remplacé par un repos complet, qui a succédé à sa magnétisation.

Neuvième Séance.

Sommeil paisible.

Avant de se faire réveiller, la malade s'est relevée à demi et s'est glissée plusieurs fois le long du canapé, pour frictionner l'épine dorsale, qu'elle m'a enfin prié de lui magnétiser ; puis elle a allongé son corps autant qu'elle a pu, en lui donnant une position convexe, qu'elle a conservée un instant avec la raideur d'une barre de fer.

Dixième Séance.

La malade a fait quelques mouvements d'extension, puis elle a gardé une immobilité complète.

Je n'ai pas cru devoir troubler son repos par des questions.

Onzième Séance.

Même repos et mêmes mouvements d'extension que la veille.

Refus obstiné de répondre à mes questions.

Douzième Séance.

Continuation du repos et des mouvements d'extension.

Je n'ai pu obtenir que cette réponse :

« Je n'ai plus besoin d'eau magnétisée ; je ne dois dormir que jusqu'à dimanche prochain. »

Treizième Séance.

Repos complet.

J'ai donné à *Annou* l'ordre impérieux de me répondre.

D. Quand seras-tu guérie ?

R. Dimanche.

D. Examine ta maladie, caractérise-la, vois ce qui en serait résulté si tu n'avais pas été magnétisée, et conserve, à ton réveil, le souvenir de ce que tu auras vu, pour le dire à ta tante.

R. Oui.

D. As-tu du mal à la tête ? — *Signe d'impatience* — Je t'ordonne de me répondre.

R. — *Avec humeur* — Eh bien ! oui.

D. D'où provient-il ?

R. — *Prenant le cubitus du bras gauche* — D'une blessure que je me fis là.

D. Que faut-il faire pour guérir ce mal ?

R. Continuer à me frictionner la tête avec de l'huile d'olive.

D. Cela suffira-t-il ?

R. Oui.

D. Seras-tu guérie de tes genoux dimanche, comme tu l'as annoncé ?

R. Je serai guérie des jambes et de tout mon mal, excepté de celui de la tête ; mais pour cela les frictions d'huile d'olive suffiront. Le Magnétisme n'est plus nécessaire.

Quatorzième Séance.

Avant d'endormir *Annou* je l'ai questionnée, pour savoir si elle se rappelait de ce que je lui avais ordonné la veille, et si elle l'avait fait.

D. Te rappelles-tu de ce que je t'ai ordonné hier ?

R. Parfaitement.

D. As-tu dit à ta tante ce que je t'avais recommandé ?

R. Non : je ne l'ai pas vue.

D. Alors dis-le moi.

R. J'avais des douleurs rhumatismales, des tumeurs froides aux genoux, et j'aurais été estropiée toute ma vie si vous ne m'aviez pas magnétisée.

Dès qu'elle a été endormie elle a plaisanté avec moi, et a parlé avec une facilité, poussée jusqu'au babil; elle s'est mise à me raconter un tas d'historiettes enfantines. J'ai profité de cette disposition pour l'interroger.

D. Tes reins auraient-ils souffert des suites de ta maladie?

R. May qu'un biél pastré (plus qu'un vieux berger).

D. Que faisais-tu l'autre jour quand tu envoyais des baisers au ciel, et que tu semblais appeler quelqu'un de la main?

R. Je voyais le bon Dieu qui venait vers moi. Quand j'envoyais des baisers vers le ciel, c'est qu'il y remontait, et c'était en signe de remerciment et de reconnaissance pour ma guérison merveilleuse, puis je le suppliais avec la main de redescendre. C'est pour être seule avec lui que je vous ai fait éloigner.

Je l'ai quittée un instant pour soigner un autre malade, que je traitais en même temps qu'elle; elle m'a réclamé de suite.

D. Où est Monsieur Olivier?

R. Me voilà : tu me veux donc toujours auprès de toi?

D. — *D'un ton boudeur* — Oui.

R. Il faut bien que je soigne les autres malades! — *Signe de mauvaise humeur.* — Ne boude pas, allons! je ne te quitterai plus.

D. Eh, bien! reste là. — *Elle frappe sur le canapé.* —

R. Tu ne bouderas plus?

D. — *Avec un sourire malicieux et d'un air satisfait* — Non.

R. Quand veux-tu que je te réveille?

D. Pas encore : je suis trop bien.

R. Cela ne te fera pas de mal de dormir si longtemps ?

D. — *Avec une gaîté folle* — Va toujours ! je suis trop bien…,. C'est fort, c'est bien fort, plus fort que du vinaigre : M. ***, son Médecin, n'a pas pu me guérir avec ses cataplasmes et ses drogues, et M. Olivier m'a guérie par le Magnétisme. Il me tarde d'avoir une corde pour sauter. Victoire ! victoire plus grande que la France ! *Soy guérido, qué soy counténto !* (Je suis guérie, que je suis contente).

Elle a recommencé ses historiettes d'enfant ; j'ai laissé un libre cours à son petit bavardage, et je ne l'ai réveillée qu'après deux heures de sommeil.

En se levant, sa figure était radieuse, son corps, contrefait quelques jours auparavant, s'était redressé, ses membres s'étaient développés, sa taille et sa démarche avaient pris de la grâce comme par enchantement ; elle était ravissante de fraîcheur et de beauté.

Quinzième Séance.

Pendant son sommeil *Annou Serre* est d'une gaîté folle ; elle rit et joue constamment avec moi, m'exprime sa satisfaction d'être guérie et me donne des témoignages touchants de reconnaissance et d'affection. Elle revient sur ses historiettes de la veille, donne plusieurs fois au Médecin qui l'avait soignée une épithète peu flatteuse, remercie la Providence de sa guérison miraculeuse, et promet que, si jamais elle a le malheur de retomber malade, elle n'aura recours qu'au Magnétisme.

J'ai voulu m'éloigner un instant, elle a pleuré aux sanglots ; je me suis rapproché pour la consoler. Après un moment de bouderie, elle a frappé du poing avec colère sur le canapé et s'est écriée :

« Je ne veux pas que tu me quittes ! reste là. »

Comme dans ses derniers sommeils elle se plaisait à jouer avec une bague que je portais, je lui dis :

D. Mon enfant, tu serais heureuse d'avoir une bague ?

R. O, oui, Monsieur !

D. Eh bien ! je t'en promets une.

R. Quel bonheur ! je vous jure que je ne la quitterai jamais, et que je la ferai enfermer dans ma tombe quand je mourrai.

D. Veux-tu encore dormir demain ? (C'était la veille du Dimanche qu'elle avait indiqué pour terme à ses sommeils.)

R. — *D'un ton bref* — Non : cela me ferait mal.... A présent je suis si bien guérie, que lorsque je passerai dans la rue on dira : « Quelle belle femme ! »

D. Il y a bien longtemps que tu dors et cela pourrait te faire du mal ; veux-tu que je te réveille ?

R. Non : je suis si bien !.... — *Avec une gaîté folle* — Marche toujours !... ne crains rien.

Elle ne voulut être réveillée qu'après plus de deux heures et demie de sommeil, et, à partir de ce jour, elle n'est plus revenue se faire magnétiser, et a été parfaitement guérie.

A l'appui de cette relation je crois devoir donner celle que me remit, quelque temps après la guérison d'*Annou Serre*, le docteur polonais *Lopatenski*, qui avait assisté assidûment à son traitement, afin que le lecteur puisse juger si je m'écarte de la vérité dans mes récits. Je pourrais, au besoin, invoquer des témoignages aussi irréprochables pour tous les traitements que je rapporte. Si j'entre dans ces détails, c'est qu'avec la résistance que rencontre le Magnétisme, je tiens par-dessus tout à ne pas laisser planer l'ombre d'un doute sur ma bonne foi et la réalité des faits que je livre à l'appréciation de ses amis et de ses ennemis.

« Sympathiser c'est soulager. »
« Sympathiser c'est aussi guérir. »

Sobre de toutes réflexions et discussions hypothétiques sur un principe insaisissable par nos sens à priori, et ne devenant apparent que par ses effets étonnants, nous nous bornerons à exposer simplement le fait tel que nous avons cru l'observer, en présence des plus honorables témoins, qui ont eu à cœur, aussi comme nous, de rechercher la vérité avec toute l'impartialité possible.

Le 11 du mois de mai 1858, nous fumes appelé à assister à un traitement magnétique, opéré en présence de témoins vénérables de la ville, et commencé, nous assura-t-on, depuis quelques jours seulement.

Transporté au domicile du Magnétiseur, notre premier désir était d'examiner préalablement la patiente avec toute rigueur, pour nous assurer que la maladie n'était pas simulée. A l'inspection attentive du corps de la malade, âgée de dix ans environ, nommée *Annou Serre*, d'un tempérament éminemment lymphatique, blonde, yeux bleus, nous présentant un aspect malade, teint pâle, beaucoup amaigrie, des rougeurs au tour des pommettes, et de l'oppression dans le larynx ; la peau inégalement chaude, beaucoup de lenteur dans les mouvements du corps, ne pouvant pas d'ailleurs se servir de ses jambes ni pour la marche ni pour la station, nous ne pûmes douter de la réalité et de la gravité de la maladie.

Après cet examen général, nous procédâmes à celui de ses jambes, qui ont été le motif de son traitement, et nous trouvâmes que les deux genoux étaient tellement enflés, que toute génuflexion était impossible. La tumeur, assez dure, paraissait de nature froide, contractée par le séjour prolongé dans un lieu humide tel que la maison de son père, savetier, également d'un tempérament lymphatique.

Les deux cataplasmes appliqués autour des genoux ne furent point ôtés, et on procéda au traitement par le Magnétisme. Après quelques *Passes* et au bout de quelques minutes la malade fut plongée dans le sommeil magnétique, qui dura deux quarts d'heure à peu près, et pendant lequel elle paraissait tout-à-fait insensible à son entourage, si ce n'est à la lumière artificielle d'une bougie allumée, par laquelle elle a été contrariée, quoique les yeux fermés.

A son réveil elle nous parut moins disposée et comme assoupie.

Le 12, la malade se transporta d'elle-même au domicile de son Magnétiseur, tandis que la veille sa mère l'avait apportée dans ses bras, et supportée seulement par des béquilles. Nous fûmes beaucoup étonné de voir notre petite malade tout-à-fait changée et disposée à se faire magnétiser, disant qu'il lui tardait beaucoup d'arriver à l'heure de son traitement. Dans quelques instants elle fut de nouveau endormie.

Pendant son sommeil elle ne présentait rien d'extraordinaire, sauf cette sensibilité qu'elle éprouvait toutefois pour la lumière artificielle.

Son réveil ressemblait presque au précédent.

Le 13, la malade se présenta sans béquilles au logement de son Magnétiseur et marchant sans aucun support, quoique à petits pas, car les douleurs rhumatismales l'empêchaient de bien exécuter le mouvement. La tumeur de ses genoux avait totalement disparu déjà.

La malade fut bientôt endormie après quelques *Passes*, et resta tranquille pendant quelque temps, à l'exception de quelques déglutitions qui nous annonçaient une irritation dans le larynx.

Le sommeil a été encore cette fois-ci assez calme.

Dans une demi heure elle fut réveillée, et nous remarquâmes qu'elle avait été plus gaie dans son sommeil, et pas autant étourdie à son réveil qu'autrefois. Cependant sa toux prenait plus de consistance chaque fois à son réveil.

Le 14, la malade parut à l'heure ordinaire. Pendant son sommeil elle nous présentait la plus grande sensibilité aux *Passes* de son Magnétiseur, qui les dirigeait vers les deux genoux.

Elle commença d'abord à lever ses jambes en l'air et à les étendre.

Dans trois quarts d'heure elle fut réveillée, et, à peine

ses yeux furent ouverts, elle arracha les deux cataplasmes qu'elle avait gardés jusqu'à ce jour, se leva en se tenant parfaitement droite comme par enchantement, et courut à ses souliers, qu'elle quittait pour se mettre sur le canapé.

A son réveil la toux a été aussi manifeste, mais la malade était bien gaie et disposée à converser.

Le 15, la malade revint à l'heure convenue, et, couchée sur le sofa, elle fut bientôt endormie. Pendant tout le sommeil elle exécuta les mouvements les plus extraordinaires, tant de ses jambes que de ses bras. Elle se servait des uns pour masser les autres, elle exécutait les mouvements d'adduction, d'abduction, de promotion, de supination, le tout combiné dans un mouvement de torsion dans des sens divers; avec les doigts de la main elle pinçait, elle pressait les articulations endolories des genoux, du tarse, du métatarse.

De là elle se transporta aux deux mains.

Ici elle a parcouru chaque articulation avec un ordre admirable, en y exécutant tantôt des cercles, tantôt des petites croix par la pression, en passant d'une phalange à l'autre, d'une plalangette à l'autre. Parvenue au thorax, elle le massait, elle le percutait avec le poing, de manière à nous faire entendre le retentissement; enfin elle exécuta de ses jambes et de ses bras les mouvements les plus capricieux et les plus convenables à mettre tous les muscles en action. Ses genoux, qu'on ne pouvait toucher sans exciter les plus grandes douleurs, maintenant, elle les pinçait impunément. Parvenue à la hanche, à l'articulation *ilio-fémorale*, elle frappait de toutes ses forces à l'endroit qui s'opposait à la marche; elle massait véritablement toutes les parties qui arrêtaient le mouvement.

Dans une heure, à peu près, elle fut réveillée, se trouvant beaucoup mieux, et courant après ses souliers comme si elle n'avait jamais été malade.

Le 16, la malade vint toute contente d'être magnétisée ; Elle commença de nouveau le travail de la veille : elle débuta d'abord par les deux mains, et les sillonna par un millier de cercles et de croix, puis elle magnétisa ses pieds l'un par l'autre, au moyen de leurs doigts par des frictions réciproques ; elle touchait chaque articulation, elle procédait avec un ordre suprême, pour exécuter tous ces mouvements.

Le sommeil dura plus d'une heure, après quoi elle fut réveillée sans se ressouvenir de rien.

Nous ne devons pas oublier de dire que dans une séance, et nous croyons que ce fut dans une extase magnétique, elle haussait les bras vers le ciel et envoyait des baisers, comme pour rendre grâce au créateur ; ses gestes avaient un charme inexprimable.

Le 17, la malade revint avec les mêmes dispositions qu'hier, et, après quelques *Passes*, elle fut bientôt plongée dans le sommeil, comme les jours précédents.

Encore aujourd'hui, elle exécuta quelques mouvements ; plutôt de ses jambes que de ses bras ; et puis elle les concentra sur la *rachis*. A cet effet elle se glissait toujours sur son dos, comme pour descendre, et voyant que cela ne lui suffisait pas, elle fit un signe à son Magnétiseur pour l'inviter à l'entraider dans son travail ; elle lui indiqua le mouvement, qui fut celui de la douce pression le long de la moëlle épinière.

Le Magnétiseur voulant la faire parler, ce qu'elle n'avait pu faire jusqu'à ce jour à cause de son larynx embarrassé, lui proposa quelques questions, et parvint à lui faire prononcer : *oui*, *non*. Quelques minutes plus tard elle s'écria d'elle-même :

« *Oh, soy guérido, qué soy counténto.* » — « Je suis guérie, que je suis contente ! »

Et en effet, de ce moment elle fut guérie, car elle marchait dès à présent avec toute l'aisance possible, comme si elle n'avait jamais été malade.

Le 18, la patiente revint encore pour compléter son traitement. Aussitôt plongée dans le sommeil, elle fut interrogée par son Magnétiseur, qui lui demanda s'il fallait la magnétiser encore longtemps.

Après quelques moments d'hésitation, elle parvint à lui dire qu'il fallait encore la magnétiser jusqu'au dimanche, qui était le 20 mai, et réellement elle vint encore samedi, le 19, à la même heure, et le dimanche aussi. Pendant ces derniers sommeils elle fut très-causeuse, fort gaie, et dormit plus longtemps que de coutume.

Le lundi elle n'a plus reparu, et depuis ce temps nous la voyons s'amuser avec ses camarades sur la place, jouissant de la plus belle santé.

Fidèles à ce que nous avons mis en tête de cet écrit, nous nous abstenons de toute interprétation et nous signons le fait.

LOPATENSKI, d.-m.-p.

Béziers, le 17 juin 1838.

ACCÈS DE FIÈVRES.

EFFET RÉPULSIF DU MAGNÉTISME.

Le petit Pierre, fils d'un jardinier, avait les accès de fièvres depuis deux mois : la quinine ne pouvant les arrêter, et son père ayant entendu dire que j'avais guéri plusieurs personnes de cette maladie, vint me prier de magnétiser son fils. Comme cet enfant avait constamment froid, je prenais ses mains dans les miennes, et je les réchauffais au point de provoquer d'abondantes sueurs.

Le sixième jour de son traitement, je vis arriver chez moi le père et la mère désolés ; je craignis qu'il ne fût arrivé quelque accident à leur enfant, et je leur demandai le motif de leur tristesse. Ils me répondirent :

« Ah, Monsieur ! notre enfant va de mieux en mieux, mais nous sommes au désespoir par rapport à vous. Nous venons de nous apercevoir, aujourd'hui seulement, qu'il a la gale ; comme vous lui pressiez les mains, nous craignons que vous l'ayez prise, que vous supposiez qu'il l'avait quand il est venu ici, et que nous vous l'avons caché. Il la tient d'un de ses cousins, qui est venu nous voir il y a quelques jours, et que nous avons fait coucher avec lui. Nous vous demandons bien pardon : mon Dieu ! mon Dieu ! c'est un double malheur, car vous ne voudrez pas continuer à le magnétiser. »

Je rassurai ces braves gens ; je leur fis voir que je n'avais pas pris le mal de leur fils, et je les engageai à me l'envoyer, comme de coutume.

Quinze jours après l'enfant fut guéri de ses accès ; seulement je m'abstins de le toucher.

Le même fait m'est arrivé pour une gale vénérienne, qu'on me cachait avec soin. Il est vrai que la malade, craignant que je m'en aperçûs, partit le troisième jour de son traitement.

FLUXION DE POITRINE.

Depuis deux jours *Rose Serre*, ma domestique, était malade, et j'étais surpris qu'elle ne demandât pas à être magnétisée, après les cures dont elle avait été témoin, et surtout celle de sa nièce, *Annou*. Cependant le troisième jour, sa maladie prenant un caractère très-grave, je dis à ma mère, que, si *Rose* ne parlait pas de se faire magnétiser, il fallait appeler un Médecin, pour que, dans le cas où la maladie tournerait mal, on ne m'accusât point de l'avoir laissée périr faute de soins, et à cause de ce que certaines personnes appelaient, ma marotte pour le Magnétisme.

Depuis trois jours qu'elle s'était alitée, la maladie avait fait des progrès effrayants ; la figure de la malade était en feu, il s'était déclaré une toux extrêmement sèche et sans expectoration, la peau était dans un état complet d'hérétisme, il existait une pointe de côté très-aiguë, enfin il était impossible de ne pas reconnaître la présence d'une fluxion de poitrine bien caractérisée. A minuit elle se décida à me faire prier de la magnétiser. Craignant d'avoir été appelé trop tard, j'hésitai un instant pour savoir si je ferais appeler un Médecin. Ma confiance dans le Magnétisme l'emporta sur mes craintes, et je me mis à la magnétiser, à grands courants, avec toute mon énergie, pendant deux heures sans interruption.

Dans la nuit elle sua si abondamment, qu'on eût dit qu'on l'avait plongée dans un bain ; la sueur traversa matelas et paillasse ; l'on fut obligé de la faire changer trente fois de chemise.

Le lendemain elle était sauvée, et le cinquième jour elle reprit son service, sans avoir pris d'autre remède que des adoucissants.

Il ne se manifesta pendant son traitement d'autre phénomène que la somnolence.

SUITE DE COUCHES.

Depuis deux ans environ Madame R... était malade, des suites d'un accouchement laborieux, et malgré tous les secours de la Médecine, sa maladie s'était aggravée, au point que l'heure de son agonie avait sonné. Ses jambes, ses cuisses et son ventre étaient horriblement enflés; c'était à peine si l'on pouvait parvenir à lui faire avaler quelques gouttes des potions qu'on lui administrait. Le Médecin déclara à son mari qu'elle n'avait plus que vingt-quatre heures à vivre, et lui donna pour dernier conseil de la faire magnétiser par moi. M. R... vint me trouver; je lui promis de me rendre chez lui dans la journée; en y allant, le hasard me fit rencontrer le docteur, qui me dit :

« Tu peux essayer de sauver Madame R...; j'en ai donné le conseil, sans compter sur la réussite, car je te déclare qu'elle mourra cette nuit; elle ne peut aller plus loin, et je me tromperai fort si elle arrive à demain matin. »

Trois jours après, Madame R... était presque désenflée et avalait avec facilité; le huitième jour, ses enflures avaient totalement disparu, elle commençait à manger et à digérer, grâce à deux magnétisations de trois heures chacune par jour; enfin au bout d'un mois, l'appétit étant revenu et la digestion se faisant sans difficulté, elle renaissait à la vie, et un bon somnambule, qui ne lui ordonna que de l'eau ferrée, exposée au serein et magnétisée, donnait l'assurance que je la ferais vivre longtemps, et l'espoir d'une guérison radicale.

Le docteur s'attendant à la mort de Madame R..., d'un instant à l'autre, n'avait plus reparu.

Quand j'arrivais chez Madame R..., il lui semblait voir la Providence, et rien n'égalait son impatience lorsque l'heure de sa magnétisation approchait. Il y avait environ un mois et demi que son traitement était commencé, elle marchait à grands pas vers sa convalescence, lorsque, à mon grand étonnement, à peine je la magnétisais depuis cinq minutes, elle me demanda si j'aurais bientôt fini. Remarquant qu'elle supportait mes *Passes* avec impatience, je les cessai et je continuai de la magnétiser, à son insu, par la pensée. Le lendemain, même observation de sa part, même condescendance de la mienne. Voyant que sa répugnance persistait, je ne pus l'attribuer à un caprice passager, et je soupçonnai quelque influence secrète. Je dus m'en expliquer franchement avec elle, et je lui dis :

« Madame, après le bien incontestable que vous a fait le Magnétisme, votre conduite depuis quelques jours n'est point naturelle ; je ne veux pas chercher à en pénétrer la cause ; vous paraissez avoir envie de l'abandonner, et vous n'osez me le dire. Je vais passer trois jours à la campagne ; pendant mon absence vous réfléchirez, car je ne veux pas forcer votre volonté, et, si vous aimez votre santé et votre famille, vous me ferez appeler à mon retour, mais à la condition que vous me laisserez agir librement, parce qu'en me forçant à vous magnétiser par la pensée, vous rendez mon action plus lente, et vous me fatiguez en pure perte. Cette lutte entre nous deux deviendrait insensée, si nous la prolongions; il faut donc y mettre un terme. »

Madame R... me répondit d'une manière évasive ; je compris qu'elle était bien aise d'être débarrassée du Magnétisme.

Je partis et je revins le troisième jour, comme je l'avais promis. A quatre heures du matin on frappe chez moi, et l'on m'annonce qu'on vient me prier de me rendre en toute hâte auprès de Madame R..., qui se meurt, et demande à me voir. Je la trouve dans un état effrayant ; elle était devenue plus enflée que jamais, et sa figure était déjà couverte des ombres de la mort. Sans me permettre la moindre observation, je me place auprès de son lit, et je la magnétise de toutes mes forces pendant plus de deux heures. Ses regards étaient constamment attachés sur les miens ; ils avaient une expression que je ne puis rendre, et que je n'oublierai jamais ; elle faisait d'inutiles efforts pour me parler, et le mouvement de sa tête, accompagné d'un triste sourire, m'indiquait qu'il était trop tard, et que mes soins étaient superflus. Elle succomba dans la matinée, en me lançant un dernier regard de reconnaissance.

Douloureusement affecté de cette mort, si prompte, étonné que le mal eût repris un tel empire en si peu de jours, ne doutant point qu'il y eût quelque mystère là-dessous, je pressai M. R... de questions. Il finit par m'avouer que le docteur, sachant que sa femme allait de mieux en mieux, était revenu depuis dix jours, et qu'on me l'avait caché soigneusement, dans la crainte que cela me déplût ; que vingt-quatre heures avant mon retour, il avait fait prendre à sa femme des pillules, dont l'effet funeste et rapide avait effrayé le docteur lui-même, car, quelques heures après les avoir avalées, les enflures de la malade étaient revenues plus fortes que lorsque j'avais commencé son traitement.

J'ai eu à déplorer un événement semblable sur une autre malade, que j'avais miraculeusement ramenée des portes du tombeau ; cette fois ce fut une application intempestive de sangsues, sous le nez, qui produisit un effet aussi prompt et aussi funeste.

RETARD DANS L'APPARITION DU FLUX MENSUEL.

LUXATION D'UN BRAS.

Marion avait seize ans, et la nature lui refusait obstinément la crise d'où dépend chez les femmes la santé, et
quelquefois la vie ; ce retard la rendait constamment souffrante et maladive. Elle devint somnambule et fut guérie
dans un mois, sans prendre aucun remède.

D'un caractère fort enjoué, ainsi que *Mélanie*, elle était
toujours disposée à plaisanter, dans ses sommeils comme
dans son état de veille. Elle n'aimait point à faire un usage
sérieux de sa clairvoyance, et, respectant cette disposition,
je ne m'en servais que pour des maladies légères.

Dans son état de veille elle ne parlait que patois, mais
quand elle dormait, elle avait la rage de parler français, et
quel français, grand Dieu ! Rien n'était comique comme son
jargon : si je m'éloignais elle se plaignait, et si je sortais du
salon, elle suivait tous mes mouvements dans la maison, et
disait :

« Va ! va ! c'est joli : tu me quittes, mais ce ne sera pas
pour longtemps... Oui ! oui !... monte... Descends à présent !
Tu crois que je ne te vois pas ?... O, il viendra bientôt !...
le voici... J'avais bien dit qu'il ne resterait pas longtemps...»

On était sûr de me voir paraître dès qu'elle l'annonçait.

Marion se présente un jour chez moi le bras droit en écharpe ; je lui demande quel accident lui est survenu : elle me raconte que, la veille, elle s'est démis le bras en faisant un fagot de bois, qu'on le lui avait mal remis, qu'elle avait été obligée de supporter une seconde opération, et qu'elle souffrait horriblement.

Dès qu'elle fut endormie, je pris son coude dans mes deux mains, et je le magnétisai pour calmer sa douleur et prévenir les suites de cet accident. Au bout de cinq minutes, elle me dit :

« C'est assez, Monsieur, mon bras est guéri. »

Je pensai que c'était une façon de parler, et qu'elle voulait dire qu'elle était soulagée, ou qu'elle ne souffrait plus. Dès qu'elle fut réveillée, sa cousine lui dit, en riant :

D. Puisque tu as prétendu que tu étais guérie, essaye de te décoiffer et de te coiffer toute seule.

R. Mais tu es folle ! est-ce que j'ai dit cela ? Tu sais bien que c'est toi qui m'as habillée et qui seras obligée de me déshabiller, tant que je ne pourrai pas me servir de mon bras. Comment veux-tu que j'aie dit que j'étais guérie ? — *S'adressant à moi* — Est-ce vrai, Monsieur, que j'ai dit cela ?

Je le lui affirme, et je l'engage à assayer de se servir de son bras. Elle me regarde avec surprise, porte ses yeux sur son bras en écharpe, et lui fait faire, avec hésitation, un léger mouvement. Ne sentant point de douleur, elle le sort avec crainte du foulard qui le supportait ; encouragée par cet essai, elle l'élève à la hauteur de sa tête, et, à notre grande surprise, comme à la sienne, elle se décoiffe et se recoiffe, sans éprouver ni difficulté ni douleur. L'ordre était complétement rétabli, et son bras ne se ressentait plus de l'accident de la veille.

Dans le premier désordre occasionné par la mort de Madame R..., on commit un vol dans sa chambre ; des bijoux précieux disparurent. Huit jours après la domestique demanda son congé, et les soupçons tombèrent sur elle. M. R... me pria de faire faire des recherches par ma somnambule. J'y consentis, sans répondre du succès, à la condition expresse qu'on ne mettrait pas la coupable entre les mains de la justice, si je parvenais à la faire découvrir. M. R... le promit, et tint parole.

Marion suivit toutes les démarches de la voleuse, fit connaître les liaisons qu'elle avait, à l'insu de ses maîtres, avec une domestique étrangère à la maison, elle indiqua dans quelles circonstances ces liaisons s'étaient formées ; elle la suivit dans deux maisons, dont l'une était celle où servait sa camarade, qui lui avait refusé de recéler le vol ; enfin elle la vit entrer dans une troisième, et y déposer les objets volés : mais à peine *Marion* eut vu cette maison, qu'elle disparut à ses yeux. Elle fit de vains efforts pour la retrouver et nous l'indiquer ; non-seulement elle ne put pas trouver la maison, mais il lui fut impossible de désigner la rue.

On fut adroitement aux informations, et tous les détails que *Marion* avait donnés se trouvèrent parfaitement exacts.

SUPPRESSION DU FLUX MENSUEL.

La cousine de *Marion*, Mlle *Fanny* F..., avait commis l'imprudence de prendre un bain de pieds dans les eaux vives de la montagne, au moment de son époque critique ; il s'en était suivi une suppression instantanée du flux mensuel, qui avait entraîné de graves désordres. Son teint était devenu terreux et d'un jaune verdâtre, son corps était constamment glacé, et son estomac ne digérait que très-difficilement. Cet état durait depuis trois ans quand elle se fit magnétiser ; trois mois suffirent pour rétablir complétement la circulation du sang, et faire disparaître les traces de sa maladie.

Depuis plus d'un mois que Mlle *Fanny* était somnambule, malgré ses dénégations, je soupçonnais qu'elle était clairvoyante, et toutes mes ruses, pour m'en assurer, avaient échoué. Enfin, un jour elle se laissa prendre à une question insidieuse et fut obligée d'avouer sa lucidité. Je lui demandai pourquoi elle m'en avait fait un mystère. Elle me répondit, qu'en voyant que je faisais parler sa cousine pendant son sommeil, elle s'était bien promis que si jamais elle devenait somnambule clairvoyante, elle me le cacherait ; que jusqu'à présent elle avait déjoué toutes mes ruses, et que je venais de profiter d'un moment d'oubli pour la forcer à se trahir. Je m'empressai de la rassurer ; il fut convenu entre nous, que je ne mettrais sa clairvoyance à l'épreuve, que lorsqu'il n'y aurait point d'étranger.

Je conduisis Mlle *Fanny* à Paris, par la pensée, et une fois arrivée je l'abandonnai à elle-même. Elle fut au palais royal, dont elle n'avait jamais entendu parler, et m'en donna une description fort exacte : la beauté des magasins excitait surtout son admiration ; j'eus beaucoup de peine à l'arracher à sa contemplation. Je lui ordonnai, toujours par la pensée, de se transporter dans un autre quartier, à son choix. Aû bout d'un instant elle s'écrie :

« Ah, Monsieur ! il y a un bal ici ; laissez-moi entrer.... quel beau monde !... quelles belles toilettes !... Elle paraissait en extase : je la laissai jouir quelques minutes de ce spectacle, et, à son grand regret, je la ramenai dans les rues. En cheminant elle aperçut un magasin, et me dit :

« Voilà une demoiselle qui est de Beziers : comme elle est bien coiffée !... c'est la fille de M. C... Quels beaux magasins dans cette ville !... quelle foule partout !... C'est assez, Monsieur ; ramenez-moi à Beziers... ne me quittez pas au moins ; je me perdrais dans cette ville immense... Que de pays je vois !... comme nous allons vite !... comme les villes et les villages passent rapidement !... est-ce que la tête ne vous tourne pas ?... Nous avons mis dix minutes pour aller et sept minutes pour revenir : nous voici de retour ; laissez-moi un peu reposer, et puis vous m'éveillerez. »

Je pensais que ma somnambule avait commis une erreur au sujet de la demoiselle qu'elle avait vu, et qu'elle disait être de Beziers, parce que je croyais connaître toute la famille

30

de M. C... Quelques jours après je rencontrai M. C... et je lui demandai s'il avait une demoiselle qui fût placée dans un magasin de modes à Paris ; il me répondit que c'était vrai, qu'il n'était pas étonnant que je ne le sûs pas, parce que sa fille était partie fort jeune, à une époque où j'étais absent du pays. Mlle *Fanny* l'ignorait aussi, car elle n'était pas née quand ce départ avait eu lieu, et elle n'avait absolument aucune relation avec la famille C...

Je ne puis résister au désir de raconter deux petites anecdotes, assez comiques, qui me sont arrivées à l'époque où je magnétisais Mlle *Fanny*.

Pendant que j'étais occupé à soignez cinq ou six malades, ma domestique introduit un étranger, qui, sans saluer, sans mot dire, promène un regard curieux et défiant sur mes crisiaques. A la rondeur et au sans façon de ses manières, à sa tenue très-propre, mais en veste courte, je reconnus de suite qu'il appartenait à cette classe de propriétaires aisés de village, qu'on appelle des *ménagers*. Je m'avance vers lui :

D. Qu'y a-t-il pour votre service, Monsieur ?

R. On m'a dit que c'était ici qu'on guérissait les accès de fièvres.

D. Il est vrai que j'ai eu le bonheur d'en guérir : après ?

R. J'ai un fils qui les a depuis quatre ans, et qui ne peut s'en débarrasser malgré tout ce qu'il a fait. Si vous voulez le guérir, je vous payerai bien.

D. Je dois d'abord vous faire observer que je ne fais pas un métier, et que je ne prends pas d'argent. D'ailleurs, vous voyez comme je suis occupé ! je ne puis disposer d'un moment, et c'est à regret que je refuse de me charger de traiter votre fils.

R. Cependant si vous vouliez le guérir je vous payerais bien.

D. Mais je vous ai dit que je ne me faisais pas payer ! — *Après un moment d'hésitation et entraîné par le désir d'obliger* — Dites à votre fils de venir chez moi à cette heure-ci, et je le traiterai en même temps que les malades que vous voyez.

R. Ce n'est pas possible : cela dérangerait trop mon fils de ses affaires. Si vous voulez venir chez nous, je ne m'y oppose pas, et je vous payerai bien.

D. Encore !... mais je vous répète que je ne prends pas d'argent ! — *En souriant* — Il me semble que si quelqu'un doit se déranger, c'est votre fils et non pas moi : et où restez-vous ?

R. Près de la mer, à *Sérignan*.

D. A deux lieues d'ici ?... et vous voulez ?... Mais brave homme, vous n'y pensez pas ! ma journée se passerait sur la grande route.

R. Ah ! c'est comme ça : je consens à ce que vous veniez chez nous, je ne m'y oppose pas, et je vous payerai bien.

Ce diable d'homme tenait absolument à cet éternel refrain ; il voulait me payer à tout perdre.

Je lui réponds que ses offres sont fort séduisantes, que je regrette de ne pouvoir les accepter, je lui fais un salut de congé, et voilà mon original parti. En sortant de chez moi il aperçoit le voisin qui lui avait indiqué ma maison ; il l'accoste , et lui dit :

« Je savais bien que ce Monsieur était un charlatan , il ne veut pas qu'on le paye ! c'est égal ; quand vous le verrez , dites-lui que je consens à ce qu'il vienne guérir mon fils chez moi , et que je le payerai bien. »

Le voisin n'eut rien de plus empressé que de venir me raconter , en riant aux éclats , cette singulière manière d'envisager la chose.

Je recevais de temps en temps la visite de quelques prêtres. Un bon vieux Curé des environs se retirait de chez moi, ébahi des phénomènes qu'il venait de voir ; un remords de conscience le prend , il revient sur ses pas , me tire à l'écart, et me dit :

« Je vous connais trop , Monsieur , pour douter de votre bonne foi , je ne puis pas non plus supposer que , pour produire des effets si extraordinaires, vous mettez quelque chose à vos doigts , puisque vous avez eu la complaisance de me permettre de m'en assurer. Mais entre nous , n'auriez-vous pas fait un pacte avec le Diable pour produire de semblables merveilles ? »

A cette question singulière , faite avec un air de candeur et de parfaite bonhomie , je ne pus réprimer un sourire , et je répondis :

« D'abord , Monsieur le Curé , je vous serais infiniment obligé de m'enseigner comment il faudrait s'y prendre pour pactiser avec le Diable ; en outre , vous voyez que le Magnétisme sert à faire de bonnes œuvres, et je doute fort qu'une association qui aurait le *bien* pour but et pour résultat fût du goût de Satan. »

O , me dit-il , il est si fin ! c'est pour vous séduire et mieux vous enlacer, qu'il vous aide à faire le *bien*, mais vous verrez plus tard ! »

« En ce cas , répliquai-je , si cette alliance était réellement possible, ce serait lui qui serait attrapé, car je profiterais en attendant du *bien* qu'il m'aiderait à faire, sauf à me séparer de lui quand il voudrait me pousser au *mal*. Mais rassurez-vous , Monsieur le Curé ; comme je vous l'ai dit, le Magnétisme est une faculté curative et bienfaisante qui est en nous et que Dieu , dans sa bonté , a mise dans notre organisme.

Le bon vieillard se retira un peu plus tranquille , mais non sans me répéter en hochant la tête :

« Méfiez-vous du Diable , Monsieur, méfiez-vous-en! il est si fin !... »

EXPÉRIENCE.

LE MAGNÉTISEUR MAGNÉTISÉ.

A la suite de quelques conversations sur le Magnétisme, le docteur C... me pria de le magnétiser; mais, comme la plupart de ses confrères, malgré les effets qu'il éprouva, et qui annonçaient une constitution maladive, il s'obstina à ne considérer dans le Magnétisme qu'un phénomène physiologique et non un moyen curatif, et refusa, après trois ou quatre séances, de suivre un traitement. Environ deux mois plus tard nous nous rencontrâmes chez le marquis de B...; il remit sur le tapis la question curative du Magnétisme, et, pour me prouver qu'il n'était point nécessaire d'être malade pour ressentir des effets, il me proposa de me magnétiser et de m'endormir, à la condition cependant que je n'userais pas de la supériorité de mes forces pour réagir sur lui. J'acceptai sa proposition.

Je prends un fauteuil, je m'accoude nonchalamment, je fixe un angle de l'appartement, et je me mets à rêver aux corneilles, afin de rester tout à fait étranger à ce qui allait se passer. Le docteur s'installe dans un autre fauteuil en face de moi, et commence à me magnétiser. Mon esprit voyageait depuis quatre ou cinq minutes, et s'il était vaguement ramené dans le salon du marquis de B..., c'était par l'ombre du bras du docteur; tout à coup cette ombre disparait, je tourne les yeux, et j'aperçois, renversé sur le dos de son fauteuil, le pauvre docteur, haletant, couvert de sueur et endormi.

Il s'était magnétisé par moi sans la participation de ma volonté.

Il fallut changer de rôle, et de magnétisé devenir magné-tiseur. Je le calme; après quelques instants de repos, je le réveille. Quand il fut complétement revenu à lui, je lui dis :

« Eh bien, docteur, que pensez-vous de ceci? j'espère que l'expérience est concluante : vous l'avez faite sur vous-même, et vous ne pouvez nier la bonne foi que j'y ai mis. Je vous donnerais bien un conseil; ce serait de vous faire magnétiser, car vous en avez besoin, mais vous ne le suivriez pas; je vois à votre air que vous pensez qu'il vaut mieux, pour l'honneur du corps, mourir dans le giron de l'Eglise que de se sauver en dehors. »

Le docteur C... sourit de manière à confirmer mon inter-prétation.

RHUMATISME.

M. R... était resté cloué pendant six mois dans son lit par un rhumatisme, et il souffrait encore tellement, qu'il pouvait à peine se soutenir sur ses jambes, surtout lorsque le temps voulait changer. Il logeait dans la même maison que le marquis de B...; m'y trouvant au moment où il lui faisait une visite, je lui témoignai le regret de ce qu'il ne s'était pas fait magnétiser lorsque sa maladie s'était déclarée. Il m'opposa son incrédulité, et je n'insistai pas. Un instant après il nous dit :

« Voyez comme mes doigts s'enflent à vue d'œil ! c'est un baromètre certain, le temps va changer. »

En effet, ses doigts s'enflèrent progressivement, et le vent tourna subitement du nord au sud.

Sans le prévenir de mon intention, je prends ses deux pouces dans mes mains, et je le magnétise. Dans moins d'une minute il s'écrie :

« Que me faites-vous là ? quelle chaleur !... mais vous me brûlez !... »

Ce dernier mot expire sur ses lèvres, et il tombe en somnambulisme. Un quart d'heure après je le réveille. Le lendemain il consentit à se laisser magnétiser, et après la séance il put faire une promenade d'une heure à travers les champs.

Il ne revenait pas de sa surprise ; la veille encore il n'aurait pu marcher un quart d'heure dans son appartement.

Obligé de partir pour son pays, je ne pus le magnétiser que cinq jours. Ce temps avait suffi pour opérer un changement fabuleux dans son état. A son départ je lui remis un foulard magnétisé, et je lui recommandai de s'en servir tous les jours, à l'heure où je le magnétisais.

Un mois après son beau-père me dit, qu'il lui avait écrit qu'il était radicalement guéri.

Si M. R... n'était pas parti il serait devenu d'une lucidité surprenante ; il avait une grande rapidité de perception pour tout ce qui se passait autour de lui et au dehors, et il ne manquait jamais d'annoncer d'avance les personnes qui allaient entrer dans la maison. D'un tempérament fort et excessivement sanguin, il était violent et susceptible au plus haut degré, quand il dormait.

Je l'endormis un jour dans le salon de Madame la baronne de M... ; il venait de donner des preuves de clairvoyance très-remarquables, lorsque M. F... se permit de pousser un éclat de rire. Aussitôt sa figure s'enflamme d'indignation, et il s'écrie avec fureur :

« Eveillez-moi de suite ! on ne peut tenir ici ! »

Son sang s'était transporté à la tête avec tant de violence, que je craignis un instant qu'il n'eût une attaque d'apoplexie. Les spectateurs, épouvantés de cette colère, craignirent un accident sinistre, et restèrent dans la stupeur pendant que je le calmais, non sans peine.

La veille de son départ M. R... descendit chez M. de B...,

pour nous faire ses derniers adieux. Quand il fut sorti, M. de B... me dit : « Voyez si vous pouvez agir sur R..., en état de veille et à distance. »

Je magnétise M. R... par la pensée, en lui interdisant de dormir, et je lui ordonne de redescendre pour nous faire ses adieux une seconde fois.

M. de B..., après quelques minutes d'attente, monte chez M. R..., et revient bientôt me dire que je perds ma peine, que R... est tout entier aux préparatifs de son départ, et fait ses malles.

M. de B... n'avait pas achevé de parler, que nous entendons des pas dans l'antichambre ; il suppose que ce sont les pas de son domestique, mais la porte s'ouvre, M. R... paraît, et dit en entrant :

« Messieurs, j'étais occupé à faire mes préparatifs de voyage, quand tout à coup, et sans pouvoir m'en rendre compte, j'ai senti le désir irrésistible de venir vous faire mes adieux une seconde fois. »

HYSTÉRIE.

ATTAQUE HYSTÉRIQUE.

Madame A... était hystérique depuis 24 ans, ce qui lui donnait de violents maux d'estomac et de fréquentes migraines. Depuis un an son Médecin lui avait déclaré franchement qu'il n'y pouvait rien, et qu'il fallait qu'elle se résignât à vivre avec son ennemi. Elle se décida à se faire magnétiser.

La première séance, elle vomit abondamment, eut un peu de somnolence, accompagnée de quelques mouvements nerveux, et souffrit infiniment plus de sa maladie que de coutume.

Comme cette dame ne pouvait suivre son traitement régulièrement, je lui magnétisai un mouchoir, en lui recommandant de le porter constamment sur l'abdomen. Elle fut guérie au bout de deux mois, et depuis lors elle n'a eu que de légers ressentiments de sa maladie, à de très-longs intervalles.

La vieille Marguerite fut surprise par une violente attaque d'hystérie, dans une maison voisine de la mienne. Allongée par terre, vainement depuis un quart d'heure on l'inondait d'eau et on la secouait pour la rappeler à la vie, elle conservait l'immobilité de la mort. On vint chez moi chercher des cordiaux, mais ses dents étaient tellement serrées qu'on ne put parvenir à les lui faire avaler. Les femmes qui s'empressaient autour d'elle, la croyant morte, se mirent à jeter les hauts cris. Attiré par le bruit, je me transporte sur le lieu de cette scène, j'écarte toutes ces commères, qui interceptaient l'air, et ne faisaient qu'embarrasser, je me penche sur *Marguerite* et je la magnétise fortement, à grands courants. Au bout de dix minutes elle fait un léger mouvement; je lui parle, elle ne me répond pas : je continue mes *Passes ;* bientôt après elle pousse un soupir, et je lui adresse de nouveau la parole. Elle porte la main à son cou, pour m'indiquer qu'elle étouffe et qu'elle ne peut me répondre. J'entoure son cou de mes deux mains, je reste cinq minutes dans cette position, puis je recommence mes *Passes*. Quelques instants s'écoulent, *Marguerite* ouvre enfin les yeux, les promène autour d'elle, d'un air étonné, les arrête sur moi, pousse un profond soupir, et dit :

« Ah, vous êtes donc le bon Dieu, Monsieur ? Vous me ramenez du tombeau : j'étouffais ; je me trouve bien à présent. »

EXPÉRIENCE AU THÉATRE.

J'assistais à la répétition de Robert-le-Diable, et je me trouvais placé dans une coulisse, à quelques pas de M. ***, qui causait avec une jeune actrice qui se plaignait d'un violent mal de tête. Parbleu, lui dit M. ***, m'apercevant, j'ai votre remède sous la main! et, sans attendre sa réponse, il me fait signe d'approcher. Je m'avance, il m'explique ce qu'il désire de moi; au mot de « Magnétisme » Mlle *** se met à rire, et me dit :

« On prétend, Monsieur, que vous avez le talent de guérir les gens en les endormant : je serais bien aise de voir cela; mais je vous préviens que je n'y crois pas. Je suis femme, et par conséquent curieuse; je me mets à votre disposition, si vous promettez de me débarrasser de mon mal de tête. »

Je la fais asseoir dans la coulisse, et pendant que la basse-taille répète son grand air de :

« Nonnes qui reposez sous cette froide pierre »

que l'orchestre fait assaut de tapage, j'endors mon incrédule, que je réveille un quart d'heure après, complétement guérie.

Quelques jours plus tard, me trouvant à la représentation de

Zampa, dans une loge, avec plusieurs messieurs et la baronne de M..., celle-ci me demanda s'il était vrai, en me désignant Mlle *** qui était en scène, que je l'eusse endormie. Je lui affirmai le fait.

« J'aurais bien voulu le voir, me dit-elle, à cause des circonstances dans lesquelles on prétend que vous l'avez endormie. »

« Vous y êtes à temps, lui répondis-je! voulez-vous que je vous donne ce plaisir à l'instant même? Ce sera bien plus curieux. Je ne l'ai magnétisée qu'une fois et je ne l'ai pas revue depuis, mais elle m'a paru si disposée au somnambulisme, que je ne doute pas de la réussite. »

La baronne, qui croyait avec ferveur au Magnétisme, secoua la tête, d'un air d'incrédulité. On était au moment où Zampa entre dans la chapelle avec sa fiancée, et que les chœurs chantent à genoux. Je magnétise Mlle ***, par la pensée, et, au lieu de se joindre aux chœurs, elle s'asseoit sur les marches d'un décor qui était près d'elle, et s'endort, la tête appuyée dans une de ses mains.

La baronne, étonnée, s'écrie :

D. C'est bien vrai! voyez, Messieurs, la pauvre petite dort. — A moi — Mais vous allez la faire siffler par le public, s'il s'aperçoit de ce qui se passe.

R. Rassurez-vous, Madame : je la réveillerai quand tout le monde se lèvera.

Quand le chœur fut fini, je réveillai Mlle ***, qui nous parut fort surprise de se trouver assise, et qui fut rejoindre le groupe des choristes !

M. F... sort précipitamment de la loge et court sur le théâtre, pour l'interroger ; il lui demande si elle s'est trouvée indisposée.

« Non, lui dit-elle, en riant, mais il paraît que j'ai eu une singulière distraction : je ne sais comment cela s'est fait et ce qui s'est passé en moi, mais je ne puis m'expliquer d'où vient que je me suis assise, au lieu de me mettre à genoux et de chanter avec les autres ; en vérité je ne puis m'en rendre compte.

INFLUENCE

DES DISPOSITIONS MORALES POUR PROVOQUER
LE SOMNAMBULISME.

TYMPANITE. — VERTU DES OBJETS MAGNÉTISÉS.

Le docteur Lopatenski était phthisique; présenté à Madame de M..., son titre de polonais et ses souffrances l'intéressèrent vivement. Toujours prompte à tendre une main secourable au malheur, douée à l'excès de cette sensibilité et de cette imagination ardentes, qui sont l'apanage et souvent le malheur de son sexe, elle lui prodigua les soins les plus délicats et les plus dévoués. Arrivé à la dernière période de sa cruelle maladie, le docteur fit comme tous ceux qui en sont atteints : il voulut se déplacer et aller à Montpellier, où se trouvaient plusieurs de ses compatriotes. Sourd à tous les conseils de l'amitié, il persista dans son projet de départ ; il lui semblait qu'en s'éloignant il laisserait le mal derrière lui.

Ce départ, la crainte que le docteur ne succombât aux fatigues de la route, tant sa faiblesse était extrême, affligèrent profondément madame de M... Ne recevant point de nouvelles le troisième jour, sa tête s'exalte, elle croit qu'il a succombé, et se livre à une douleur immodérée. C'est en vain que ses amis cherchent à la calmer ; la voix de la raison est sans empire. Je me décide à employer le Magnétisme, pour apporter du calme dans son âme. Elle était d'un tempérament très-nerveux ; je l'avais magnétisée quelques fois et je n'avais pu obtenir qu'une somnolence profonde. Je suis surpris, aux premières *Passes*, de la voir plongée en somnambulisme. Elle parle, sans que je l'interroge, et j'écoute.

Madame la baronne de M... est à Montpellier, dans l'hospice St-Eloi; elle montre le grand escalier, qu'elle décrit, elle parcourt les corridors, elle cherche à travers de grandes salles et de nombreuses chambres le malade qui l'intéresse ; enfin elle le découvre et pénètre dans son appartement : elle se place derrière les rideaux du lit du docteur, et nous raconte la scène qui se passe dans ce moment même, comme si elle était sur les lieux.

Ils sont trois polonais, il y a trois lits, dont elle indique la position ; le docteur est dans son lit, assis sur son séant ; il écrit, et répond en souriant à ce que lui dit un de ses compatriotes ; le troisième polonais est devant la croisée, il tourne le dos aux deux autres, et s'amuse à jouer du violon ; il a la barbe et les cheveux roux. — Après quelques minutes de silence, elle me dit : « Je suis fatiguée, la sueur ruisselle sur mon corps, ramenez-moi chez moi, et réveillez-moi quand j'y serai rendue.

Quelques jours après le docteur mourut ; un des acteurs de cette scène vint porter ses derniers adieux à la baronne, et confirma l'exactitude de tout ce qu'elle avait dit dans son sommeil.

Huit jours plus tard elle eut une tympanite, et je la magnétisai de nouveau. La somnolence revint comme à l'ordinaire,

31

mais le somnambulisme ne reparut pas ; elle éprouva seulement un effet fort remarquable.

Dès qu'elle fut en somnolence , comme le ventre était fort balonné et douloureux , je lui fis , à distance , des *Passes* circulaires. Après quelques minutes je ressentis un vent glacial à l'extrémité de mes doigts , et elle me dit :

« Vous produisez un singulier effet ! vous avez établi un courant d'air , qui part de l'intérieur de mon corps et va au dehors à travers mes pores. Mon ventre diminue à vue d'œil... le voilà dans son état normal : réveillez-moi à présent. »

Il y avait deux mois que la baronne était partie pour le Béarn : elle m'écrivit que depuis quelques jours elle souffrait beaucoup de coliques d'estomac. Je magnétisai ma réponse , et je lui recommandai de la placer sur l'épigastre.

Voici la lettre que je reçus quatre jours après.

« J'étais occupée à vous écrire , tout à coup une violente colique d'estomac m'a forcée de suspendre ma lettre ; au même instant on m'a apporté votre réponse à ma dernière. Je me suis empressée d'en faire l'usage que vous me prescriviez : l'effet a été prompt et merveilleux ; soudain j'ai éprouvé une forte moiteur qui s'est changée subitement en une sueur abondante ; mes nerfs se sont calmés , la douleur a disparu , et j'allais continuer à vous écrire , quand on m'a annoncé la visite de trois dames. Me pardonnerez-vous mon indiscrétion , et la peine qu'elle va vous occasionner ?

» J'ai raconté à ces dames ce qui venait de m'arriver : vous savez que nous avons toujours quelques petits maux en poche, c'est le triste privilége de notre sexe ; à l'instant il y a eu de leur part un concert de plaintes , et toutes ont demandé à faire l'essai de votre bienfaisant Magnétisme. Je vous envoie trois morceaux de flanelle, avec le nom de la dame à qui chaque morceau appartient , et le genre de maladie dont elle est affectée : ayez la bonté de magnétiser ces flanelles en conséquence.

» J'espère que vous ne gémirez plus sur l'aveuglement des incrédules, et que je trouverai grâce, pour mon indiscrétion , en faveur de ma propagande. »

Je m'empressai de me rendre aux désirs de ces dames , et je renvoyai les trois morceaux de flanelle fortement magnétisés.

Quinze jours après je recevais une lettre de remercimeuts et de félicitations : les trois morceaux de flanelle avaient fait des merveilles, et les trois dames étaient guéries de leurs petites indispositions.

ABSENCE DU FLUX MENSUEL.

Née avec une mauvaise constitution, Mlle T... avait été malade jusqu'à l'âge de dix ans. Arrivée à l'époque critique pour son sexe, la nature lui avait refusé la crise sans laquelle il n'y a point de santé pour lui, et depuis quatre ans sa famille avait épuisé toutes les ressources de la pharmacie et de l'art médical : promenades en charrette, transport de pierres dans les champs, exercice forcé, remèdes violents, tout avait échoué. Le sang, fixé à la tête, lui donnait des attaques toujours croissantes, qui prenaient le caractère épileptique, et à la suite desquelles Mlle T... tombait dans l'idiotisme.

Tel était son état lorsqu'on me pria de la magnétiser ; le père et la mère ne me dissimulaient point que les Médecins l'avaient abandonnée, et qu'ils n'avaient recours au Magnétisme que pour ne pas se reprocher de n'avoir pas usé de tous les moyens pour sauver leur enfant.

Au commencement du traitement de Mlle T... des crises se manifestèrent ; après un mois et demi de magnétisation, elle en eut une si violente, que sa famille et les personnes qui se trouvaient présentes craignirent qu'elle n'y succombât. Cloué au chevet de son lit, je tâchais de faire partager mes espérances à sa mère. Cette femme était sans éducation ; elle ne voulait entendre aucune raison et criait comme une folle.

Nous fûmes obligés de la faire sortir de l'appartement de la malade, dont ses cris augmentaient l'agitation. Au bruit qu'elle faisait se joignirent les criailleries des parents et des amis, qui témoignaient leur surprise et leur indignation de ce qu'on n'appelait point un Médecin.

Pour moi, absorbé par les soins qu'exigeait la malade, je tenais tête à l'orage et je méprisais les sottes réflexions, qui de temps en temps, malgré ma préoccupation, parvenaient à mes oreilles. Cependant ma position finit par ne plus être supportable; fatigué de tout ce vacarme, et sentant la nécessité d'un recueillement complet, dans une circonstance aussi grave, je me déterminai à mettre fin à des scènes, qui réagissaient fatalement sur Mlle T..., et je dis à son père :

« Il faut couper court à tout ceci et prendre une détermination : quelque effrayante que soit cette crise, elle est de bon augure. Vous entendez les cris de votre femme, les plaintes de vos parents et de vos amis? Choisissez entre un Médecin et moi. Vous êtes libre; qu'aucune considération ne vous arrête! Optez pour le Médecin et je me retire, sinon débarrassez-moi de tout ce monde, et qu'il ne reste que vous et moi auprès de votre fille. »

M. T..., malgré tout ce qu'on put lui dire, ne voulut point de Médecin; il resta inébranlable et exigea que tout le monde sortit.

La crise de Mlle T... dura douze heures; elle sortait d'une attaque pour rentrer dans une autre, et dans ce laps de temps elle en eut quinze. Je passai toute la nuit et la matinée auprès d'elle, et ne me retirai que lorsqu'elle fut parfaitement calme.

Quelques jours après cette violente commotion le flux mensuel s'établit, peu à peu les attaques devinrent faibles, rares, et disparurent entièrement.

Le troisième mois de son traitement on pouvait la considérer comme radicalement guérie; cependant avant de cesser de la magnétiser, je consultai une excellente somnambule, qui m'avait défendu d'admettre à ses sommeils des personnes étrangères à sa famille. Voici ce qu'elle me dit :

« Il faut encore magnétiser votre malade pendant deux mois; il reste un peu de sang à la tête, mais avec votre puissance vous achèverez de le faire sortir. *Cette famille ne sera peut-être pas reconnaissante : que votre charité vous guide.* »

Je fis part de cette consultation au père et à la mère de Mlle T..., en gardant par devers moi ce qui touchait à leur conduite future. Madame T... voulait à toute force voir ma somnambule, et lui parler. Je ne pouvais y consentir; je fus inflexible.

Vingt jours avant l'époque fixée, la mère de Mlle T..., piquée de mon refus, fière de l'état florissant et inespéré de la santé de sa fille, n'attachant aucune importance à l'avis de ma somnambule, cessa de conduire chez moi son enfant, sans daigner m'avertir, et fit appeler un Médecin.

Habitué à ces procédés, je ne pensai bientôt plus à Mlle T... et à ses parents. Un mois s'était écoulé; un soir, pendant que ma somnambule dormait, l'idée me vint de lui en demander des nouvelles. Après cinq minutes de silence, elle me dit :

« Tout cela dort : je les ai tous vus.

» La mère est une sotte et une ingrate, qui ne croit pas au Magnétisme, malgré les effets qu'elle a vu qu'il produisait sur son enfant ; c'est elle qui a eu l'idée d'appeler le Médecin, pour qu'il ne fût pas le dit que le Magnétisme l'a guérie. Telle a été sa pensée : elle n'a tenu aucun compte de la prescription de la somnambule, et a été fâchée que vous n'ayez pas voulu la lui montrer, pour satisfaire un désir qui n'était qu'une stupide curiosité, car elle est trop ignare pour apprécier de pareilles merveilles.

» Le père est moins coupable : il croit, lui ! mais il se laisse gouverner par sa femme, et il a cédé à ses mauvais sentiments.

» Vous pouviez rendre à la fille la santé, mais vous ne pouviez lui donner l'esprit que la nature et le manque d'éducation lui ont refusé. C'est une imbécile qui a fait ce que sa mère a voulu, mais elle est coupable d'un manque de cœur. Après la peine infinie que vous aviez prise et les soins touchants que vous aviez eus pour elle, elle n'a pas ressenti le moindre regret.

» Ils ont été tranquilles et contents pendant quelques jours, mais à présent leur joie commence a être troublée ; ils payeront bientôt chèrement leur grossièreté et leur ingratitude, et, sans que vous l'ayez désiré, vous et le Magnétisme serez cruellement vengés.

» La maladie reprend son empire ; le peu de sang qui restait à la tête produit ses effets, son sang reprend l'habitude de s'y porter, et bientôt elle sera dans le même état que

lorsqu'on vous l'a amenée. Elle trainera une existence misérable , et finira mal. »

La première partie de cette prédiction ne tarda pas à
s'accomplir. Environ quatre mois après , Mlle T... était aussi
malade que lorsqu'elle avait commencé à se faire magnétiser.
J'ignore ce qu'il est advenu depuis lors , mais je crains fort
que la prédiction ne se soit réalisée , ou ne se réalise en
entier , car la somnambule qui l'a prononcée ne s'est jamais
trompée dans ses prévisions.

ATTAQUE DE PARALYSIE.

Une pauvre femme de 69 ans fut frappée d'une attaque de paralysie ; le Médecin prescrivit des sangsues , et ne cacha pas à la famille de la malade qu'il avait peu d'espoir de la sauver, à cause de son âge avancé. Sa fille, que je magnétisais, refusa de recourir à d'autre remède que le Magnétisme , et dès que le docteur fut sorti , elle résolut de me faire appeler. Comme il était déjà tard , on craignit de me déranger ; je ne fus averti que le lendemain matin , seize heures après l'attaque.

Quand j'arrivai la malade n'avait encore ni parlé , ni rien pu avaler , ni donné aucun signe de vie ; ses yeux étaient ouverts et fixes , sa figure injectée de sang , sa langue paralysée , son cou enflé et tendu , et ses extrémités glacées.

Cinq minutes de *Passes* énergiques, à grands courants , agitèrent un peu son sang , quelques minutes après il se mit en mouvement et obéit à l'impulsion que je cherchais à lui donner. Peu à peu le sang évacua la tête , le gosier et la poitrine , il se manifesta un tremblement dans les bras , puis dans tout le corps , et bientôt ce tremblement se concentra dans les jambes , où la chaleur ne tarda pas à se faire sentir.

Au bout d'un quart d'heure la malade prit un plein verre d'eau sucrée , et un quart d'heure plus tard elle prononça

quelques mots avec difficulté , mais d'une manière intelli-
gible. Je la magnétisai encore pendant une heure , et quand
je me retirai elle était parfaitement calme.

Je revins le lendemain ; elle avait beaucoup sué , les mêmes
phénomènes se manifestèrent , et le surlendemain elle était
sur pied , et ne se ressentait plus de son attaque.

Il y avait huit ans environ que la malade avait été grière-
ment blessée par l'explosion de la poudrière de Toulouse ,
et avait eu son mari tué à ses côtés. Depuis cette épouvantable catastrophe son sang était troublé , et la menaçait souvent d'attaques semblables. Il y a près de dix-huit mois que
je l'ai guérie de la première ; quelques légères magnétisations
ont suffi jusques à aujourd'hui pour conjurer les autres.

Le premier jour que je magnétisai cette bonne vieille , le
docteur vint le soir pour voir l'effet qu'avaient produit les
sangsues. Grande fut sa surprise de la trouver assise sur son
séant et causant tranquillement avec ses enfants. On lui raconta ce qui s'était passé le matin , et on lui avoua qu'on
n'avait pas appliqué les sangsues qu'il avait ordonnées.

Le docteur me connaissait : il était partisan du Magnétisme,
et s'il ne l'appliquait pas dans sa pratique , c'était pour ne
pas se déconsidérer aux yeux de ses confrères et perdre sa
clientèle.

Il approuva ce qu'on avait fait et déclara loyalement, que
le Magnétisme seul pouvait produire de semblables effets,
que dans le cas même où il serait parvenu à guérir la malade,
ce qui était fort douteux , sa convalescence eût été fort longue;
il conseilla de continuer la magnétisation , et témoigna sans

arrière-pensée sa satisfaction de ce que sa présence était devenue inutile. J'eus l'occasion de le voir quelques jours après ; il me tint le même langage.

C'est une bien douce consolation pour les Magnétiseurs, de rencontrer des Médecins qui ont autant de franchise et de bonne foi. J'ai eu le bonheur d'en trouver plusieurs, et je puis affirmer que s'ils ne jouissaient pas de la plus grande réputation d'habileté, ils n'avaient pas le talent le moins réel.

VICE DE CONFORMATION.

Les épaules, la poitrine, l'estomac, les flancs de M. A. S..
étaient resserrés au point, que tous les organes renfermés
dans le *torse* se trouvaient à la gêne ; les articulations des
genoux et des pieds étaient nouées. Arrivé, à dix-neuf ans,
à une taille au-dessus de la moyenne, la nature chez lui
manquait de force pour achever le développement du corps.
Un traitement magnétique de deux mois et demi suppléa à
son insuffisance et garantit la vie de M. A. S..., qui eût
été compromise, à l'âge de vingt et un ans, d'après la dé-
claration qu'il en a faite en état de somnambulisme, par une
crise dans laquelle il aurait probablement succombé.

Pendant son traitement il eut des crises analogues à celles
de la jeune *Annou Serre*. Dans ses sommeils il se massait et
se magnétisait, il faisait une gymnastique magnétique, com-
binée admirablement pour rétablir l'ordre dans tout l'organisme, et accompagnait presque toujours ce travail de chants,
qui s'accordaient parfaitement avec les mouvements qu'il exécutait et qui paraissaient les favoriser singulièrement. C'est
pendant ces crises que M. A. S... a prononcé les *Paroles d'un
somnambule*.

RAVAGES

D'UN TRAITEMENT MERCURIEL A HAUTE DOSE.

ACCÈS DE FUREUR.

M. *** avait suivi depuis deux ans un traitement mercuriel très-violent ; les traces extérieures de la maladie qui l'avait provoqué, avaient disparu, pour faire place aux ravages encore plus terribles du mercure. Son sang se portait fréquemment à la tête avec tant de violence que sa figure en devenait noire, et qu'il s'en suivait une exaltation qui menaçait de tourner à la folie dans un temps plus ou moins éloigné ; il avait des mouvements névralgiques, qui partaient des yeux, se terminaient aux plis des lèvres, et ressemblaient au tic douloureux.

Trois mois de Magnétisme réparèrent tous ces désordres et firent disparaître, avec l'aide de quelques tisanes ordonnées par une somnambule, de gros boutons noirs et pustuleux, répandus sur le front, les épaules et la poitrine, et qui avaient résisté à tous les médicaments et aux bains de mer.

M. *** avait des crises gymnastiques semblables à celles de M. A. S..., où se mêlaient aussi des chants, dont le rhythme accompagnait ses mouvements ; seulement, comme il arrive à tous les malades qui ont pris du mercure, avec excès, elles étaient poussées parfois jusqu'à une violence effrayante : c'était au point qu'un jour, en bondissant, dans la même séance, il brisa son canapé et les planches de son lit.

Un fait très-remarquable, c'est que sa voix était d'une fausseté désespérante, en état de veille, et que dans ses crises elle devenait d'une justesse irréprochable.

Lorsqu'il se magnétisait il passait fréquemment ses doigts dans sa barbe et ses cheveux ; on eût dit qu'il s'en servait, comme de fils conducteurs, pour faciliter l'évaporation du mercure, évaporation du reste tellement forte, que l'appartement était infecté de son odeur.

Un autre jeune homme, M. V..., qui se trouvait à peu près dans la même position que M. ***, et qui venait quelquefois le voir, me pria de le magnétiser. Il fut bientôt endormi ; mais au même instant il eut une crise si terrible, que les personnes qui étaient dans l'appartement, au nombre de sept à huit, s'accroupirent dans un coin en se culbutant. M. V... s'élance sur moi avec fureur ; je reste immobile, et je ne prononce que cette exclamation : Eh bien ? A l'instant sa tête tombe sur mon épaule, il s'appuie tranquillement sur moi, et me dit avec douceur :

« N'arrêtez pas ma crise, je vous prie, vous me feriez du mal. »

« Ce n'est pas mon intention, lui dis-je, je veux qu'elle continue, mais avec moins de violence. »

En effet, la crise se calma insensiblement, et, quand je l'eus réveillé, il se trouva dans un calme parfait.

Un Magnétiseur qui n'a pas acquis la conscience de sa force, par une longue expérience, ne doit pas entreprendre de semblables traitements ; il y a danger pour lui et pour le malade.

PARALYSIE.

PERTES DE SANG.

Un homme, âgé de soixante-six ans, était paralysé depuis longtemps de la jambe gauche, et ne pouvait marcher sans être soutenu. Il vint à notre société magnétique pour essayer de se faire guérir. L'ancienneté de son mal, son âge avancé, ne donnaient aucun espoir. Cependant, cinq mois après, cet homme put faire, à pied, six lieues dans la même journée, et depuis il marche assez bien pour qu'il puisse vaquer à ses affaires.

Les phénomènes que présenta son traitement, se bornèrent à une somnolence de quelques minutes, des tremblements dans les jambes, et une forte irruption de boutons à la peau. L'occlusion de ses yeux était toujours précédée d'un léger mouvement nerveux dans sa tête.

Sa femme, âgée de quarante-quatre ans, avait depuis huit ans une perte incessante et considérable de sang ; ses jambes étaient enflées, et il s'y formait des crevasses, d'où s'écoulaient, comme d'une fontaine, des eaux abondantes. Depuis qu'elle était malade elle n'avait cessé de faire toute sorte de remèdes, mais inutilement. En voyant le soulagement qu'avait éprouvé son mari elle se décida à se faire magnétiser.

Trois mois et demi d'une magnétisation régulière, de dix

minutes à un quart d'heure au plus , suffirent pour la guérir complétement , sans avoir recours à un seul remède. Les pertes de sang s'arrêtèrent , le flux mensuel se rétablit , les jambes se désenflèrent , et les crevasses se fermèrent.

Pendant toute la durée de son traitement elle n'a eu que deux fois une légère somnolence , de cinq à six minutes , et n'a présenté d'autre phénomène que celui-ci :

Quand je la magnétisais elle plaçait ses mains jointes sur sa poitrine , et priait Dieu tout bas ; peu à peu il se manifestait un faible tremblement dans ses bras , ses mains descendaient insensiblement sur ses genoux , sans se séparer , et à l'instant elle reprenait son immobilité.

DÉSORDRES

PRODUITS PAR DES FRICTIONS MERCURIELLES.

On avait prescrit à une malade deux frictions mercurielles par jour, sur l'aine et la face interne de la cuisse gauche. A la neuvième friction, il fallut les suspendre, parce qu'elle devenait folle, et lorsqu'elle quitta son lit de douleur, où elle gisait depuis cinq mois, elle se trouva sans cheveux et horriblement estropiée.

Le pied était tout contrefait et tourné en dedans, le haut de la cuisse était collé contre l'abdomen, de manière à ce que le genou gauche allât chevaucher sur la cuisse droite, à quatre pouces au-dessus du genou du même côté, d'où il résultait une obstruction dans les voies urinaires, qui ne leur permettait de fonctionner que lentement et difficilement le long des cuisses ; l'articulation *élio-fémorale* était relevée de deux pouces au moins en arrière, et présentait une proéminence qui faisait supposer que la tête du fémur était hors de sa cavité, la taille était déjetée et difforme, l'épine dorsale déviée, et les épaules arrondies en cercle. Dans la marche la malade ne pouvait prendre de point d'appui que sur l'extrémité du gros doigt du pied gauche, de sorte que le talon était à six pouces au-dessus du sol, la hanche rejetée en arrière, et le haut du corps penché en avant. Il résultait de tous ces désordres une claudication extrèmement forte et douloureuse,

32

qui rendait impossible tout exercice un peu long. La malade ne pouvait s'asseoir qu'avec une grande difficulté ; pour cela il fallait qu'elle repliât sa jambe fortement en arrière, de manière à ce qu'elle reposât perpendiculairement sur la pointe extrême du pied ; de la hanche au pied il y avait un raccourci de cinq à six pouces, le genou, la jambe et le coude-pied étaient totalement contournés en dedans ; la circulation du sang paraissait s'être retirée de cette partie du corps, la couleur des chairs était cadavéreuse, et l'on eût dit, tant son appauvrissement était grand, qu'elle appartenait à un squelette.

Les désordres, dans le siége de la maladie qui avait provoqué ces frictions mercurielles, n'étaient pas moins graves ni moins terribles : les membranes qui le tapissent étaient constamment enflammées et cuisantes, il y avait des pertes blanches abondantes et continuelles, enfin l'organe sexuel était descendu jusqu'à l'orifice de la cavité qui le renferme, et sortait un peu en dehors ; toute cette région n'avait de vie que pour la douleur.

A vingt-sept ans, et mariée, la malade n'avait jamais eu son flux mensuel.

Tel était, depuis sept ans, son état affreux lorsque je commençai à la magnétiser. J'avoue que, malgré toute ma confiance dans la puissance du Magnétisme, j'entrepris ce traitement sans espoir de réussir ; mais ayant obtenu quelques petites crises à la quatrième séance, et ces crises allant en augmentant, je repris courage. Secondé par la généreuse constitution de la malade, quinze jours ne s'étaient pas écoulés, que j'eus la ferme conviction que sa guérison n'était qu'une affaire de persévérance et de peine.

Les onze premiers mois je la magnétisai cinq heures par jour, en deux reprises. Pendant ce temps ses crises furent toujours en augmentant ; vers la fin elle en eut de terribles, et quelques-unes allèrent jusqu'à la folie. Ce ne fut qu'au bout d'un an que les crises commencèrent à décliner. Il fallait que la malade eût un tempérament de fer, une organisation exceptionnelle, pour résister aussi longtemps à des secousses si violentes, si longues et si multipliées, provoquées par l'évaporation du mercure, évaporation si abondante, que l'odorat en était fortement saisi.

Les détails de ce traitement et les procédés magnétiques que j'ai employés, seraient fort instructifs pour les Magnétiseurs, mais il est des choses qui échappent à la narration, et d'autres que les convenances défendent de rapporter, bien qu'elles soient innocentes, tant que l'égide de l'opinion publique ne couvrira pas les Magnétiseurs, comme le diplôme de docteur protège les Médecins.

Tout le temps que dura le traitement, la malade eut une somnolence parfois très-profonde, mais elle ne put arriver au somnambulisme.

Le dix-septième mois j'avais obtenu une amélioration au delà de mes espérances ; il s'était opéré un changement merveilleux, je puis dire que la malade était régénérée.

L'organe sexuel était complétement remonté à sa place, les membranes qui tapissent la cavité qui le renferme étaient rentrées dans leur état normal, les pertes blanches ne paraissaient plus , pour ainsi dire , que pour remplacer les rouges , qui s'étaient obstinées, après avoir fait acte d'apparition le troisième mois , à ne donner qu'un faible signe de présence de temps en temps , ou à tourmenter inutilement la malade à chaque époque périodique. Le Magnétisme est si puissant pour rétablir le flux mensuel, que j'attribue cette résistance à l'organisation particulière de la maladie , puisqu'à vingt-sept ans elle ne l'avait jamais eu. Les épaules s'étaient redressées , la colonne vertébrale avait repris sa direction , sauf une déviation insensible dans les deux dernières vertèbres lombaires, la taille avait reconquis sa forme et son élégance , la cuisse gauche , complétement détachée de l'abdomen , suivait sa direction naturelle , ainsi que le genou , la jambe et le pied. Le sang circulait largement dans toute cette partie , dont les chairs avaient repris leur couleur naturelle et leur embonpoint. Enfin il n'existait plus de cet immense désordre, qu'une légère élévation dans la hanche gauche , qui , jointe à la déviation des deux dernières vertèbres , tenait le talon suspendu à un demi pouce environ au-dessus du sol, mais l'appui s'opérait dans toute la longueur de la plante du pied , franchement et avec facilité , de manière à ce que dans la marche le talon effleurât souvent la terre , et la malade pouvait se chausser elle-même , ce qui autrefois lui était impossible : la claudication était devenue inappréciable à dix pas de distance, et de plus près , quand la malade se tenait sur ses gardes.

Les ravages du mercure ne s'étaient pas concentrés sur la région abdominale , la cuisse et la jambe gauche , car le bras du même côté , intact en apparence , était profondément atteint, et avait éprouvé de fortes crises ; ils s'étaient étendus dans tout l'organisme, et tout le côté droit éprouva les mêmes crises que le gauche ; mais ces crises furent courtes et faibles. La poitrine et l'estomac en eurent de fort douloureuses ; tout le système nerveux avait été gravement altéré jusque dans sa source principale ; aussi, il se manifesta, dans le cerveau, des crises si violentes, qu'elles furent jusqu'à la frénésie, pendant huit à dix jours.

J'avais massé énergiquement tous les membres estropiés, parce que la malade n'avait ni la force ni la possibilité de faire ce travail, qui seul pouvait les redresser et leur rendre l'activité : elle se magnétisa la tête.

D'abord, elle massa et percuta la boîte osseuse, puis elle détacha ses cheveux et y passa les doigts, comme si elle s'était servie d'un peigne. Il était évident, en observant tous ses mouvements, qu'ils lui servaient de conducteurs pour chasser le mercure au dehors, et dégager ainsi le cerveau.

Elle commençait ce travail avec ardeur, peu à peu ses mouvements devenaient frénétiques, elle arrivait à un accès de folie, et si je n'avais pas été là pour modérer la crise et la calmer à temps, elle se serait brisé la tête contre les murs ; les cris qu'elle poussait étaient déchirants.

Le dix-huitième mois la malade, soit qu'elle n'espérât plus rien du Magnétisme, soit qu'elle fût satisfaite d'une amélioration inespérée, voulut cesser son traitement. Je vis à regret cette résolution spontanée, ou suggérée par des influences étrangères, ce que j'ignore, parce qu'elle conservait encore de la somnolence, que c'était un signe certain que la nature travaillait toujours, et qu'elle avait besoin d'être soutenue. J'avais l'exemple de Mlle T..., qui, pour avoir cessé de se faire magnétiser vingt jours trop tôt, était retombée dans son état primitif. Ici rien de pareil n'était à redouter; il était constant que le mercure s'était évaporé par des sueurs abondantes, ou écoulé par les urines; les membres estropiés étaient bien redressés, et, avec la vie, avaient repris de la force; mais il était à craindre que cette vie récente, n'étant point raffermie et consolidée, les forces nouvelles disparussent insensiblement, et qu'avec l'âge la claudication revînt aussi forte et aussi pénible que par le passé, car il suffit qu'il existe le germe le plus léger d'une maladie, pour que le mal reprenne tout son empire. J'étais convaincu que la guérison radicale était possible avec le temps.

Je fis toutes ces observations à la malade, et je ne fus point écouté. Malheureusement deux ans après la réalité a dépassé mes craintes.

De toutes les cures que le Magnétisme peut opérer, je considère celle-ci, quoiqu'incomplète, comme la plus extraordinaire à cause de l'énormité du mal, de sa nature et de son ancienneté. Les personnes qui ont connu l'état de la malade, avant son traitement magnétique, et qui l'ont vue avant sa dernière maladie, peuvent seules apprécier le changement merveilleux qui s'était fait chez elle.

FIN DES TRAITEMENTS MAGNÉTIQUES.

OBSERVATIONS.

J'aurais pu citer une foule de guérisons instantanées, pour des brûlures, contusions, blessures, indigestions, maux de tête, coliques, colérines, avec symptômes de choléra, etc. Je me suis borné à rapporter le fait de Mlle *Marion*, à l'occasion du bras qu'elle s'était démis, parce qu'il suffit pour démontrer la réalité de tous les autres. Je vais donner un exemple de ces guérisons rapides, qui m'est personnel, afin de prouver l'efficacité du magnétisme sur soi-même.

Je fus me baigner, par un beau clair de lune, pendant une magnifique nuit d'été ; en m'élançant dans l'eau le pied me glisse, je tombe à la renverse, la tête la première, d'une hauteur de plus d'un mètre, et, dans ma chute, ma jambe se heurte violemment contre un vieux tronc d'arbre. Revenu à moi, je remonte sur l'eau, je sens une vive douleur, j'examine ma jambe, et j'aperçois sur le tibia une bosse de la grosseur d'un œuf de pigeon. Il y avait peu d'eau dans cet endroit : je m'asseois et me magnétise par l'imposition des mains. Dans quelques minutes la douleur augmente au point de me faire presque perdre connaissance, puis elle diminue insensiblement, et disparaît au bout d'un quart d'heure. Je reste encore quelque temps dans l'eau, et lorsque j'en sors, au grand étonnement des baigneurs qui étaient avec moi, la

bosse n'existait plus ; il ne restait d'autre trace de mon
accident qu'une *ecchymose*, et la peau déchirée. Il fallait près
de trois quarts d'heure de marche pour me rendre chez moi ;
je pus faire ce trajet sans claudication ni douleur, et le lendemain j'avais oublié ma chute de la veille.

Dans ces cas le Magnétisme présente constamment un phénomène remarquable ; dans une seule magnétisation et avec
une extrême rapidité, il fait parcourir au mal toutes les
phases par lesquelles il serait passé, si on lui avait donné le
temps de se développer avant de le combattre, et les malades
éprouvent une recrudescence de douleur, très-courte, mais
si vive, que j'en ai vu défaillir.

Si le Magnétisme est parfois impuissant sur certains malades, que la nature ne veut pas seconder, il échoue aussi,
malgré sa bonne volonté, sur d'autres, par leur propre faute.
Ceux-là semblent fatalement condamnés à ne jamais guérir ;
leur corps éprouve l'influence salutaire du Magnétisme, et
leur esprit la repousse ; ils la nient obstinément, nonobstant
les effets extérieurs, qui se manifestent en dépit de tous leurs
efforts pour les dissimuler, ou les paralyser. Bizarrerie
inexplicable, épreuve délicate, où souvent la patience et la
charité du Magnétiseur font naufrage. Découragé par la résistance, révolté de la mauvaise foi du malade, il jette le
manche après la cognée, il l'abandonne à son malheureux
sort, et se retire, avec la ferme conviction cependant que sa
guérison serait certaine. C'est une faiblesse à laquelle je confesse avoir cédé une fois, et j'ai été d'autant plus coupable,

que, ne pouvant vaincre mon mécontentement, je l'ai fait avec réflexion. Je ne pris pas il est vrai l'initiative, mais j'usai d'adresse pour me faire renvoyer. Dans cette position, un Magnétiseur ne doit pas prendre son congé, il doit attendre que le malade le lui donne.

Les mères et les nourrices calment la douleur des enfants à la mamelle, ou qui en sortent à peine, par des frictions, qu'elles leur font en les berçant et les pressant dans leurs bras ; elles les magnétisent sans s'en douter. Je me suis également abstenu de rapporter des exemples de ces traitements, parce que le malade ne parlant pas, le Magnétiseur ne peut l'interroger, et indiquer, d'une manière précise, les phénomènes que présentent ces natures neuves, mobiles, vivaces et constamment en travail ; il faut assister à ces traitements pour apprécier tout l'intérêt qu'ils offrent.

Vous, gens du monde, qui riez du Magnétisme, venez voir ces mères désolées, à qui la science a dit son dernier mot, sur leur enfant malade, mot cruel mais sage, et préférable à une ordonnance hasardée : « *Il n'y a plus rien à faire, il faut laisser agir la nature.* » Dans leur désespoir, elles acceptent avec avidité tous les nouveaux moyens de salut qu'on leur propose, sans s'enquérir ni d'où ils viennent, ni en quoi ils consistent ; pleines de confiance, car l'espérance rentre facilement dans le cœur d'une mère : elles s'assoient en face du Magnétiseur, tenant leur enfant dans les bras, et augmentant sa puissance en adressant mentalement du fond du cœur une fervente prière à Dieu. D'abord l'enfant, effrayé de cette main qui passe et repasse devant lui, pleure, se rejette en arrière et cache sa tête dans le sein de sa mère; peu à peu il se calme, se rassure et commence à regarder timidement du coin de l'œil. Enfin il se relève, et, de ses deux petites mains, il cherche à saisir cette main, qui lui paraissait si terrible; on dirait qu'il veut jouer avec elle; il n'en est rien cependant; lui aussi, quoique bégayant à peine, il a son intuition! Il pressent, il comprend qu'il sort de cette main un principe de vie, il veut s'y attacher.

Alors, si le Magnétiseur est expérimenté, il donne à ses *Passes* la forme d'une caresse; bientôt le charme agit, l'enfant s'endort, et s'il faut ce qu'on appelle «*un miracle*» pour le guérir, non-seulement le miracle s'opère, mais les désordres, que la douleur a nécessairement occasionnés dans la santé de la mère, se trouvent réparés. Vous, à qui je m'adresse, quand vous aurez assisté au spectacle touchant de plusieurs mères réunies, tenant sur les genoux, dans un profond recueillement, leurs enfants endormis du sommeil magnétique, et dormant parfois elles-mêmes, si vous n'êtes pas émus, si vous riez encore du Magnétisme, ah! je le déclare, vos cœurs sont taillés dans le granit. Hélas! dans la sphère où vous vivez, les mères rougiraient de montrer cette *foi* naïve; aussi vos enfants... vos enfants! comparez-les en général à ceux des paysans qui habitent la campagne, et comptez ceux qu'ils perdent et ceux que vous perdez en bas âge, malgré toutes les ressources que la fortune met à votre disposition. Vous avez pour vous la science; eux, ils ont le grand Magnétiseur « la *nature.* »

Je dois dire un mot de ces rhumes invétérés, appelés « *rhumes négligés* » qui résistent à tous les remèdes, et tournent généralement à la phthisie. Pour les traiter, il faut mêler aux *Passes* l'imposition des mains, et de fréquentes insufflations sur la poitrine ; on est certain de produire des sueurs abondantes, qu'on ne saurait obtenir avec tous les sudorifiques, et d'opérer la guérison ; j'ai vu des malades qu'on aurait dit avoir été plongés dans un bain. Si la somnolence arrive, et c'est ce que l'on doit faire toutes les fois qu'elle se présente, il faut attendre patiemment que le malade se réveille. C'est un principe dont il importe de ne pas s'écarter, parce que le Magnétiseur ne peut fixer, d'une manière précise, la durée du sommeil. Il doit laisser ce soin à la nature, et faire, ainsi que dans le somnambulisme, quelques *Passes* de temps en temps, pour soutenir son travail.

J'aurais pu rapporter une foule de traits de clairvoyance, plus surprenants les uns que les autres ; mais comme il suffit d'un seul pour conclure à la possibilité de tous, j'ai choisi ceux qui prouvaient la différence des facultés et des dispositions des somnambules, et la nécessité, pour les Magnétiseurs, de conformer à leurs divers caractères leur manière de procéder avec eux.

Je n'en finirais pas si je voulais faire la nomenclature des effets véritablement extraordinaires que produit le Magnétisme sur les malades qui en subissent largement l'influence ; ils la ressentent en l'absence du Magnétiseur, même sans objet magnétisé dans cette intention ; ainsi , un malade peut prendre la somnolence , ou le somnambulisme , en s'assayant à l'heure ordinaire de son traitement , sur le siége où on l'endort. Dans un voyage à Beziers , M. Du Potet laissa sa somnambule à Montpellier ; sa femme lui écrivit qu'elle s'était endormie en touchant un de ses habits , et qu'elle n'avait pu l'éveiller , qu'en se servant de ce vêtement. Ces exemples sont nombreux et variés à l'infini. Il y a des malades qui s'endorment , à l'heure de leur sommeil , partout où ils se trouvent. Comme cette facilité de dormir pourrait entraîner des accidents parfois assez graves , par l'imprudence des personnes qui se rencontreraient là , le Magnétiseur doit y obvier, en leur donnant un objet magnétisé dans l'intention de les empêcher de dormir hors de sa présence , ou bien en leur touchant un endroit secret du corps , pendant qu'ils dorment, et en leur ordonnant de ne céder au sommeil , soit involontairement, soit par l'action d'un autre , qu'autant que cette partie de son corps serait touchée avec le même doigt et de la même manière que lui. Ce dernier moyen est bon pour empêcher qu'un étranger endorme votre somnambule, et réussit presque toujours sur ceux qui sont purs , c'est-à-dire bien guidés et qui n'ont eu qu'un seul Magnétiseur.

J'ai dû aussi garder le silence sur les traits affligeants d'ingratitude, de la part de quelques personnes , qui doivent au Magnétisme l'usage de leurs membres, la santé ou la vie ; et si j'ai parlé des mauvais procédés de la famille T..., c'est qu'ils ont entraîné des conséquences funestes pour la malade, et qu'il s'y rattachait un trait de prévision d'une somnambule.

Il est cependant de mon devoir de donner aux Magnétiseurs futurs une idée des procédés des malades qui ont recours au Magnétisme, afin de les prémunir contre les dégoûts et les obstacles qu'ils rencontreront pour faire le *bien*, même *uniquement* par *charité*.

Comme les généralités ne peuvent blesser personne, et que je suis loin d'avoir cette intention, je ne vais préciser aucun fait, et je parlerai collectivement.

Je ne connais rien de plus souple et de plus tremblant qu'un malade auprès de son Médecin, et rien de plus injuste et de plus exigeant avec son Magnétiseur.

Un individu souffre, il envoie de suite prendre son Médecin :

D. Docteur, arrivez ! je souffre de la tête et de l'estomac.

R. Voyons le pouls,.. sortez la langue... il faut y couper court ! cela pourrait dégénérer en inflammation et devenir fort grave.

D. Vous pensez que c'est dangereux ?

R. Pas précisément : mais il faut y aviser... rassurez-vous ! nous vous tirerons de là... oui !... tout bien considéré, il n'y a pas autre chose à faire : il vous faut des rafraîchissants.

D. Merci, docteur : il me semble que je suis mieux depuis que je vous ai vu ! venez me revoir bientôt.

R. J'ai beaucoup d'occupations ; il y a tant de malades dans ce moment-ci !... Je ne sais où donner de la tête. Je reviendrai dans deux ou trois jours ; suivez exactement l'ordonnance que je vais vous laisser, et je suis sûr de vous trouver guéri.

D. Je n'y manquerai pas, docteur : merci ; à bientôt.

— Le docteur écrit son ordonnance, part, et revient quelques jours après. —

J'ai fait exactement ce que vous m'avez prescrit, et je souffre beaucoup plus que l'autre jour.

R. C'est étonnant ! le diagnostic était cependant positif, et les rafraîchissants bien indiqués. Sur cent personnes atteintes de la même maladie, quatre-vingt-dix-neuf auraient été guéries... ; en effet, le pouls est plus agité... la langue plus chargée... ; ce n'est rien, ne vous alarmez point ! Ce que je vous ai ordonné n'était qu'un traitement préparatoire. Je connais votre tempérament depuis longtemps ; il est éminemment lymphatique, et nous en aurons raison par des toniques.

Le docile malade est ainsi promené des rafraîchissants aux toniques, de l'allopathie à l'homéopathie, et se croit sauvé toutes les fois qu'il voit paraître le docteur. Ce que celui-ci dit est si logique, si rationnel, si clair ! il lui décrit si bien la maladie, lui prouve si pertinemment que les meilleurs auteurs partagent son opinion, qu'il y aurait folie à douter qu'il ne soit dans la bonne voie, et qu'il ne trouve enfin le remède salutaire.

Les jours, les mois s'écoulent ; le mal prend de l'empire et va s'aggravant, malgré la science, les soins et les efforts du Médecin. Le malade et sa famille, toujours pleins de confiance, réclament sans cesse sa présence, jusqu'à ce qu'enfin

la pièce soit jouée, et que le rideau tombe. Les crêpes
viennent se briser contre le parchemin du diplôme, et le docteur n'en reste pas moins l'oracle de la famille.

Quand un malade a épuisé toutes les ressources de la
pharmacie et de l'art médical, quand il a inutilement couru
tous les bains et qu'il est déclaré incurable, il va trouver un
Magnétiseur.

D. Monsieur, il y a quelque temps que j'eus des douleurs,
dont le siége principal était à l'épaule; j'ai fait toute sorte de
remèdes et je n'ai pu guérir. Je ne souffre plus, il est vrai,
mais j'ai perdu l'usage de mon bras. Comme on m'a dit que
le Magnétisme me guérirait j'ai recours à vous. Pouvez-vous
me guérir?

R. Je ne sais : le Magnétisme est si puissant qu'il ne faut
jamais désespérer; d'ailleurs, puisque vous avez épuisé tous
les moyens, il n'y a aucun danger à essayer de celui-là.
Depuis combien de temps êtes-vous malade?

D. Depuis dix ans - - *Quelquefois il n'en accuse que deux
ou trois.*

R. C'est bien vieux! n'importe : dans quelques jours nous
verrons si le Magnétisme agit, et si nous devons continuer.

D. Combien cela me coûtera-il?

R. Rien. — *Le malade regarde le Magnétiseur d'un air
ébahi, et sa confiance paraît ébranlée.* — Rien, vous dis-je!

D. Ah!... et combien de temps faut-il pour me guérir?

R. Je ne puis le fixer : la nature a des secrets qu'elle ne
nous livre pas; cela dépend des ressources de votre organi-

sation, de l'origine du mal, d'une foule de causes, que toute la science et la perspicacité humaines ne peuvent saisir ni préciser. Je suppose, d'après l'ancienneté de votre mal, qu'il faudra trois ou quatre mois, peut-être plus, peut-être moins.

D. On m'avait pourtant dit que vous me guéririez de suite : trois ou quatre mois, c'est bien long !

R. Ceux qui disent ces choses-là disent une absurdité, et ceux qui les croient ne réfléchissent point. On obtient parfois des cures rapides, quand le mal est récent ; mais quand il est ancien il faudrait un miracle, et nous n'en faisons point ! Quant au temps que je présume que durera votre traitement ; vous avez eu la constance de faire des remèdes pendant dix ans, et vous trouvez que trois ou quatre mois de patience seraient trop longs ? Vous me permettrez de vous dire que vous n'êtes pas raisonnable.

D. C'est juste, Monsieur : à propos ! on m'a assuré que vous m'endormiriez ; je voudrais dormir.

R. On vous a encore dit une autre absurdité : le sommeil ne dépend ni de vous ni de moi ; il n'est pas indispensable pour guérir, et, lorsqu'il est nécessaire, la nature l'accorde aux malades.

Après toutes ces explications le malade se décide, comme par grâce, à se faire magnétiser. Au bout de huit jours il sent ses anciennes douleurs se réveiller, et il s'effraie ; le Magnétiseur lui fait comprendre que c'est d'un bon augure, et le rassure. Il se retire satisfait, et attend avec impatience la séance suivante. Quelques jours après la douleur se déplace ; nouvelles craintes de sa part, nouveaux raisonnements de la part du Magnétiseur, qui lui affirme que la Médecine légale regarde ce déplacement comme un signe presque certain que le mal veut disparaître. L'espoir grandit dans le cœur du malade ; les crises continuent, augmentent, mais il est enchanté parce qu'il commence, quoique avec peine, à pouvoir se servir un peu de son bras. Arrive enfin une crise violente : toute la maison est en émoi, chacun dit la sienne ; celui-ci prétend que le Magnétisme est une chimère ou une bêtise, celui-là lui dit que le Magnétisme le tuera ; les parents, les amis le tourmentent, lui tournent la tête, et il ne sait plus à quel saint se vouer. Découragé, le lendemain il se présente chez le Magnétiseur, qui s'efforce de ranimer sa foi, et de lui persuader que cette crise est l'avant-coureur d'une guérison infaillible et prochaine. Le malade feint de le croire, et se retire avec la ferme résolution intérieure de ne plus reparaître ; il quitte la partie précisément au moment de la gagner. Mais de quelle manière quitte-t-il la partie ? Sans remplir un devoir que la simple politesse commande, sans daigner remercier le Magnétiseur et l'avertir de sa retraite. Le Magnétiseur est considéré comme un charlatan qui ne mérite aucun ménagement.

Que doit faire le Magnétiseur en pareil cas ? S'indigner ! N'a-t-il pas le témoignage de sa conscience ? Faire des vœux pour que le mal s'aggrave et le venge de l'ingrat ? Ce serait infâme ! il doit le plaindre et l'excuser, car ce n'est pas lui qui est le vrai coupable.

Voilà comment les choses se passent dans le monde des

malades, depuis des centaines d'années, avec les Médecins, et avec les Magnétiseurs depuis plus d'un demi siècle. Qui pourra dire combien il s'écoulera encore de temps avant que tous les yeux s'ouvrent à la lumière ? Les meilleurs somnambules se taisent là-dessus. Néanmoins le règne du Magnétisme est certain, et peut-être sera-t-il proclamé par les Médecins eux-mêmes. Qui sait ? Tous les jours les antagonistes les plus ardents d'une doctrine nouvelle en deviennent les plus chauds partisans, et, en politique, on passe d'une bannière sous une autre. Telle est la loi du progrès ; ceux qui profitent des abus sont fatalement poussés à servir d'instrument pour les renverser, et la brèche qu'ils font à leur pouvoir est irréparable. Le présent nous en offre un exemple frappant, que je m'abstiens de citer, et le passé regorge de leçons à ce sujet. N'avons-nous pas vu, et ceci est vrai pour toutes les institutions bonnes à leur origine, et qui se laissent envahir et corrompre par les abus, n'avons-nous pas vu, dis-je, les Médecins s'attaquer violemment, se dénigrer, et se déchirer de leurs propres mains ? Si le grand Frédéric et les hauts seigneurs n'avaient pas, à qui mieux mieux, patronné la philosophie dissolvante du dix-huitième siècle, probablement la réforme politique et sociale qui s'est opérée depuis lors, serait à l'état de germe, et si les rois n'avaient pas abandonné la cause de l'infortuné et vertueux Louis XVI, la royauté existerait encore en France, et tous les trônes ne seraient pas menacés.

Le *crisiaque* qui a prononcé les *Paroles d'un somnambule*

a raison, quand il dit que toutes les bonnes choses doivent passer au laminoir du mal, car le Magnétisme, à peine retrouvé, a déjà ses abus, et si les Magnétiseurs veulent ne pas retarder son triomphe, il faut ne pas leur donner le temps de prendre racine, et les écraser dès leur naissance. Pour cela, ils doivent être irréprochables dans leur conduite, user avec la plus grande réserve, et toujours dans un but d'utilité bien reconnue, des facultés psychologiques des somnambules, car là se trouvent l'*erreur*, l'*abus*, et le *danger*. En effet, puisque *amour* et *Magnétisme* sont synonymes, et que l'*amour* est la base de la création, pour ceux qui admettent l'existence des divers *mondes*, il est évident qu'il ne peut y avoir solution de continuité, et que le Magnétisme se propage d'un *monde* à l'autre, dégagé de l'influence de la *matière brute*, par conséquent perfectionné. C'est cette influence qui rend nos somnambules sujets à des égarements grossiers, qui éloignent la confiance des esprits graves, et dont on peut se servir pour abuser les esprits simples et crédules. Je ne prétends pas condamner ni interdire les recherches qui peuvent faire avancer les sciences, et arracher à la nature ses secrets lambeau par lambeau; mais je pense, d'une manière absolue, que ces recherches ne doivent pas être faites à la légère, à tout propos, et données en spectacle, dans un but de divertissement ou d'intérêt; il faut qu'on les fasse sans précipitation, avec prudence et dans le recueillement, conditions indispensables pour qu'elles réussissent. Je sais des imprudents, qui, emportés par le désir de faire des expériences, ou ne connaissant point les conséquences funestes qui pouvaient en résulter, ont laissé dormir leur somnambule pendant vingt-quatre heures, et l'ont abandonné dans cet état à ses occupations ordinaires. Fatale ignorance, dont les suites leur ont préparé d'amers regrets.

Je ne saurais donc trop le recommander ; il importe que les Magnétiseurs, qu'on me passe l'expression, ne pratiquent, *principalement*, que le Magnétisme terre à terre, le Magnétisme spécialement propre au *monde* que nous habitons, en un mot le Magnétisme *curatif*.

Il est trop vrai que pour se faire écouter, surtout au milieu de la tourmente qui agite actuellement tous les esprits, les propagateurs d'une vérité nouvelle, au lieu d'user du droit que donne une forte conviction et de lever fièrement la tête, sont réduits à s'incliner, à mendier l'approbation des défenseurs passionnés, ou aveugles, des idées anciennes, à leur demander humblement pardon d'avoir raison, et sont condamnés à devenir souples, petits, et à s'amoindrir. Cruel sacrifice, devant lequel cependant on ne doit pas reculer, quand on a la ferme conviction qu'on l'accomplit dans l'intérêt de l'humanité. Mieux vaudrait mille fois se prendre corps à corps et lutter avec son ennemi. Que la critique s'exerce sur le peu qui m'appartient, dans un ouvrage qui n'est, à proprement parler, qu'un recueil de faits, c'est très-juste, et je sens que mon insuffisance lui a fait une large part, mais je voudrais qu'elle épargnât des doctrines, dont je considère, en mon âme et conscience, l'application comme le remède le plus puissant contre les plaies physiques et morales qui affligent l'humanité.

Quand il surgit une vérité, qui renverse toutes les idées reçues, beaucoup de personnes, fort respectables, du reste, ressemblent à ce Médecin, qui restait constamment assis dans son fauteuil, immobile et n'osant faire le moindre mouvement, dans la crainte de se briser. Si l'on veut porter la main sur les vieilles traditions pour les assainir, ils s'imaginent entendre la société craquer sur ses fondements, et s'écrouler de toutes parts. Le mot « *réforme* » les épouvante ; pour eux, le *progrès* poussé trop loin est un *mal*, et le *bien* est comme l'or pur, qui ne peut se passer d'alliage pour être façonné. Esprits timides, qui donnent prétexte à des révolutions, dont malheureusement les mauvaises passions s'emparent trop souvent, et que Dieu permet à profusion, pour servir d'exemple et de leçon aux générations futures, et les faire avancer.

Mes prévisions sur l'effet que devaient produire les *Paroles d'un somnambule* n'ont pas tardé à se réaliser, et je me vois contraint à une sorte de commentaire justificatif, que j'avais voulu éviter en donnant leur origine. A peine ont-elles paru, que plusieurs de mes amis ont jeté un cri d'alarme et d'effroi, et m'ont témoigné leur étonnement de ce que je les avais publiées ; ils ont vu dans ces *Paroles* une attaque directe contre la *religion*, la *propriété* et la *famille*, la glorification des doctrines de *Saint Simon*, *Fourrier*, *Cabet* et *Proudhon*; et enfin le *Panthéisme*, dans la théorie du *monde*.

C'est une erreur que je ne puis laisser sans réponse, dans un moment où il suffit de jeter à la face d'un homme les épithètes réprobatrices de « *Communiste* et *Socialiste* » pour faire honnir, sans examen ni appel, son caractère et ses œuvres.

Je garderai la plus grande réserve sur la question religieuse ; ce terrain est trop brûlant pour le fouiller. Je me bornerai à dire qu'il n'est personne, qui, au fond de l'âme, ne reconnaisse qu'il s'est introduit, dans la religion, des abus trop déplorables, et j'en appelle aux bons prêtres.

Signaler les abus et indiquer le remède, est-ce vouloir détruire ? Je soutiens que c'est vouloir consolider. Ainsi, par exemple, lorsque mon somnambule dit :

« *Le seul propriétaire de la terre c'est Dieu ; l'homme n'en a que la jouissance,* »

n'est-ce pas une vérité rigoureuse et incontestable ? est-ce une attaque contre la propriété ? C'est tout simplement une définition plus exacte et plus équitable. Il a parfaitement raison d'appeler « *jouissance* » ce que nous nommons « *propriété* », en ce sens, que le principe de fraternité universellement reconnu, donne, dans certaines limites, à nos frères un droit à cette *propriété*, qui dès lors n'est plus en réalité qu'une *jouissance*, dont il ne nous est pas permis de disposer selon notre caprice ou nos passions, et qu'il nous est défendu de retenir exclusivement pour nous et nos enfants. Le somnambule n'attaque donc que l'égoïsme personnel et de famille, et non la propriété et la famille, et nous conduit par une pente douce et naturelle à la solution de cette question irritante «la *propriété*», et la réduit à une simple question d'*utilisation*.

Produire par *vocation*, distribuer par *amour*, voilà le secret de fermer à tout jamais, pour me servir d'une expression usitée, l'abîme des révolutions.

Prétendrait-on aussi, qu'en présentant l'*amour grand*, l'*amour* de l'*humanité* comme le dominateur de toutes nos actions, il abolit l'amour paternel et maternel, enfin l'amour de la famille? Mais ce serait une absurdité! L'amour *grand* renferme nécessairement tous les autres amours : l'amour de la nation, de la contrée, de la cité, de la famille, du prochain et de soi-même, qui forment son cortége obligé.

Quant à la question de la femme? mais il ne faut pas s'y méprendre! Ce n'est ni l'infâme polygamie, ni l'inconstance qu'il prêche : je défie au contraire que l'on puisse stygmatiser en termes plus énergiques l'amour de la forme, le plaisir de la brute, la débauche, l'adultère et l'inceste; dans cette question il nous montre, dans un horizon extrêmement lointain, ce que sera l'humanité, parvenue au degré de perfection vers lequel Dieu la pousse, l'humanité, comprenant et remplissant tous ses devoirs, sans effort, sans lois coercitives, par la seule inspiration de la conscience, ayant enfin démoli cette croûte épaisse, ce mur d'airain «*le mal*» qui empêche sa voix d'arriver jusques au cœur de l'homme.

De même, en désignant ce que les théories diverses, in-complètes, ou mal présentées dans leur ensemble, renferment de bon dans leurs détails, ce n'est point les adopter. Mon somnambule, au contraire, les rejette toutes ; il n'en re-connaît qu'une bonne, vraie : « *l'association* », mais quelle *association*? L'*association* amenée sagement, insensiblement à travers les siècles, par la modification des idées et des mœurs, par le retour volontaire et sincère au point de départ et à la loi suprême de l'humanité « la *religion naturelle*, l'*amour* du *prochain* et de *Dieu* », enfin l'*association* de *frères*, où, dit-il, il n'y aura d'autre *capital* apporté que l'*amour*, où chacun agira et vivra *librement*, selon ses *forces*, son *intelligence* et ses *besoins*, dans l'*intérêt* de tous et dans son *propre intérêt*.

Je le demande, est-ce du *Communisme* et du *Socialisme*, tels qu'on les présente aujourd'hui? Aussi, mon *somnambule* dit-il qu'il n'y a que les bonnes natures qui les comprennent comme il les conçoit. Et en effet : quel est le cœur honnête qui n'est point *Communiste* et *Socialiste*, à son point de vue?

Mon somnambule ne mérite pas davantage le reproche d'être *Panthéiste*. Il est si éloigné du *Panthéisme*, qu'il conclut à un nombre déterminé d'*Etres*, également parfaits, peuplant le dernier *monde*, le *monde* pur, et c'est cette égalité, dans la perfection, qu'il définit par « *l'unité dans la multiplicité.* »

Ce n'est pas sur l'impression d'une première lecture, que les théories exposées dans les *Paroles d'un somnambule* peuvent être bien comprises et appréciées ; pour les saisir dans leur ensemble et porter un jugement sérieux, il faut les relire et les méditer. Je comprends parfaitement que beaucoup de lecteurs ne les considèrent point comme un article de *foi*, et ne croient pas à la possibilité de leur réalisation, mais je suis persuadé que tous ceux qui voudront prendre la peine de les étudier, y trouveront la prédication de la morale la plus pure, et la plus consolante en même temps, puisque, d'après mon somnambule, la loi du *progrès*, pour *l'homme*, ne serait pas restreinte au *monde* qu'il habite, que sa destinée future ne serait pas irrévocablement fixée d'après les actes d'une vie terrestre, passagère comme l'éclair, que la voie du *repentir* lui serait constamment ouverte, jusqu'à ce qu'enfin il soit parvenu, plus ou moins rapidement, à un bonheur *certain*, pour lequel Dieu l'a créé.

Si j'avais pensé que mon Livre prônait des théories subversives ou immorales, je me serais bien gardé de le publier ; n'importe l'accueil qui lui soit réservé, je resterai sincèrement persuadé qu'il n'y a pas de doctrines plus propres à donner la force de supporter les misères de la vie, et plus capables d'encourager la pratique de la vertu, que celles qu'il renferme, et si j'ai, en le livrant à la publicité, éprouvé un regret, c'est celui de n'avoir pu joindre à mes profondes convictions, le talent nécessaire pour pénétrer les cœurs et convaincre les esprits, et d'être resté au-dessous de ma tâche.

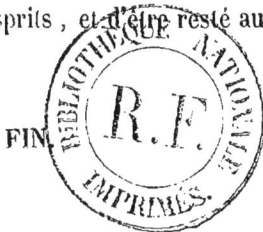

FIN

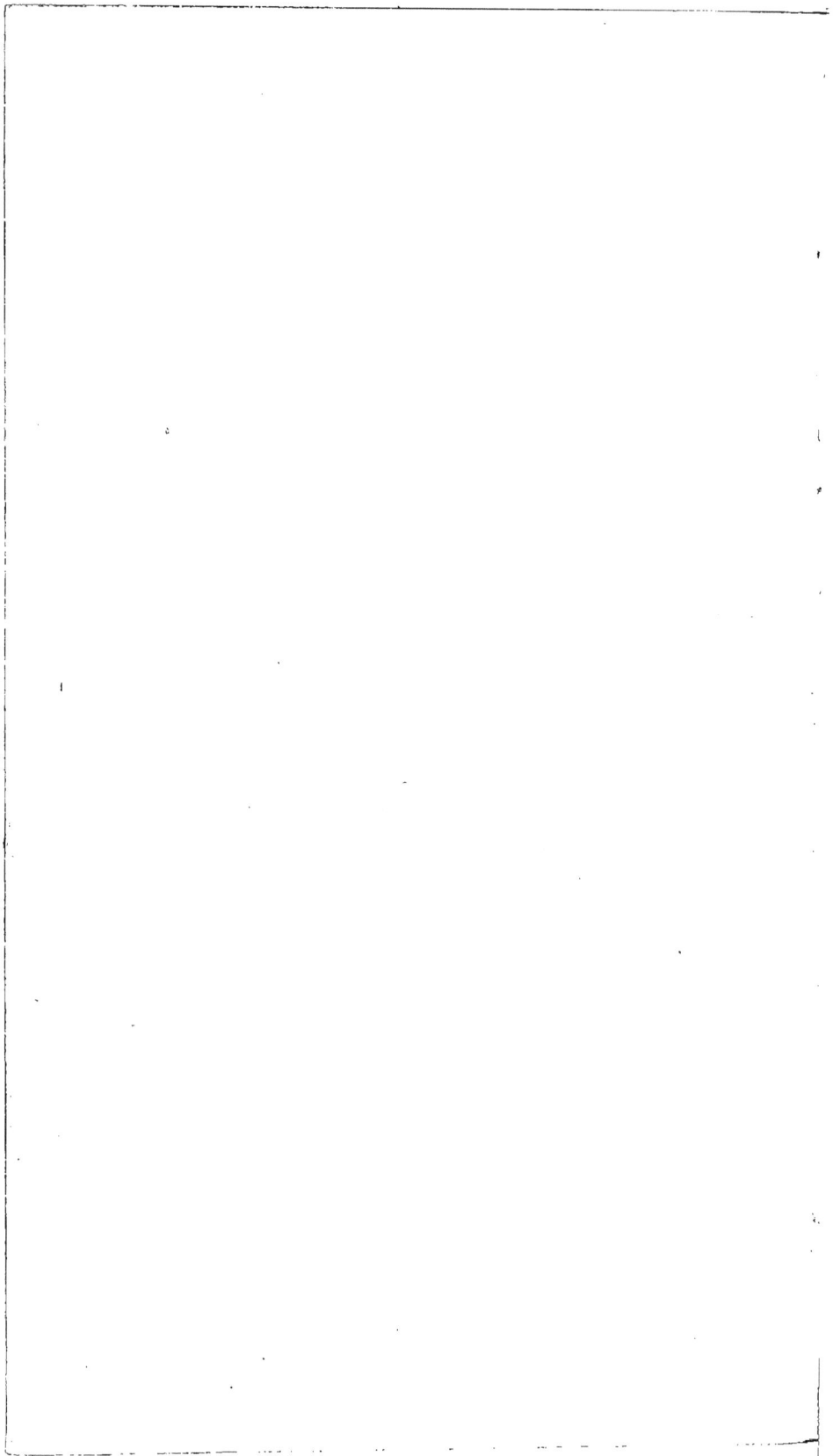

TABLE DES MATIÈRES.

TROISIÈME PARTIE.

TRAITEMENTS MAGNÉTIQUES.

— 521 —

FIN DE LA TABLE DES MATIÈRES.

Toulouse. Imprimerie de Ph. MONTAUBIN, petite rue Saint-Rome, 1.

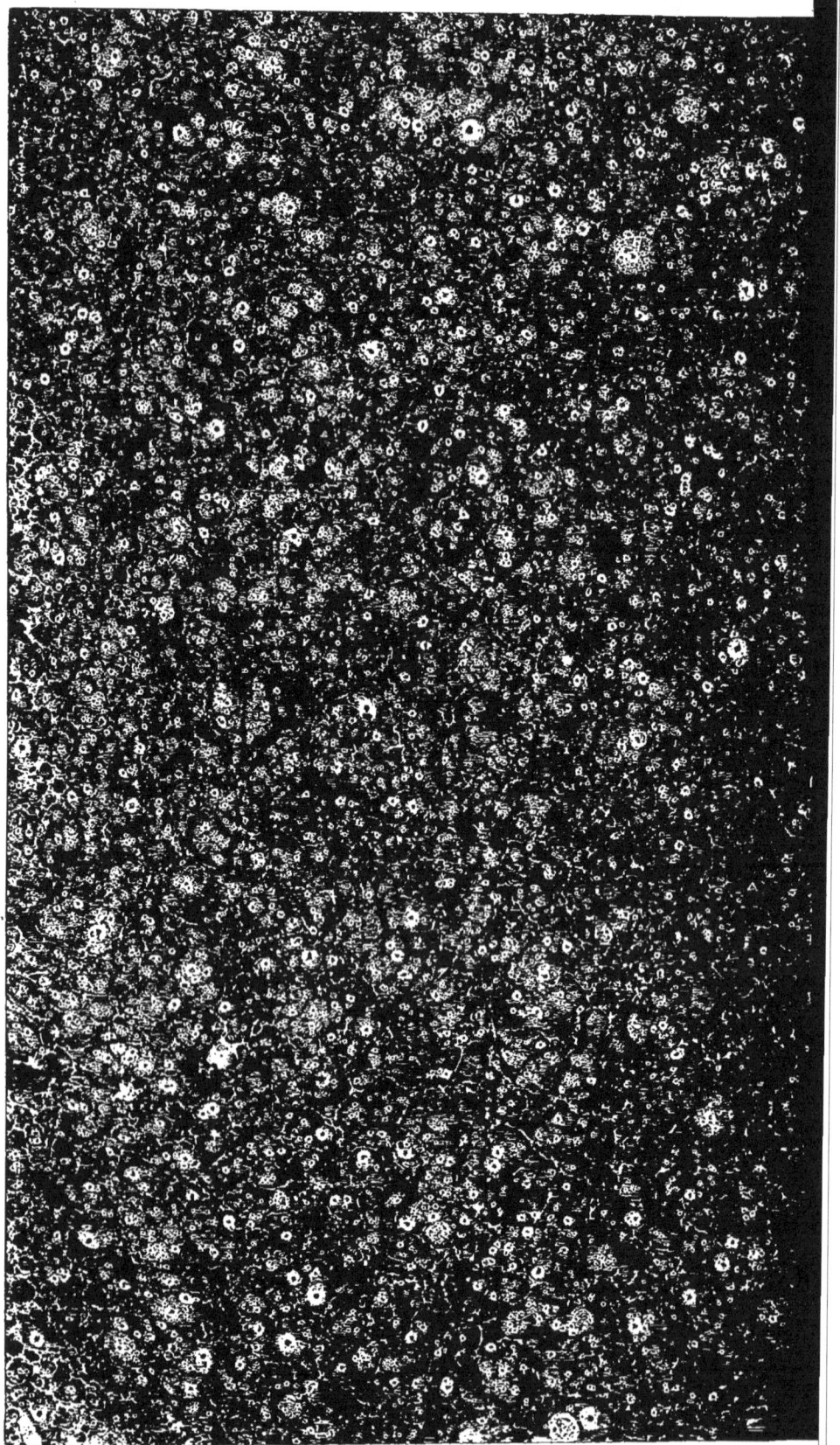

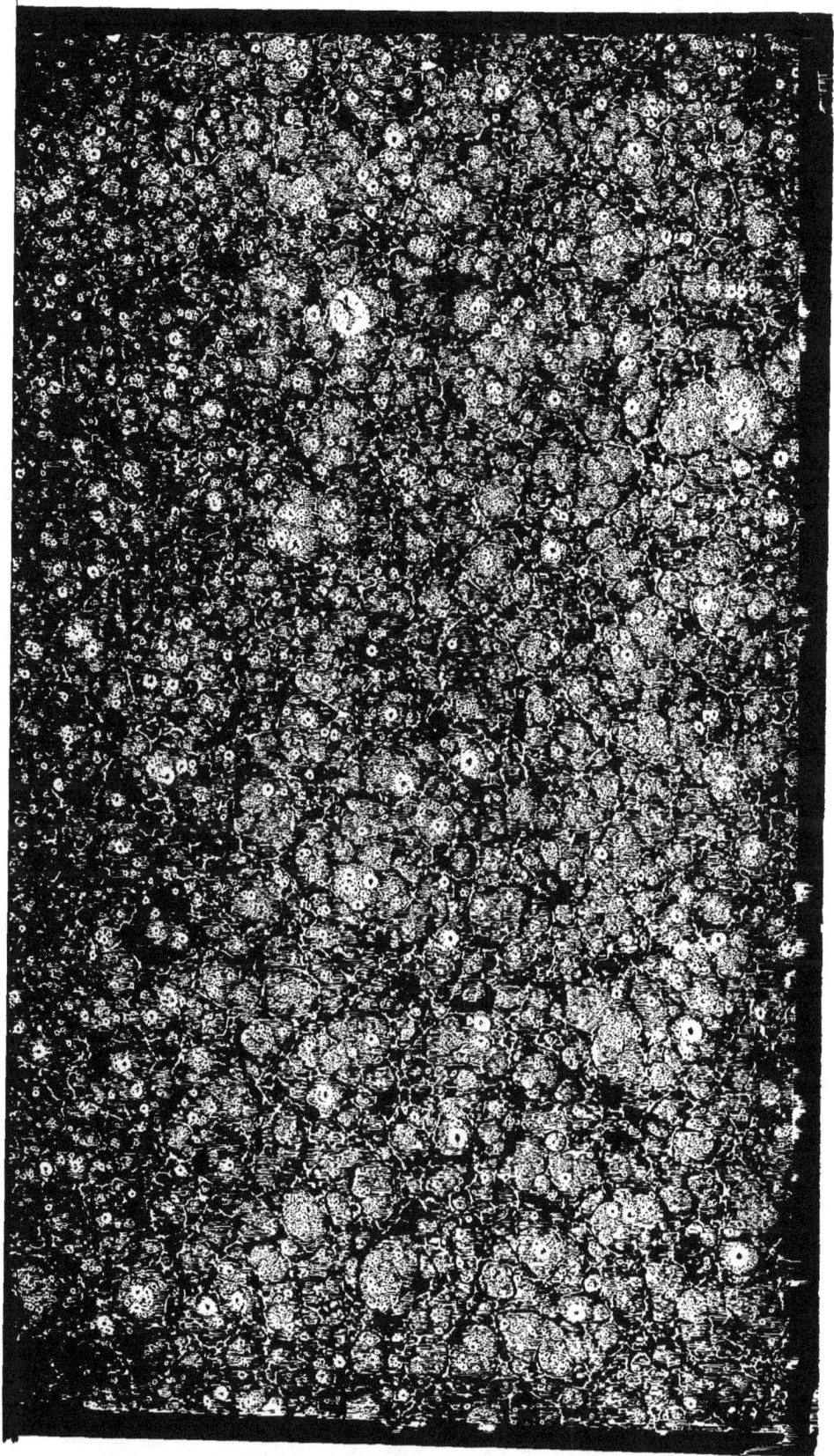